油气藏评价与产能建设
新技术文集

李凡华　高小翠　主编

石油工业出版社

图书在版编目（CIP）数据

油气藏评价与产能建设新技术文集/李凡华，高小翠主编．
北京：石油工业出版社，2010.6
ISBN 978 - 7 - 5021 - 7855 - 0

Ⅰ．油…

Ⅱ．①李…②高…

Ⅲ．①油气藏 - 评价 - 文集
　　②油气藏 - 生产能力 - 建设 - 文集

Ⅳ．P618.13 - 53

中国版本图书馆 CIP 数据核字（2010）第 110400 号

出版发行：石油工业出版社
　　　　　（北京安定门外安华里 2 区 1 号　　100011）
　　　　　网　址：www.petropub.com.cn
　　　　　发行部：（010）64523620
经　　销：全国新华书店
印　　刷：保定彩虹印刷有限公司

2010 年 6 月第 1 版　2010 年 6 月第 1 次印刷
787×1092 毫米　开本：1/16　印张：14.25
字数：365 千字

定价：50.00 元
（如出现印装质量问题，我社发行部负责调换）

《油气藏评价与产能建设新技术文集》
编 委 会

主　编：李凡华　高小翠

编　委：胡永乐　田昌炳　孙　涛　高　巍　芦天明

　　　　张宏伟　赵郁文　孙小平　袁广旭　刘建成

　　　　叶义平　肖林鹏　阳建平　张德宽　舒红林

　　　　郝明强　王锦芳

前　言

中国石油自"十一五"大力推进勘探开发一体化工作以来，油气藏评价与预探，开发紧密结合，探明储量进入了一个稳定增长的高峰期，探明储量的落实程度及动用程度也大幅提高。2004年以来连续6年新增石油探明储量保持在5×10^8t以上，油气三级储量均超额完成计划指标，为油气田整体目标优选和部署积极调整提供了资源基础。

由于近年来新增的探明储量以低渗透、特低渗透油藏为主，火山岩、碳酸盐岩等复杂岩性油藏储量比例不断增加，新区开发难度也不断加大，油气田开发遇到了很多新的技术难题，但通过广大技术人员的刻苦攻关，在复杂油气田开发技术上取得了很多突破。

本书系统地总结了近几年油气藏评价与产能建设新技术的发展与应用，其中油气藏评价技术主要有：裂缝—孔隙型火山岩油藏评价技术、复杂断块油藏评价技术、低渗透岩性油藏评价技术、深层火山岩气藏评价技术、潜山灰岩气藏评价技术、砾岩体气藏评价技术；油气藏开发技术主要有：复杂岩性裂缝性油藏开发技术、稠油油藏开发技术、海上油田高效建产技术、低渗透油藏水平井井网优化设计技术、高压气藏高效开发技术、低渗透气藏快速建产技术、多层疏松砂岩气田开发技术等。该书的出版，必将进一步推动油气藏评价与产能建设中油气藏开发技术的提高。

希望本书能为从事油气藏评价与产能建设的管理和专业技术人员提供一定的借鉴作用，能为油田的科学发展、长远发展提供经验与参考。

编　者

2010年5月

目　录

气藏评价与产能建设新技术

油藏评价与产能建设新技术

气藏评价与产能
建设新技术

青海涩北多层疏松砂岩气田
开发生产问题分析与防治对策

李江涛[2]　马力宁[1]　高勤峰[2]　田会民[2]　张洪良[2]　王善聪

(1. 青海油田公司；2. 青海油田天然气开发公司)

摘要：本文以试采开发资料积累最多的涩北一号气田为例，首先介绍气田试采开发阶段和生产井型，其次运用气井生产原始记录和测试资料，总结此类气田气井生产固有特点，分析存在的低产、压降、出水、出砂等问题，并指出问题产生的原因，最后结合开发生产实践经验提出了防治气井病害、维护气井稳定生产的对策与意见，为多层疏松砂岩气田的科学开发提供了值得借鉴的方法。

关键词：气田　疏松砂岩　开发生产　低产　压降　出水　出砂　对策

前　言

青海柴达木盆地涩北一号气田属于国内首例发现并规模开发的第四系疏松砂岩气田，构造幅度低、两翼宽大平缓；横向上，气砂体以席状砂为主，连通率高；纵向上砂泥岩交互沉积、气层多、埋藏浅、含气井段长；储层成岩性差，岩性疏松、物性好；气藏边水和层间水发育，且层内束缚水含量高。这些开发地质条件的特殊性致使气田开发生产特征存在许多非常规的特点。总结十多年来试采开发过程中气田表现出来的固有特点，剖析气井出砂、出水等问题，分析生产实践中探索的有效开采方式和提出措施稳产对策和方法，对指导此类气田的高效开发是必要的。

1　气田开发生产概况

1.1　不同阶段的划分

涩北一号气田于 1964 年发现，1975 年上报地质储量 $37.04 \times 10^8 \text{m}^3$，直至 1996 年才进入试采评价和大幅度增储阶段，经过六次储量复算升级，最终地质储量为 $990.61 \times 10^8 \text{m}^3$，2003 年正式编制气田开发实施方案，之后正式开始规模建产，并进入开发生产阶段（见图1）。最主要的试采开发阶段延续十多年，为积累开发经验赢得了时间。目前又根据"百亿方产能建设"指示精神，在原年产 $25 \times 10^8 \text{m}^3$ 开发实施方案的基础上，抓紧编制年产 $32 \times 10^8 \text{m}^3$ 的提速开发调整方案。

1.2　气田开发生产现状

涩北一号气田试采开发 13 年以来，实际动用地质储量 $779.01 \times 10^8 \text{m}^3$，目前共有正常生产井 113 口（包括利用老探井 9 口），平均单产 $4.36 \times 10^4 \text{m}^3/\text{d}$，核实日产能为 493.2 ×

3

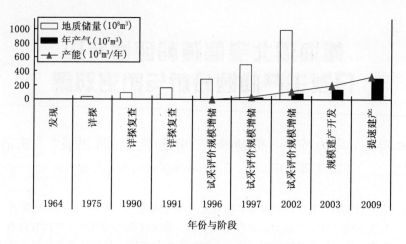

图1 涩北一号气田勘探开发阶段划分图

$10^4 \mathrm{m}^3 / \mathrm{d}$，年产能 $16.3 \times 10^8 \mathrm{m}^3$。截至 2007 年底共生产天然气 $74.6428 \times 10^8 \mathrm{m}^3$，采出程度为 9.58%，气田平均地层压力下降 2.43MPa，占原始地层压力的 18.70%。

结合气层纵向分布特点，根据不同时期对单井产能的需要，涩北一号气田开发生产井型大体可分为单层生产井和多层生产井；并且单层生产井型内又可细分为一类、二类、三类单层生产井和水平井。

多层生产井又可细分为多层混采井、油套分采井和三层分采井，实际油套分采和三层分采井内分开的各井段中基本是多层混采。统计历年资料，若将油套分采井算作两口井，该气田单层生产井 17 口、多层混采井 136 口（见图2）。

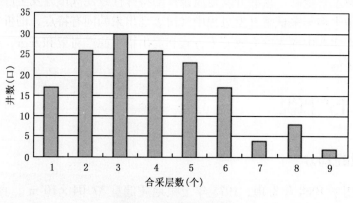

图2 生产井型对比图

2 生产特征及原因分析

气田开发生产特征主要表现为气井产能的大小、压力稳定程度、生产影响因素及影响程度、气井产量及压力递减规律等，这些开发生产特征不仅受产层自身物性特征的影响，也受气井完井投产方式和措施工艺的影响。

2.1 单井产量

单井产量呈现如下特征：

一是，目前气井单产以（3~5）×10⁴m³/d为主，以3×10⁴m³/d的井为辅。平均4.36×10⁴m³/d，比方案设计低2.13×10⁴m³/d，单井产量近几年变化情况见图3、图4。

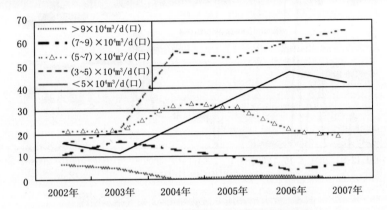

图3　涩北一号气田历年高中低产井变化曲线

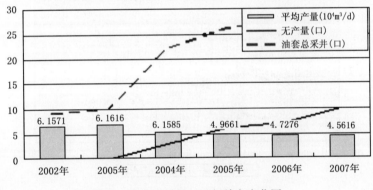

图4　涩北一号气田历年单产变化图

二是，2002—2003年大于7.0×10⁴m³的气井占总井数的25.35%~29.33%，后四年间，平均单产也由2003年的6.64×10⁴m³降到了目前的4.36×10⁴m³，平均单产呈急剧下降趋势。

三是，使用大直径气嘴放大生产压差生产，气井产量虽然得以迅速提高，但是出砂、出水量也很快上升，导致产量、压力递减加快，见图5，图6。

四是，气井产量自然递减受出水影响大，在避免出水影响的前提下，控压差生产，递减幅度不大。

原因分析：其一，2002年前后试采动用的是地层压力大、储量丰度高、单产高的深部第四开发层系，所以一类气层多，高产井占总井数的比例大；其二，2002年前后正在开展提高单产试验，单井射开层数多厚度大，且工作制度多采用6~8mm气嘴，人为提产因素多；其三，2003年以后规模建产主要动用的是浅部低压、低丰度储量，一类气层少，且射开层数和厚度减少，大部分气井产量呈现中低产水平；其四，气井放大生产压差后，地下气体流速增加，气体流态由线性渗流转变为非线性渗流，高速紊流扰动使气体分子间摩阻增

5

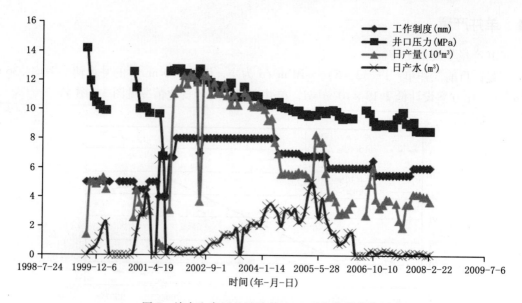

图5 放大生产压差试验井4-2采气指示曲线

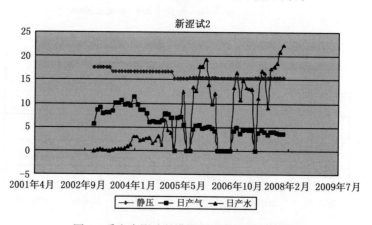

图6 受出水影响的典型气井采气指示曲线

大，增强了对储层骨架颗粒和束缚水的拖扯力，而使井筒积砂、积液加剧，导致产量、压力递减加快。其五，特别是气井出水后，井筒积液，使井下流压增大，生产压差减少，产层泄压产气能力降低，并且井口油套压相应降低，进站压力不足，导致气井产气量大幅度下降。

2.2 地层压力

地层压力呈现如下特征：

一是，目前气井稳定生产时的平均井口油压介于7.5～9.7MPa的占68%，介于6.0～7.5MPa的占23%；并且，井口压降>4MPa的井数占41.5%，压降3～4MPa的占16.2%，说明中低压井占的比例大，气井井口压降速度过快，见图7。

二是，压降幅度和采出程度不匹配。各层组平均采出程度8.58%，而压降幅度平均高达17.74%，特别是Ⅰ-3层组，压降幅度和采出程度相差10余倍，见图8。

三是，各层组地层压力呈现不均衡下降，地层压力系统由原始的统一系统变为不统一，地层压力整体下降过快，见图9。

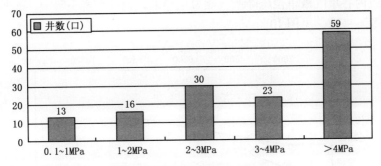

图7 气井井口压降及井数统计

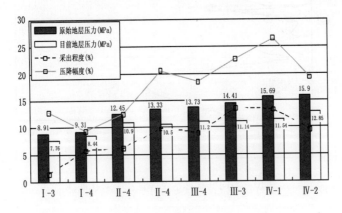

图8 各开发层组压降幅度指示曲线

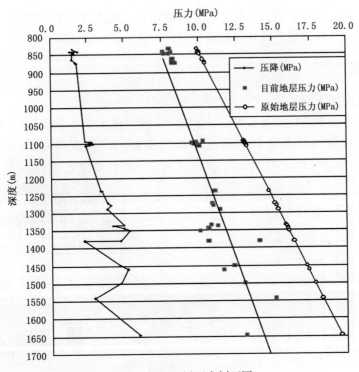

图9 气田地层压力剖面图

四是，层组内各单气藏单位压降产气能力差异大，弹性产率不统一，说明各气藏水驱能量和泄压速度等不一致，见图10。

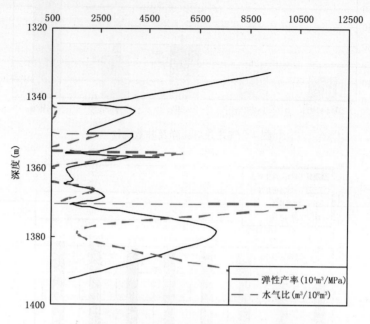

图10　不同气藏含水及弹性产率对比曲线

原因分析：其一，气藏埋藏浅导致地层压力不属于异常高压系统；其二，气藏边水和弹性驱动能量有限；其三，生产时间越长、采出程度越高、采速越快的开发层组总压降越大，各开发层组配产不均衡；其四，地质储量计算值偏大，则采出程度计算值变低，远小于压降幅度；其五，气井一旦出水造成井筒积液，则井口油、套压迅速降低。

2.3　气井出水

气井出水呈现如下特征：

一是，目前平均单井日产水 1.97m³，64.54% 的井出水量小于 0.5m³。9.22% 的井出水量大于 3.0m³，这些气井普遍存在携液不畅的现象，产量压力较低。目前总水气比为 16.65m³/10⁶m³，年水气比为 31.85m³/10⁶m³。其出水统计情况见图11。

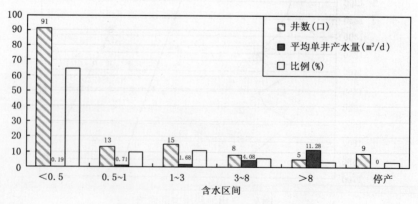

图11　一号气田气井出水情况统计图

二是，含气面积小、采出程度高、压降大的开发层组水气比偏高，见图12。

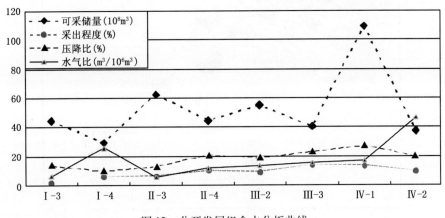

图12　分开发层组含水分析曲线

三是，水层地层压力与静水柱压力接近，产水时流压比较低，一般为4.0～6.0MPa，除一层自溢（涩30井）、一层自喷（涩31井）外，其余测试层段均不能自喷；一般采用抽汲求产，日产水小于3.0m³的有5层，占18.5%，3.0～10.0m³的有14层，占52%，大于10.0m³的有8层，占29.6%（见图13），总体表现水层能量有限，边水不活跃。

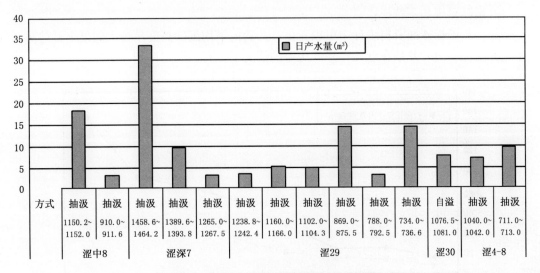

图13　涩北一号气田水层测试统计表图

四是，剖析Ⅳ-1开发层组，构造西北翼和东南翼属于相对较强的边水驱动井区，而在构造西南翼和东北翼属于相对较弱的边水驱动井区，进一步说明边界条件是复杂的，驱动类型也表现为以弱边水驱为主的近似复合驱气藏，并自身存在局部边水"突进"的现象（见图14）。

原因分析：其一，随着气井投产井段采出程度的增加，压力亏空加剧，上下邻近水层沿套管外水泥环界面泄压窜入，或上下泥岩隔层束缚水释放而侵入气层；其二，由于气井处于气水边界或气水过渡带，随着采出程度的增加，气层压力亏空引起边水侵入气藏，或由于气层本身泄压，引起层内束缚水变为可动水产出；其三，由于储层的非均质性强，单个气藏的

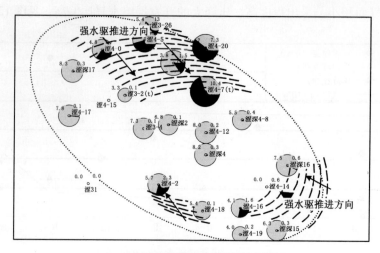

图 14   Ⅳ-1 层组边界水驱条件分析图

储层性质、气水接触边界位置、水体体积大小、开采条件有较大差异，因此存在边水推进不均一的现象，加之个别井区采出程度高、压降大，引起边水"突进"。

2.4 气井出砂

气井出砂呈现如下特征：

一是，从硬探砂面资料统计中可以看出，井筒内平均沉砂高度呈现大幅度上升趋势，砂面年上升速度和出砂井数在近几年降低压差的情况下，有了一定抑制（见图 15）。

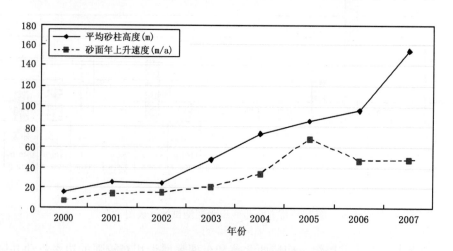

图 15   历年井内砂面上升高度及速度统计曲线

2007 年硬探砂面井平均沉砂高度达到了 95.48m，砂面平均年上升速度为 46.72m/年，统计的 11 口井中有 8 口井气层被砂埋，说明部分气井出砂严重（见图 16）。

二是，从措施作业洗井时的井内返出物来看，所有气井井筒内或多或少都存在积砂，并且出砂井除了有少部分带出地面外，其大部分沉到了井底，说明气井普遍出砂。

三是，气井出水可以加剧地层出砂。统计出水气井生产记录资料，绘制图 17 关系曲线，证实气井因出水而出砂加剧，并且出砂气井产气量都有不同程度下降。

10

四是，目前所有气井节流阀心普遍应用氧化锆陶瓷气嘴控制压差生产，气嘴磨蚀强度增加，使更换刺坏气嘴的次数减小了，但是地面集气管线及阀门内有一定的积砂，造成采气树阀门、场站内阀门关闭不严，甚至报废。

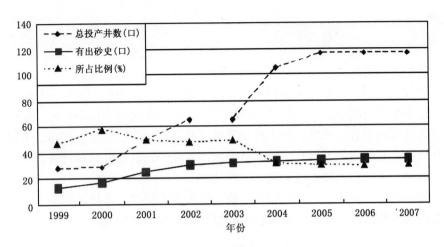

图 16 历年出砂井数统计指示曲线

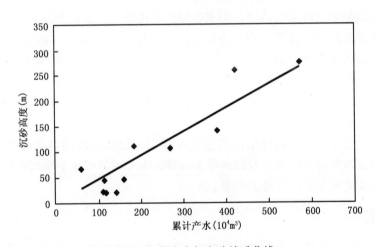

图 17 气井出水与出砂关系曲线

原因分析：其一，储层岩石成岩性差、颗粒胶结松散，在高孔、中高渗储层孔隙空间内，填隙物多呈松散状态，当气井开始建立较小生产压差时，储层孔隙内的气体开始慢慢流动，未固结的微细填隙物随气体沿喉道排出；其二，随着生产压差的增大，孔隙内气体流量变大，气体流态由线性渗流转变为非线性渗流，高速紊流扰动的气体分子间摩阻增大，作用在孔壁岩石颗粒表面上的径向摩擦阻力就越大，最终造成构架孔隙空间的相对较粗的储层岩石骨架颗粒脱落，进而造成储层孔隙结构的破坏，引起大量出砂；其三，频繁开关井使生产压差波动，会造成井底激动压力作用于砂桥上，使动平衡时形成的砂桥遭到破坏，进而导致气井再度出砂，即频繁出现砂桥再形成再破坏的反复出砂过程；其四，由于水的动力粘度比气要大得多（$\mu_w = 1.225cp$，$\mu_g = 0.018cp$），水流动就会产生很大的剪切力，易将储层胶结松散的颗粒砂剥落而携带出来。并且，储层粘土矿物含量高，以伊利石和伊蒙混层为主，与水接触易造成膨胀分散而剥落。

3 主要对策与启示

3.1 稳产

其一，气井配产不易偏高，否则易引起出砂、出水和大幅度压降，即便调整工作制度，气井砂水危害是不可逆的，选用小孔径气嘴小压差可保证气井正常生产。其二，射孔段内尽可能避开水层和气水同层，并且保证固井质量防治层间互窜；边部气井生产过程中严格控制强采，防止边水突进。其三，尽可能将同类层同时打开，并且减少层间跨度、层间渗透率级差等，优化射孔层位组合，减少层间干扰是实现气井高产稳产的关键。其四，不同井型的气井产量差异较大，其原因除了射孔层位本身的物性差异外，射孔方式和打开程度也是主要因素，因此提高射孔投产工艺技术也是提产的途径。

另外，遵循涩北气田二、三类储层及中低产层为主的特点，选择试采单元时应该选择具有代表性的占大多数比例的井层，避免选用理想状况下的少数好的井层来作为配产依据。

3.2 稳压

其一，分层组制定合理采气速度，力求各层组均衡泄压，采出程度一致，避免造成异常低压井段或低压异常井区。其二，优化边部井配产，保持均衡采气，避免边水指进。其三，水层压力过大易窜入压力亏空的气层，造成气井出水，摸清主力气藏邻近的高压水层分布，利用废弃老井进行排液泄压。其四，推广携液采气工艺，降低井筒积液造成的井口压力过低问题，并且井口压力一旦低于集输进站压力，则变为停产井，所以，应该尽早对零散低压井采取撬装增压集输流程进行提压外输进站。

如果层间压差过于悬殊，高压层段沿水泥环界面向低压层段的压力释放会破坏固井质量，易造成层间互窜并给分层系开发管理带来困难，大大增加封窜治窜措施作业量，也给后期开发调整井钻井液密度的配备带来困难。

3.3 出水防治

其一，高产调峰井必须远离气水边界部署，射孔层段内避免出现水层；其二，多层混采必须优化组合，避免将束缚水含量高的三类气层混在一、二类层内同时射开求产。其三，增大套管外水泥环厚度，完善水泥浆配方，保证疏松砂岩层段固井质量，加强胶结面检测，在最大限度减少层间互窜的同时，储备未成岩地层封窜堵漏工艺技术。其四，加强层内出水机理研究，监测边水突进速度和气水二次分布规律，优化边部气井配产指标。其五，推广成熟的携液采气工艺技术，三类气层和气水同层可利用老井或安排调整井另列单独开发。

3.4 出砂防治

其一，气井必须控制压差生产。岩石力学实验进一步证实，储层的剪切强度较低，摩擦角小，容易发生剪切破坏，并且根据储层的内聚力分析，生产压差应小于 1.87MPa，否则将引起内聚强度破坏而出砂。其二，采取先期防砂，形成高强度的人工井壁后，再适度上调生产压差。其三，严格开关井管理制度，保持稳定的气井工作制度，避免频繁和大幅度调整生产压差。其四，防排结合，寻求管件防冲蚀和管内清砂技术，定期进行井筒冲砂和管内清砂维护作业。其五，加强气井出砂计量监测，在现有技术水平下做好探砂面、气井冲砂返出砂量和气嘴刺损更换记录，尽快引进更为先进的出砂计量监测技术。

当然，涩北长井段多层疏松砂岩气田开发生产特征和问题目前暴露的还不够全面，今后还有待开展更深入的分析探讨，如按照井型分类结果，在单层生产井生产特征研究的基础上，分层次研究多层混采井，可以剖析混采时带来的层间干扰程度，以指导气井投产方式和打开程度等。另外，问题的防治对策与启示在今后的开发实践中也有待进一步探索总结，相信适于此类气田的开发技术方法正在日趋完善和配套。

参 考 文 献

[1] 李海平，等. 气藏动态分析实例. 北京：石油工业出版社，2001
[2] 杨川东，等. 采气工程. 北京：石油工业出版社，1997

薄层校正技术在涩北气田储层识别中的应用

孙虎法 严焕德 苏 静 李 清 路艳丽
（青海油田公司勘探开发研究院）

摘要： 青海柴达木盆地涩北气田的岩性主要为粉砂岩、泥质粉砂岩和少量的细砂岩，储层具有含气井段长、岩性疏松、多层，且储层薄互层较为发育等特征。气田储层参数的解释必须建立在可靠的测井资料基础之上，将测井资料的编辑、校正作为研究工作的前提。对于涩北气田，特别是要做好薄层储层的测井解释，研究不同测井方法对薄层的基本响应特征，薄层校正技术对于涩北气田储层解释的精度尤为重要。

关键词： 测井解释 疏松砂岩 多层 薄层校正

1 薄层校正

受围岩影响，薄层测井信号通常会产生不同程度的畸变或"淹没"，薄储层的厚度远小于目前多数测井仪器的分辨率，深探测测井仪的纵向分辨率低，而纵向分辨率高的测井仪器探测深度较浅。同时提高曲线的纵向分辨率与提高探测深度是矛盾的，现有常规测井响应不能反映薄储层的真实情况，测井划分的储层厚度会大于实际储层厚度。

1.1 薄层测井响应特征及其分辨率

薄层测井值与真值的误差较大，导致难以区分储层与围岩的界限，这是测井解释的主要困难。要做好薄储层的测井解释，在薄层处测井信号受围岩的影响导致测井响应要发生"畸变"，测井值与真值有差异，层越薄"畸变"现象越严重，测井响应值就越不能真实反映地层真值。

图1中的测井信号曲线是根据褶积原理，从理想的简化薄层模型得到的正演结果。从图

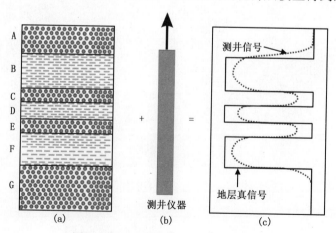

图1 薄层对普通测井仪读数的影响

中可以看出当测井仪器通过某一薄（夹）层时（其中B、C、D、E、F层均为薄层，此处薄层的定义限定为地层的厚度小于仪器的纵向分辨率），其响应的实质是薄层特性、围岩特性与测井仪器的响应函数的褶积，褶积的结果是使曲线变得平滑，从而使地层，特别是地层界面处的测井显示特征变得模糊不清，测井曲线上的分层界面显示模糊，测井读数失真，测井信号发生畸变。从图中可以看出层越薄，其受围岩的影响也越大，测井信号偏离真信号的幅度越大。

1.2 薄层测井响应校正方法

目前发展了一些在不牺牲径向探测深度的前提下提高纵向分辨能力的测井方法，如薄层电阻率测井和阵列感应测井。阵列感应测井实质上是一种计算方法，薄层电阻率测井的原理与侧向测井的原理类似，相比较而言，比深侧向电阻率略浅，但纵向分辨能力得到较大的提高。图2是涩9－2－3深感应电阻率与薄层电阻率的测井曲线图。薄层电阻率纵向分辨率为0.0254m，而普通深感应的纵向分辨率在2m左右，其分辨率会随地层的导电性变化而变化。从图中薄层电阻率曲线可以看出该井段内有多层不同电阻率的地层，薄层电阻率值对地层界面的分辨能力强，在层界面具有良好的响应。而深感应测井仪器由于仪器的纵向分辨率差，受围岩影响较大，致使测井曲线变得平直，对各岩层电阻率的变化反映很不灵敏，对层界面的反映能力差，曲线变得平缓。

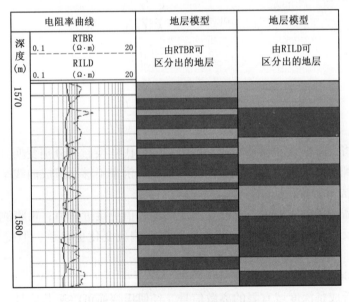

图2　涩9－2－3井薄层响应特征

1.2.1　反褶积法

由于薄层受围岩的影响以及薄互层之间的相互影响，使曲线产生畸变，如何根据测井曲线求出真实地层参数，从而进行准确的测井解释，是解决薄层问题的关键，反褶积的方法是本文采用的薄层校正方法之一。

根据测井理论分析，测井值与所测的岩石上下围岩、钻井条件以及测井仪器性能有关。按照数字信号处理观点，可对测井信号施以反褶积（反滤波），获得地层的真值。理论公式为：

$$S_m(z) = S_t(z) \cdot K(z) \tag{1}$$

根据理论分析和实验验证，放射性测井的响应函数 $K(z)$ 可用下面的双边指数函数描述：

$$K(z) = \frac{\alpha}{2}e^{-\alpha|\alpha z|} \tag{2}$$

α（地质脉冲参数）可以直接由实验室测定。当已知某一深度地层的测井响应值 $S_m(z)$ 与测井仪的响应函数 $K(z)$ 时，目前主要采用频率域反褶积方法获得地层的真值 $S_t(z)$。

（1）频率域反褶积法。

根据测井响应的褶积模型，测井过程是地层真信号与仪器的响应函数进行褶积的过程，即：

$$S_m(z) = \int_{-\infty}^{+\infty} S_t(\tau)K(t-\tau)d\tau \tag{3}$$

两边做傅氏变换，褶积运算就变成了普通的乘积运算，即：

$$S_m(\omega) = S_t(\omega) \cdot K(\omega) \tag{4}$$

这样将深度域上的褶积关系变成了频率域的相乘关系。由（4）式得：

$$S_t(\omega) = \frac{S_m(\omega)}{K(\omega)} \tag{5}$$

两边进行傅氏逆变换，将频率域变成了与测井信号采样间隔相对应的深度域测井真信号：

$$S_t(z) = FFT^{-1}\frac{S_m(\omega)}{K(\omega)} \tag{6}$$

可见，只要将测井曲线和仪器响应函数分别做傅氏变换，并分别变换到频率域，再做傅氏逆变换，就得到了地层真信号，从而消除因仪器分辨率不够而造成曲线平滑的影响。

（2）反褶积法薄层校正应用特点。

反褶积法只需一条曲线即可；它能使薄层的测井值更接近真值；可将测井曲线的纵向分辨率提高，能使反应不明显的薄层、薄互层的测井响应变化更显著；但受坏井眼条件影响较大。

1.2.2 频率匹配法

测井曲线可看成是深度域有限的离散信号，经傅氏变换可将测井信号在频率域表示，对其频率及幅度谱进行分析，它们有如下特征：

（1）不论何种测井信号，低频部分幅度大，高频部分幅度小。高频信号即反映测井曲线对薄层的分辨率信息，也可能是干扰，但一般情况下，干扰有其固定的频率和幅度。因此，通过频谱分析可以区分高频信号究竟是干扰还是反映高分辨率信息。

（2）低频段幅度衰减很快，在频率不高处即降至一个基本稳定的低幅度。显然，高分辨率测井曲线的高频成分的幅度要比低分辨率曲线的高频成分幅度大。

设有高低不同分辨率的两条测井曲线 C_h、C_l，将 C_h、C_l 高低分辨率曲线做离散傅氏变换，进行频谱分析。

设测井信号 $LOG（i）$ 在有限长度内（$-T$，T）取值，在此范围之外信号为 0，即：

$$LOG（i）= \begin{cases} LOG（i） & i \in （-T，T） \\ 0 \end{cases} \tag{7}$$

$$C_h \xrightarrow{DFT} G_h（f） \quad f=1，2，……，fh \tag{8}$$

$$C_1 \xrightarrow{DFT} G_1（f） \quad f=1，2，……，fl \tag{9}$$

高低分辨率的两条测井曲线 C_h、C_1 对应的测井响应函数为 G_h、G_1，由褶积模型可以得到其与地层真实测井响应 $m（z）$ 间的近似关系。

高分辨率测井：

$$C_h（z）= G_h（z）\cdot m（z） \tag{10}$$

低分辨率测井：

$$C_1（z）= G_1（z）\cdot m（z） \tag{11}$$

测井曲线可以看成是深度域有限的离散信号，经傅氏变换可将测井信号在频率域表示。将（10）、（11）式做傅氏变换后得：

$$d_h（\omega）= G_h（\omega）\cdot m（\omega） \tag{12}$$

$$d_1（\omega）= G_1（\omega）\cdot m（\omega） \tag{13}$$

（3）频率域匹配法的应用特点与缺陷。

频率域匹配法可将低分辨率曲线的纵向分辨率提高到接近高分辨率曲线。不仅能使低分辨率曲线向高分辨率匹配，反之也可；还可有效地分析和去除测井信号的干扰成分。

频率域匹配法的缺陷是：必须要有受环境影响小的高分辨率曲线。严重扩径或严重侵入段，匹配处理的效果不明显。

2 薄层校正分析

自然电位测井对不同厚度地层的响应采用了理论计算曲线；补偿声波、自然伽马测井方法的测井响应特征分析引用了数值摸拟出的测井仪器在不同厚度地层段内的测井曲线的薄层响应；补偿中子、补偿密度、深感应电阻率在不同厚度储层段内测井曲线的薄层响应引用了 Daniel C. Minette 写的一篇《薄层分辨率的提高的可行性与困难》中摸拟出的结果。

2.1 涩 3 − 2 井薄层校正

图 3 为涩 3 − 2 井薄层影响校正前后测井曲线对比图。三孔隙度曲线、感应、侧向电阻率的分辨率都得到了提高。在厚层段处薄层校正后高分辨率曲线与原始测井曲线重合，薄层处曲线的测井响应值发生了变化，校正后的测井曲线纵向分辨率明显提高。

2.2 涩 9 − 2 − 3 井薄层校正

图 4 为涩 9 − 2 − 3 井一薄互层发育段的薄层影响校正前后测井曲线对比图，SPR、

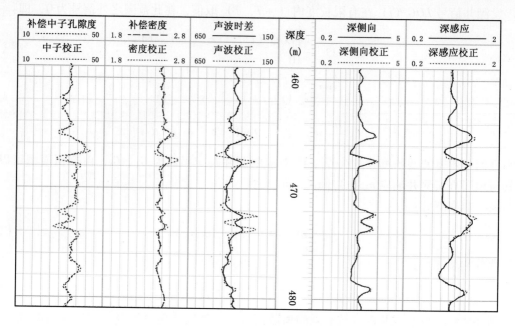

图 3　涩 3-2 井薄层处理结果对比

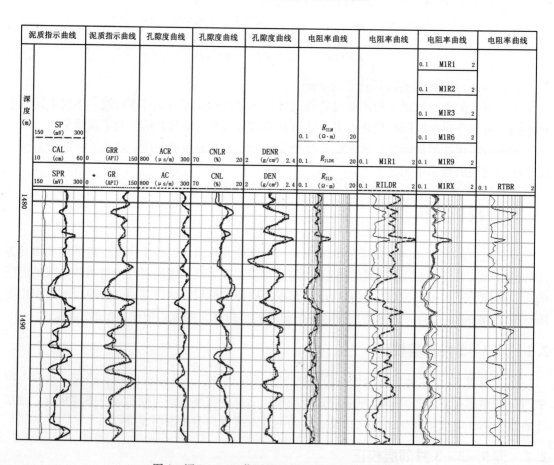

图 4　涩 9-2-3 薄层校正前后测井曲线对比图

18

GRR、DENR、CNLR 和 RILDR 分别为自然电位、自然伽马、补偿密度、补偿中子；深感应测井曲线经薄层校正后的高分辨率曲线。校正后感应电阻率曲线 RILDR 与阵列感应曲线具有相当好的匹配性。三孔隙度曲线、自然电位曲线、自然伽马曲线分辨率都得到了提高。在厚层段处薄层校正后高分辨率曲线与原始测井曲线重合，薄层处曲线的测井响应值发生了的变化，校正后的测井曲线纵向分辨率明显提高。结合前面的理论分析知，各测井曲线的分辨率得到了提高。

运用薄层校正方法，分别对涩北 1、2 号所有测井资料进行校正处理，校正处理后，测井的分层能力达到 0.5m，为后面的储层划分，夹层扣除等解释处理打下了基础。

3 薄层校正对解释的影响

3.1 提高了储层评价的精度

437～442m 处原自然电位曲线平直无明显变化（见图 3），无法肯定储层的存在。经过薄层校正处理后测井曲线的分辨率得到了提高，在该处有自然电位的异常，可以看出自然电位的变化趋势与相对较高分辨率的自然伽马曲线具有良好的对应关系，夹层条带明显，对 437～442m 试气，4mm 嘴日产气 $0.6941 \times 10^4 m^3$，不产水。

经过薄层校正处理后明显反映为一薄互层。由于薄互层发育，自然电位的纵向分辨率低，所以自然电位曲线对层界面的反映不明显，受围岩的影响程度较大，再加上储层的物性相对较差，自然电位在 437～442m 处就变得平直无变化了。

图 5 所示的解释结论中最下部的原 0～2 气层,其电阻率的绝对值很低，小于 $0.5\Omega \cdot m$。

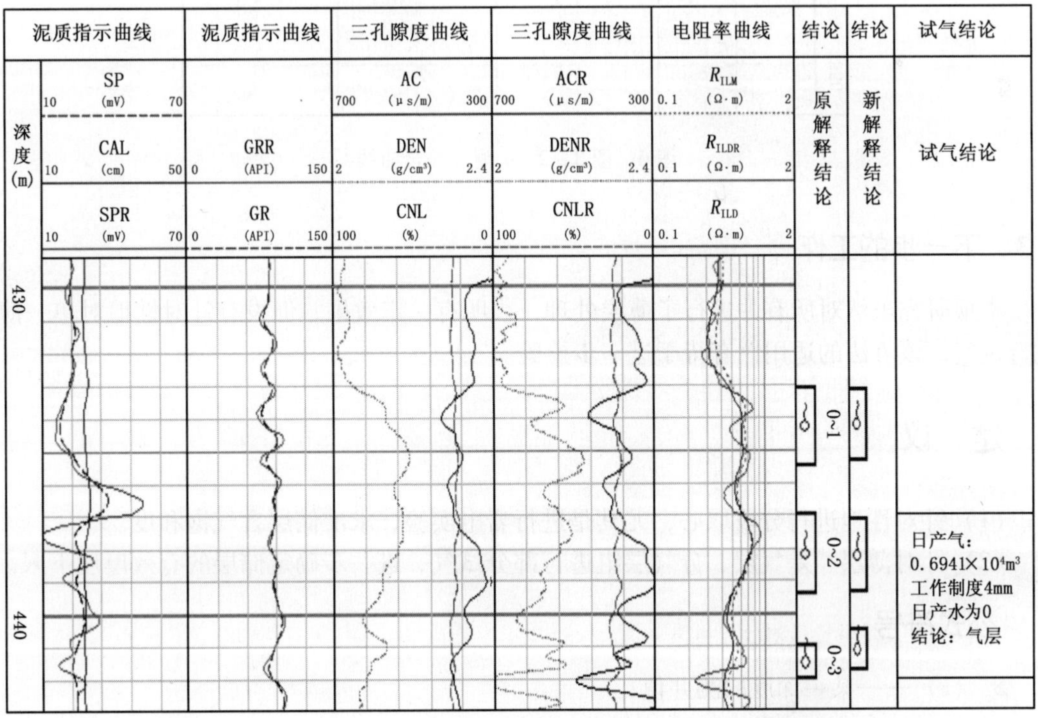

	泥质指示曲线	泥质指示曲线	三孔隙度曲线	三孔隙度曲线	电阻率曲线	结论	结论	试气结论
	SP 10 (mV) 70		AC 700 (μs/m) 300	ACR 700 (μs/m) 300	R_{ILM} 0.1 (Ω·m) 2	原解释结论	新解释结论	试气结论
深度 (m)	CAL 10 (cm) 50	GRR 0 (API) 150	DEN 2 (g/cm³) 2.4	DENR 2 (g/cm³) 2.4	R_{ILDR} 0.1 (Ω·m) 2			
	SPR 10 (mV) 70	GR 0 (API) 150	CNL 100 (%) 0	CNLR 100 (%) 0	R_{ILD} 0.1 (Ω·m) 2			
430 440						0-1 0-2 0-3	0-1	日产气： 0.6941×10⁴m³ 工作制度4mm 日产水为0 结论：气层

图 5　涩 4 井测井综合成果图

主要是因为在该气层的上下各有一个泥质层的存在，泥岩的电阻率较低。该气层受上下低阻围岩的影响，呈现明显低阻特征，这些特征与前面所述的薄层测井响应特征相似，但在此处有电阻率值高于围岩电阻率值的特征，只是不明显而已，电阻的绝对值较低，这都是薄储层受高泥质围岩影响表现出的特征。

3.2 有利于合理扣除夹层

经校正处理后，可以更加合理地扣除夹层，确定储层的有效厚度。

涩3-2-4通过薄层校正处理后，SP曲线的分辨率得到了显著提高（图6），自然电位对泥质夹层响应明显，校正后对地层的岩性物性反应灵敏，对层界面的分辨能力增强。泥质夹层处电阻率由于受高阻围岩的影响其电阻率值应大于地层的真实值，经薄层校正后，电阻率有所下降，说明电阻率的分辨率也得到了提高。

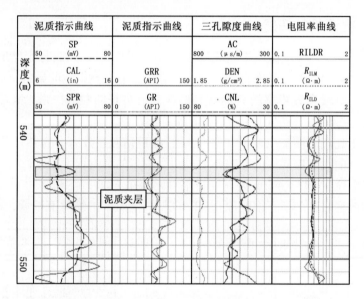

图6　涩3-2-4测井综合曲线

3.3 下一步的工作

本项研究虽然对所有井进行了薄层处理，表明有一定效果，但没有针对性地对单一薄层进行试气，该方法的适用性有待于进一步检验。

4　建　议

（1）针对性地进行分段取心，尤其是进行岩电实验，求准储层含气饱和度。

（2）针对薄层、差气层，分气层组进行部分试气，进一步确定储层的有效厚度下限。

公式符号：

S_m (z)——某一深度的测井值；

S_t (z)——地层真值；

K（z）——测井仪器的响应函数；

α——地质脉冲参数；

S_m（ω）——S_m（z）的傅氏变换；

S_t（ω）——S_t（z）的傅氏变换；

K（ω）——K（z）的傅氏变换。

涩北二号气田水平井井眼轨迹
对开发效果的影响

孙虎法　程红卫　范洪涛　苏　静　严焕德

（青海油田公司勘探开发研究院）

摘要： 柴达木盆地涩北二号气田在 2005—2006 年共完钻 4 口水平井，填补了国内第四系气田水平井钻探的空白。经过 1~2 年的开采，到 2008 年 12 月，4 口水平井的开发效果有着较大的差别。本文主要从 4 口井的实钻井眼轨迹、储层类别、含气饱和度、泥质含量、水平井方位及钻遇率等角度分析影响水平井开发效果的各种因素，并分析 4 口水平井的生产动态特征，提出涩北二号气田水平井的选层标准，为涩北二号气田后续的水平井设计及钻采提供借鉴。

关键词： 涩北气田　水平井　井眼轨迹　开发效果

前　言

涩北气田（一号、二号、台南）位于柴达木盆地三湖第四纪坳陷区内，是紧邻生气中央凹陷的涩北构造带上的一个三级背斜构造，具有特殊的地质特征，储层岩性疏松、含气井段长、气层多而薄、边水环绕。涩北二号气田在 2005—2006 年共完钻 4 口水平井，该水平井的成功钻探填补了国内第四系气田水平井钻探的空白，丰富了青海天然气的开采方法，为直井加水平井技术在涩北气田成功应用奠定了基础，为科学高效开发气田积累了经验，储备了更多的钻采工艺技术。本文主要从 4 口实钻井井眼轨迹分析水平井生产动态，得出不同井眼轨迹对开发效果的影响，为气田后续的水平井钻探提供借鉴。

1　水平井基本情况

涩北二号气田 2 - 11 小层岩性为灰色泥质粉砂岩，埋深 1073.5 ~ 1083.7m，孔隙度 27%，渗透率 $150 \times 10^{-3} \mu m^2$，含气饱和度 64%，含气面积 33.8km²，地质储量 $46.78 \times 10^8 m^3$。2005—2006 年在涩北二号气田共钻水平井 4 口，均设计在同一个小层（2 - 11 小层），见表 1。

表 1　涩北二号气田水平井钻井数据表

井号	完钻日期（年.月.日）	井深（m）	水平段长度（m）	完井方式
涩 H1	2005.09.16	1612	402	套管射孔完井
涩 H2	2005.10.24	1622	407	套管射孔完井
涩 H3	2006.08.16	1540	349	套管射孔完井
涩 H4	2006.09.30	1550	350	套管射孔完井

2 水平井产能测试及开发效果

4口井均进行了产能试井，拟压力法二项式解释的无阻流量为：涩 H1 井 $22.49 \times 10^4 \text{m}^3$，涩 H2 井为 $17.74 \times 10^4 \text{m}^3$，涩 H3 井为 $16.73 \times 10^4 \text{m}^3$，涩 H4 井为 $14.20 \times 10^4 \text{m}^3$。

涩 H1 井：投产日期 2005 年 11 月 22 日，累计产气量 $6545 \times 10^4 \text{m}^3$，产水 3320m^3，水气比：$50.72 \text{m}^3/10^6 \text{m}^3$。平均日产气 $7.68 \times 10^4 \text{m}^3$，日产水 3.9m^3，目前日产气 $6.5 \times 10^4 \text{m}^3$；日产水 4.14m^3；水气比为 $63.69 \text{m}^3/10^6 \text{m}^3$。投产初期采用 9mm 气嘴生产，初期产量为 $10.4 \times 10^4 \text{m}^3$，静压从 12.53MPa 下降到 11.97MPa，下降了 0.56MPa。年递减率为 49%；由于气井出水的影响，产气量、油压和套压下降快，目前采用 8mm 气嘴生产，产水量和产气量相对稳定，年递减率为 5.3%。

涩 H2 井：投产日期 2005 年 12 月 9 日，累计产气量 3374.24m^3，产水 8610.26m^3，水气比为 $255 \text{m}^3/10^6 \text{m}^3$。平均日产气 $4.14 \times 10^4 \text{m}^3$，日产水 10.56m^3。目前日产气 $3.8 \times 10^4 \text{m}^3$，日产水 3.7m^3；水气比为 $97.4 \text{m}^3/10^6 \text{m}^3$。投产初期采用 9mm 气嘴生产，初期产量为 $9.1 \times 10^4 \text{m}^3$，静压从 12.13MPa 下降到 11.0MPa，下降了 1.13MPa。年递减率 83.7%；由于气井出水的影响，产气量、油压和套压下降快；目前采用 7mm 气嘴生产，产量压力基本稳定。年递减率为 12.5%。

涩 H3 井：投产日期 2006 年 12 月 8 日，累计产气量 $4309.83 \times 10^4 \text{m}^3$，产水 262.41m^3，水气比 $6.08 \text{m}^3/10^6 \text{m}^3$。平均日产气 $7.60 \times 10^4 \text{m}^3$，日产水 0.46m^3。目前日产气 $6.87 \times 10^4 \text{m}^3$，日产水 0.6m^3；水气比为 $8.88 \text{m}^3/10^6 \text{m}^3$。投产初期采用 9mm 气嘴生产，初期产量为 $11.8 \times 10^4 \text{m}^3$，年递减率为 40%；由于产气量、油压和套压下降快，产水量较低，目前采用 8mm 气嘴生产，产气量基本能够稳定生产，年递减率为 12%。

涩 H4 井：投产日期 2006 年 12 月 10 日，累计产气量 $3730.26 \times 10^4 \text{m}^3$；产水 3105.23m^3；水气比 $83.244 \text{m}^3/10^6 \text{m}^3$；平均日产气 $5.63 \times 10^4 \text{m}^3$；日产水 4.68m^3；目前日产气 $5.31 \times 10^4 \text{m}^3$；日产水 5.98m^3；水气比为 $112.6 \text{m}^3/10^6 \text{m}^3$。投产初期采用 9mm 气嘴生产，初期产量为 $11.8 \times 10^4 \text{m}^3$，静压从 12.3MPa 下降到 11.1MPa，下降了 1.2MPa。年递减率为 62.5%，目前采用 9mm 气嘴生产，产气量基本能够稳定生产，年递减率为 10%。

4口水平井的开发效果由好到坏排序如下：涩 H3 > 涩 H1 > 涩 H4 > 涩 H2。

3 水平井井眼轨迹及目的层特征描述

涩 H1 井位于 2 - 11 小层高部位，井的走向是从高部位到低部位，所钻储层的类别为 I → II，储层平均厚度为 3m，轨迹在储层的中下部，轨迹上下波动幅度为 4m，井斜角为 88 ~ 91°，完钻井深 1612m，完钻垂深 1077m，钻井周期为 2d。设计水平段长度为 400m，实际水平段长度为 402m，钻遇气层长度为 372m，气层钻遇率为 93%，Petrel 平均含气饱和度为 52.33%，泥质含量为 24.35%，孔隙度为 27.72%，渗透率为 $3.81 \times 10^{-3} \mu\text{m}^2$，随钻平均电阻率为 $1.64 \Omega \cdot \text{m}$，电阻率波动情况大，随钻平均伽马值为 106.83API，伽马值波动情况小，平均全烃值为 31.9%，离边水的距离为 1700m，轨迹中靶率为 55.1%。

涩 H2 井位于 2 - 11 小层高部位，井的走向是从高部位到低部位，所钻储层的类别为 II 类，储层平均厚度为 7m，轨迹在储层的上部，轨迹上下波动幅度为 5m，井斜角为 86° ~ 91°，完钻井深 1622m，完钻垂深 1087m，钻井周期为 14d。设计水平段长度为 400m，实际水平段长度为 407m，钻遇气层长度为 357m，气层钻遇率为 88%。Petrel 平均含气饱和度为 53.78%，泥质含量为 28.51%，孔隙度为 28.13%，渗透率为 $4.43 \times 10^{-3} \mu m^2$，随钻平均电阻率为 $1.18 \Omega \cdot m$，电阻率值波动较大，随钻平均伽马值为 112.77API，伽马值波动小，平均全烃值为 44%，离边水的距离为 1430m，轨迹中靶率为 84.8%。

涩 H3 井位于 2-11 小层高部位，井的走向是沿构造线，所钻储层的类别为 I 类，储层平均厚度为 5m，轨迹在储层的中部，轨迹上下波动幅度为 2m，井斜角为 88.73°，完钻井深 1540m，完钻垂深 1069m，钻井周期为 19d，设计水平段长度为 350m，实际水平段长度为 359m，钻遇气层长度为 359m，气层钻遇率为 100%，Petrel 平均含气饱和度为 57.72%，泥质含量为 23.56%，孔隙度为 27.74%，渗透率为 $4.39 \times 10^{-3} \mu m^2$，随钻平均电阻率为 $1.32 \Omega \cdot m$，电阻率波动小，随钻平均伽马值为 102.32API，伽马值波动小，平均全烃值为 36%，离边水的距离为 1500m，轨迹中靶率为 100%。

涩 H4 井位于 2-11 小层高部位，井的走向是沿构造线，所钻储层的类别为 I→II 类，储层平均厚度为 5m，轨迹在储层的中上部，轨迹上下波动幅度为 2m，完钻井深 1550m，完钻垂深 1078m，钻井周期为 36d，设计水平段长度为 350m，实际水平段长度为 350m，钻遇气层长度为 350m，气层钻遇率为 100%，Petrel 平均含气饱和度为 56.99%，泥质含量为 36.93%，孔隙度为 26.54%，渗透率为 $3.52 \times 10^{-3} \mu m^2$，随钻平均电阻率为 $1.41 \Omega \cdot m$，电阻率波动小，随钻平均伽马值为 82.21API，伽马值波动小，平均全烃值为 36%，离边水的距离为 1200m，轨迹中靶率为 100%。

4 水平井开发效果影响因素分析

4 口水平井的开发效果不同的原因有很多，主要有 5 个方面的影响因素。

（1）储层类别。

I 类为好气层，II 类为中等气层，III 类为差气层。涩 H3 钻遇的为 I 类气层，涩 H1、涩 H4 钻遇的为 I 类气层到 II 类气层的过渡带，涩 H2 钻遇的为 II 类气层。可见储层性质越好，水平井的开发效果越好。

（2）水平井在背斜储层中的方位。

水平井出水会严重影响开发效果，降低产量。高部位远离边水，因此水平井设计在高部位是合适的。

（3）含气饱和度。

气层的含气饱和度越高，开发效果越好。4 口井的钻遇目的层的含气饱和度从高到低排序为涩 H3 > 涩 H4 > 涩 H2 > 涩 H1。

（4）泥质含量。

泥质含量越低，储层的渗透性也越好，开发效果越好。4 口井的钻遇目的层的泥质含量从低到高排序为涩 H3 < 涩 H1 > 涩 H2 > 涩 H4。

（5）气层钻遇率。

气层钻遇率是指水平段轨迹钻遇的有效井段长度与总长度之比。有效长度即对产气做贡献的长度。对比 4 口井的钻遇率，涩 H2 最低，为 84.8%，涩 H1 为 93%，涩 H3、涩 H4 均达到了 100%。因此，气层钻遇率越高，开发效果越好。所以，在水平井钻井过程中，应在地质导向的引导下，严格控制井身轨迹，确保较高的气层钻遇率。

5 结 论

（1）根据涩北二号气田的地质特征，钻遇目的层类别越好、含气饱和度越高、泥质含量越低，气层钻遇率越高，则水平井的开发效果就越好。

（2）在今后涩北二号气田选层中，目标层的选择非常关键。首先水平井目标层必须具有较低的泥质含量、较高的含气饱和度，保证垂直渗透率高和层内水含量低。其次，目标层具有一定的厚度和良好的隔层条件，以降低井眼轨迹偏离目标层或钻穿邻近气水层的风险。因此，水平井目标层应具有一定的储量规模，确保水平井长期稳定生产。

（3）在涩北二号气田水平井钻井过程中，应在地质导向的引导下，严格控制井身轨迹，才能确保较高的气层钻遇率。

参 考 文 献

[1] 杜志敏，马力宁，朱玉洁，王小鲁，等．疏松砂岩气藏开发管理若干关键技术．天然气工业，2008（1）
[2] 邓勇，杜志敏，陈朝晖．涩北气田疏松砂岩气藏出水规律研究．石油天然气学报，2008（4）

涩北一号气田出砂机理与出砂临界压差计算方法研究

孙虎法　严焕德　苏　静　范洪涛　程红卫

（青海油田公司勘探开发研究院）

摘要：涩北一号气田由于成岩程度差、岩性疏松，在开采过程中极易出砂，并且伴随着地层出水，地层的出砂将逐渐加剧。合理的防砂策略是控制生产压差，实施主动防砂的重要手段。本文从疏松砂岩储层岩石成分、出砂的力学—化学机理等角度，结合对岩石内聚力强度影响因素的实验数据分析，建立了新的气井出砂临界生产压差计算方法，新模型以常规理论解析模型为基础，根据实验数据的回归，引入随含水饱和度而变化的岩石强度计算模型。对比现场出砂压差实测数据，新方法的计算结果更为合理。

关键词：出砂机理　出水　出砂临界压差

前　言

涩北一号气田疏松砂岩气藏开采中易出砂。尽管可以采取工艺措施控制地层砂的产出，但防砂措施也大大增加了气井的完井成本，同时也较大程度地降低了气井的产能。合理的做法是控制生产压差，实施主动防砂，以此来抑制地层出砂。本文首先分析疏松砂岩出砂的物理—化学机理，计算临界出砂生产压差，以此为依据调整气井的配产，使其不超过临界出砂状态。

1　疏松砂岩的出砂机理分析

1.1　疏松砂岩的矿物成分

根据对涩3－15井粘土矿物的相对含量进行分析表明，主要粘土矿物为伊利石，平均含量51%，其次是伊/蒙混层，含量为21%，绿泥石为19%，高岭石含量也较高，粘土绝对含量平均47%，最高85%，最低17%。

1.2　涩北气田的地层出砂现象

出砂有两种来源，即骨架砂和充填砂。骨架砂为大颗粒砂粒，主要成分为石英和长石；充填砂为微细颗粒，主要成分为粘土矿物和微粒。

涩北一号气田出砂气井较为普遍。地面分离器中砂样粒度分析和岩心粒度分析的对比表明，储层骨架颗粒和泥质填隙物占的比例都很大，说明储层出砂非常严重。为了确保气井在极限出砂压差范围内生产，应将临界出砂生产压差的确定方法作为研究重点。

1.3 出砂的力学机理和化学机理

力学机理：（1）剪切破坏；（2）拉伸破坏；（3）粘结破坏。

化学机理：（1）微粒间的接触力、摩擦力；（2）颗粒与胶结物之间的粘结力。

2 涩北气田气井出砂的影响因素分析

2.1 地应力

在原始应力状态下，岩石在垂向和侧向地应力作用下处于应力平衡状态。钻井过程中，靠近井壁的岩石其原有应力平衡状态首先被破坏，因此，井壁岩石将首先发生变形破坏。当开采过程中井壁及周围地层被破坏时，将导致储层在开发过程中产出骨架砂。随着地层孔隙压力的继续下降，导致储层有效应力增大，引起井壁处的应力集中。地层压力的下降可以减轻张力破坏对出砂的影响，但在疏松地层中剪切破坏的影响却变得更加严重。

2.2 地层岩石强度

地层岩石强度反映了地下岩石颗粒的胶结程度，是影响地层出砂的主要因素。一般来说，地层埋藏越浅，压实作用越差，地层岩石强度就越低。以泥质胶结的砂岩较疏松，强度较低。

2.3 生产压差

上履岩石压力是依靠孔隙内流体压力和岩石本身固有的强度来平衡的。生产压差越大，气层孔隙内的流体压力就越低，将导致作用在岩石颗粒上的有效应力越大，当其超过地层强度时，岩石骨架就会破坏。

对于涩北一号气田，较大的生产压差还将加剧地层出水。由于流体渗流而产生的对储层岩石的冲刷力和对颗粒的拖拽力是气层出砂的重要原因，因此，生产压差越大，出砂风险越大。

2.4 地层出水

涩北气田的大部分气井在生产过程中容易出水，出水使得地层流动由单相气流动变为两相流动。对于弱胶结和欠压实，同时粘土矿物含量较高的疏松砂岩来说，地层一旦见水，粘土被水润湿，将发生水化膨胀，砂粒间的附着力减小，大大降低地层的强度，导致胶结的砂变成松散的砂。因而，在地层出水后，气水两相流动的携砂能力比单相气流的携砂能力强，地层的临界出砂速度将会降低，地层将更容易出砂。

岩心速敏实验表明，水的临界流速基本都在 $0.50\mathrm{cm^3/min}$ 以下，在实验过程中，由于随着流速的增大而出砂增强，大部分岩样未能做到标准规定的流速上限，说明储层在有水流动的情况下，更容易引起出砂。

2.5 出水与出砂的实验现象

在实验中发现，当岩样在一个给定的压力梯度下，出砂将随着含水饱和度的增加而增加。当水进入孔隙后，岩石毛管力下降，导致地层强度的降低。若存在较高的地层压力梯度，高速水流对孔隙表面将产生很强的拖拽力，导致岩石发生拉伸破坏。

3 出砂预测方法研究

3.1 现场观测法

（1）岩心观察：用肉眼观察、手触摸等方式来判断岩石强度与生产中出砂的可能性。

（2）DST 测试：如果 DST 测试期间气井出砂，则在生产初期就可能出砂；如果 DST 测试期间未见出砂，但若发现井下工具在接箍台阶处附有砂粒，或 DST 测试完毕后发现砂面上升，则表明该井肯定出砂。

（3）临井状态：在同一气藏中，若邻井在生产过程中出砂，则该井出砂的可能性就大。

（4）胶结物：泥质胶结物易溶于水，当气井含水量增加时，易溶于水的胶结物就会溶解而降低岩石强度；当胶结物含量较低时，岩石强度主要由压实作用提供，对出水不敏感。

（5）测井法：利用声波时差和密度测井获得岩石的强度，据此预测生产时是否出砂。

（6）试井法：对同一口井在不同时期进行试井，绘制渗透率随时间的变化曲线，从渗透率的变化来判断井是否出砂。

3.2 经验法

经验预测法主要根据岩石的物性、弹性参数以及现场经验，对易出砂地层进行出砂预测。目前常用的几种经验方法如下：

（1）声波时差法：出砂临界值为 $295 \sim 395 \mu s/m$。

（2）孔隙度法：孔隙度大于 30%，胶结程度差，出砂可能性大；孔隙度在 20% ~ 30% 之间，出砂可能性存在；孔隙度小于 20%，不会出砂。

（3）出砂指数法：根据声波时差及密度测井曲线，求得不同部位的岩石强度参数，计算产段的出砂指数。

（4）双参数法：以声波时差为横轴，生产压差为纵轴，将各井的数据点绘在坐标图上，则出砂数据点形成一个出砂区。把要预测井的数据绘在同一坐标上，判断是否出砂。

（5）多参数法：建立出砂井与深度、开采速度、生产压差、采油指数、泥质含量、含水率等的判别函数，用该函数判别井是否出砂。

3.3 理论计算方法

出砂预测的理论模型源于井壁稳定分析，之后逐渐扩展到射孔孔眼稳定性分析中。

理论模型首先计算岩石强度、地应力、井眼或孔眼周围的应力分布，然后利用强度准则判断破坏。与井壁稳定性分析一样，出砂预测理论模型包括岩石力学本构模型和强度判别准则两个重要组成部分。

常规理论计算方法的最大缺陷就是没有考虑在整个开发过程中，地层岩石强度是变化的。

4 出砂临界压差预测的新模型

岩石强度是地层出砂的主要决定因素，出砂预测的理论计算方法中，岩石强度取为一个常数。根据前面的分析，岩石强度要明显受到岩石矿物成分和地层出水的影响。

对于涩北一号气田，储层岩石的泥质含量较高，且各产层泥质含量的差异较大；此外，出水将贯穿气田开发的始终，如果不考虑泥质含量差异和出水对强度的影响，将导致临界出砂压差的计算失误，增加气井出砂的风险。

4.1 岩石强度软化系数

岩样含水量的大小将显著影响岩石的抗压强度，含水量越大，强度值越低。其影响通常以软化系数来表示。即：

$$\eta_c = \frac{\sigma_{cw}}{\sigma_c} \tag{1}$$

实验测试数据表明，岩石强度的软化系数主要和矿物亲水性有关。岩石中亲水性最大的是粘土矿物，其在浸湿后强度降低达70%，而含亲水矿物少（或不含）的岩石，如花岗岩、石英岩等，浸水后强度变化小得多。

4.2 岩石强度测试数据分析

岩石抗剪切强度主要取决于泥质含量与含水饱和度。根据实验数据，对单因素进行实验数据分析，样品的抗剪切强度与泥质含量（含水饱和度20%）的回归关系式为：

$$\tau_s = 7.16 e^{-5.50 V_{sh}} \quad (R^2 = 0.7121) \tag{2}$$

实验样品的抗剪切强度与含水饱和度回归关系式为（泥质含量30%）：

$$\tau_s = 3.83 e^{-20.06 S_w} \quad (R^2 = 0.7415) \tag{3}$$

实际上，岩石抗剪切强度并非某一单参数的函数，而是与多个参数有关。因此，多元回归模型更具有代表性，适用范围更广。根据实验数据回归得到的岩石抗剪切强度计算公式为：

$$\tau_s = -0.31 + 1.82 e^{-4.78 V_{sh}} + 3.28 e^{-2.14 S_w} \tag{4}$$

4.3 出砂预测的改进模型

出砂临界条件改进模型的计算步骤如下：
（1）在每一计算深度，根据自然伽马测井数据估算泥质含量；
（2）根据岩电实验数据和阿尔奇公式估算该深度对应的含水饱和度；
（3）利用取心所进行的岩心分析实验数据，回归当地岩石抗剪切强度与泥质含量和含水饱和度的相关关系；
（4）根据相关关系计算对应的岩石强度；
（5）通过岩心的强度测试和矿物成分分析数据，校正该计算模型；

（6）用常规出砂临界压差理论计算方法，估算临界出砂压差，得到生产层临界压差剖面；

（7）选择最小值作为生产压差控制的上限。

对常规模型最大的改进在于，当岩石抗剪切强度与泥质含量和含水饱和度的关系比较落实后，利用储层渗流模型估算不同开采阶段的地层含水饱和度，利用改进的模型就可以预测不同开采阶段的出砂临界压差，对于气田出水气井的主动防砂压差控制参数设计，这一特点尤为关键。

4.4　实例计算

利用常规方法对涩北一号48口气井的出砂临界压差进行了计算。对比实际控制出砂压差与计算临界出砂压差，大部分数值比较接近，说明出砂临界条件的计算是可靠的。

5　结论与建议

根据对储层岩石矿物组成、出砂的力学—化学机理的分析认为，对于涩北一号气田疏松砂岩气藏，岩石内聚力强度是该气田实施主动防砂、控制生产压差设计的关键参数。

目前的出砂临界压差计算模型基本能够满足现场设计需要，但针对涩北一号气田出水较为明显、出水量波动变化较大、储层岩石泥质含量的非均质性较强等特点，储层岩石的强度不能考虑成一个固定的常数。

本文建立了新的气井出砂临界生产压差计算方法，在实验数据分析的基础上，引入与泥质含量相关，并且随含水饱和度变化的岩石强度计算模型。理论上，该模型能够适应气田不同开采阶段的出砂临界压差设计。

本方法的关键在于获得具有本地区代表性的岩心，根据岩石力学实验得到准确的岩石抗剪切强度与泥质含量和含水饱和度的相关关系。

　公式符号：

η_c——岩石的软化系数；

σ_{cw}——饱和岩样的抗压强度，MPa；

σ_c——自然风干岩样的抗压强度，MPa；

τ_s——抗剪切强度，MPa；

V_{sh}——泥质含量；

S_w——含水饱和度。

参 考 文 献

[1] 马力宁，王小鲁，朱玉洁，华锐湘，李江涛．柴达木盆地天然气开发进展［J］．天然气工业，2007（2）

[2] 杜志敏，马力宁，朱玉洁，王小鲁，等．疏松砂岩气藏开发管理若干关键技术研究．天然气工业，2008（1）

[3] 胡才志，李相方，等．疏松砂岩储层防砂方法优选实验评价．石油钻探技术，2003（12）

[4] 王风清，秦积舜．疏松砂岩油层出砂机理室内研究．石油钻采工艺，1999（2）

涩北一号气田出水分析研究

孙虎法　苏　静　严焕德　范洪涛

（青海油田公司勘探开发研究院）

摘要：气井出水是影响涩北一号气田开发效果的主要矛盾。本文分析了各种出水类型的形成机理和气井见水基本模式；分析了储层物性对气藏原始气水分布的控制作用。对于涩北一号气田，构造对原始气水分布起到主要决定性因素，而毛细管压力则是造成气水界面分布特征的关键因素。

关键词：涩北一号　见水模式　气水分布

前　言

涩北一号气田的地质条件较为优越，位于柴达木盆地三湖第四纪坳陷区内，是紧邻生气中央凹陷的涩北构造带上的一个三级背斜构造。该构造带除涩北一号气田外，还发现了涩北二号气田及更临近中央凹陷的台南气田。

截止到 2008 年年底，本气田已累计钻井 141 口，其中油套同采井 28 口，可利用井 126 口，产能规模 $20.5 \times 10^8 \text{m}^3$。该气田自 1998 年 4 月涩 26 井开始试采以来，累计生产天然气 $83.3 \times 10^8 \text{m}^3$。2008 年气田年产气 $11.62 \times 10^8 \text{m}^3$，产水 60855$\text{m}^3$，水气比为 52.4$\text{m}^3/10^6 \text{m}^3$。

1　原始气水分布

1.1　气水总体分布特征

虽然涩北一号气田的构造形态完整，圈闭主要受构造控制且储层连片分布，但由于气藏顶部区域的盖层、各含气小层的隔层、小层非均质性、天然气充满程度、驱动能量及边界条件等都存在差异，致使气水边界和含气面积各不相同，气水界面不完全受构造圈闭控制。总体从平面上看，气田的原始气水分布都具有"南高北低"的特征。

1.2　边水的形成与边水驱动

沉积作用刚刚结束的第四系生物气饱含束缚水，在有效圈闭范围内，由于生物气对地层水的排驱作用，逐渐在砂岩储层中形成聚集，随着气藏规模的不断扩大，一旦气藏能量达到上覆盖层封盖能力的上限，便没有能力继续排驱气藏以外砂岩储层孔隙中的地层水，从而在气藏外围较低部位形成环状的地层水分布带，也即"边水"。

动态平衡的气藏一旦投入开发生产，由于气藏能量被释放，气水平衡状态被打破，被原始气藏排驱在外的气藏边水就会形成一个回压，将天然气推向气藏的较高部位，也就是"边水驱动"。涩北一号气田的所有气藏均有边水环绕。

1.3 夹层水

对于具有较强封隔能力的泥质岩，排驱过程中气体无法进入，更无法排驱其孔隙中的地层水，因此在两段泥岩之间就有可能形成被独立分隔的水体，并零星分布于储层当中，即"夹层水"。

1.4 层内可动水分布

根据测井资料的解释以及生产动态数据的验证，层内可动水多以夹层水的形式存在。涩北一号夹层水一般分布于各气层组的底部。

2 气井见水模式

由于构造平缓，构造和岩性控制的气水过渡带造成了涩北一号气田气水界面的分布范围广，构造边部位的井容易被边水突破造成气井早见水；但由于储层非均质性严重，渗透率普遍偏低，因此也给边水的突进造成了较大的阻碍作用，造成气井见水时间和出水量不稳定。根据实际气井的见水规律，总结了三种见水模式。

2.1 纵向水窜

纵向水窜发生的时间较早，产量较高时，水窜快；产量调低，水窜甚至可能消失。由于涩北一号气田气藏的纵向连通性较差，该模式的出水对产井气量的影响较小。气井产量基本稳定。

纵向水窜多发生在较厚储层内，并且水体供给非常充足。

2.2 横向水窜

横向水窜导致平面内气水共存，调整产量对控制水的横侵作用不会明显。横向水窜多发生在气水层接触面积较大的薄储层内，出水具有连续性，气井产量递减呈现出一致规律。

2.3 边水水侵

尽管涩北一号气田的边水能量不强，当气藏能量衰竭到一定程度后，边水仍将成为气藏开发的主要驱动能量之一。因此在开采中、后期将出现较大规模的水侵，造成产量递减。

3 微观气水分布

涩北一号气田属于典型的疏松砂岩气藏，储层物性较好，储层孔隙度在 20% ~ 46%，渗透率在 $(2 \sim 500) \times 10^{-3} \mu m^2$ 之间。

3.1 孔隙结构特征

根据对 182 个压汞资料和 156 块铸体薄片的统计和分析，得出以下结论。

（1）孔隙结构类型。

铸体薄片分析表明，该类气藏储集层的主要孔隙类型有：粒间孔、微裂缝、溶孔、溶缝及晶间孔。有效孔隙以原生粒间孔为主，孔径分布于 0.05~0.10mm。

（2）压汞曲线特征。

根据压汞法所测得的参数和曲线形状，涩北一号气田储层孔隙毛管力曲线可分为四种类型。

A 类：排驱压力和中值压力均较低，退汞效率低，该类曲线平缓，分选性好，代表孔隙好，粗孔喉，渗透性好的粉砂岩和泥质粉砂岩。

B 类：排驱压力低而中值压力较高，孔喉半径小，退汞效率较高，该类曲线代表以孔隙胶结为主的泥质粉砂岩、粉砂质泥岩储层，分选较好，渗透率较高。

C 类：排驱压力与中值压力均较高，退汞效率较高，该类曲线平缓，分选性好，储层多为孔隙差，以细孔喉为主，渗透性较差的泥质岩类。

D 类：排驱压力低，中值压力较高，退汞效率较高，该类曲线代表微裂缝和粗细孔喉分选差的岩类，渗透率高。

3.2　微观气水分布

对于涩北一号气田，构造位置是原始气水分布的主要决定性因素，而毛细管压力则是造成气水界面分布特征的关键因素。

在毛管压力曲线上，一定压力对应的非润湿相饱和度相当于气藏中一定高度的含气饱和度，因此，把毛管压力曲线的纵坐标用自由水面以上的液柱高度来表示，就可以用该曲线来确定出气藏中任意高度上的含气饱和度，从而得出整个气藏的气水纵向分布特征。

自由水面以上液柱高度的计算公式为：

$$H = \frac{p_c}{(\rho_w - \rho_g)\ g} \tag{1}$$

根据实验室测定的毛管压力曲线，可得到气藏条件下的气水间毛管压力：

$$p_c = \frac{\sigma_{wg}\cos\theta_{wg}}{\sigma_{Hg}\cos\theta_{Hg}} p_{Hg} \tag{2}$$

将式（2）代入式（1），得：

$$H = \frac{\sigma_{wg}\cos\theta_{wg}}{\sigma_{Hg}\cos\theta_{Hg}} \frac{p_{Hg}}{(\rho_w - \rho_g)\ g} \tag{3}$$

毛管力曲线与地下流体饱和度具有函数关系，而自由水面以上的气液柱高度又是由毛管力决定的，因此，地下流体饱和度也是自由水面以上气液柱高度的函数，气柱高度等于自由水面以上气液柱高度减去静水压力对应的自由水面以上液柱高度。据此，利用四类典型的毛管力曲线，可以得出气柱高度和含气饱和度的关系曲线。

3.3　润湿性的影响

在气驱水过程中，疏松砂岩储层水湿岩石的孔隙中几乎完全饱和水，水在气体的驱动下开始流动，其孔隙中的部分水可以被排驱出来。不同的驱替机理将形成不同的地层水状态。

（1）束缚水。

对于结构较好，喉道半径较大的孔隙，大部分水将会被排驱出来。但由于水与储层岩石长期接触，且接触的两相界面很大，岩石颗粒表面对其附近水分子具有较强的吸附作用。附着在孔隙颗粒表面的地层水水膜无法得以完全排驱，这部分地层水会残留在储层砂岩孔隙的表面，以束缚水状态分布于储层孔隙中。

（2）共存水。

对于结构较差，喉道半径较小的孔隙，当孔隙中含气饱和度增加，含水饱和度降低到一定程度后，由于砂岩的亲水性，亲水孔道中气水两相界面处产生较大的毛细管阻力，使除了附着在颗粒表面的地层水水膜外，还有较大部分的水会残留于孔隙中，这部分水依然连通，但由于排驱动力不足，不继续参与流动，从而形成了"共存水"。

以上分析表明，疏松砂岩气藏的成藏过程伴随着气驱水，而岩石的润湿性对气驱水的过程与驱替效率影响重大。由于储层岩石的润湿性，使得储层中存在较多的束缚水，而那些砂岩孔隙中的"共存水"由于相互连通，分布在储层的各处，与泥岩隔层水统称为"层间水"，因此岩石的润湿性同样也是对疏松砂岩气藏原始气水分布的重要影响因素之一。

4 气水两相渗流规律

4.1 岩心实验总结

对涩北一号取心岩样进行了孔、渗、饱和相对渗透率曲线的测量，得到以下认识：

（1）岩样抽空饱和地层水计算得到的孔隙度比气测孔隙度要大，说明岩样接触水后发生膨胀，吸入水量过多。

（2）测试过程中出砂普遍，有的岩样出砂量较大，甚至比出水量还多。

（3）驱替后的残余水饱和度较高，为 45.9% ~ 90.0%，平均 71.9%，因而在相渗曲线上表现出较窄的两相共流区。

根据水相渗透率的最大值对相渗曲线分类，最大水相相对渗透率大于 0.75 的为 I 类，小于 0.3 的为 II 类，中间的为过渡类。16 块岩样中，I 类 8 块，占总数 50%；过渡类 6 块，占总数 37.5%；III 类 2 块，占总数 12.5%。

4.2 气水运动规律

气水两相的渗流特征对于气田开发的指导意义是：

（1）由于气水两相共流区小，可动水对气相相对渗透率的影响明显，在开发过程中，水对天然气流动影响大，气井见水或施工液侵入地层后，将严重影响气井产能的发挥和气井探测半径的扩大，导致气井压力迅速下降，因此，在开发中应该尤其注意防水。

（2）岩心相对渗透率实验表明，一半的岩心水相相对渗透率曲线抬升缓慢，且数值偏低（II 类），说明涩北气田储层见水后，水的流动能力不强，也间接说明了在开发过程中，气藏的边、底水推进不会很快，推进距离有限。

（3）另一半的岩心测试表明，水的相对渗透率急剧上升（I 类），I、II 类及过渡类型相渗曲线的同时存在，说明涩北气田内水的流动性不均衡，气井见水情况将出现较大的差异。

（4）较高的残余水饱和度是后期层内出水的主要水源之一。随着地层压力的下降，流体膨胀，当气体被部分采出后，含水饱和度将进一步增加，直到超过残余水饱和度，超出的部分变成可动水，在压差的作用下参与流动，被气井采出。

建议对气藏不同部位的井，尤其是边部生产井，增加取心的井次，通过岩心渗流实验进一步论证和验证边水的入侵规律。

5 结论与建议

（1）从微观角度，涩北一号气田主要是以原生粒间孔隙为主，但由于砂泥岩间互分布，导致原始气水分布关系较为复杂；通过对成藏过程气驱水的分析，认为储层岩石的混合润湿性是束缚水、共存水赋存状态的重要控制因素。

（2）从宏观气水运移的角度分析，涩北一号气田的水存在状态包括边底水、夹层水和层内可动水。构造位置是原始气水分布的直接决定因素，储层的非均质性则是气水界面分布特征的关键影响因素。

（3）涩北一号气田毛管压力与气柱高度的关系表明，毛管压力是决定原始气水界面的主要因素，涩北气田的四类储层孔隙结构共存，这也是造成了该气田气水界面分布不规则性的主要原因之一。

（4）岩心实验分析认为，在开发过程中，水对天然气流动的影响程度最大，气井见水将严重影响气井产能的发挥和气井探测半径的扩大，导致气井压力迅速下降，在开发中应该尤其注意防水；三类相对渗透率曲线特征说明，润湿性的差异也是导致涩北一号气田气井见水出现较大差异的主要原因。

（5）根据涩北一号气田储层构造特征与原始气水分布特点，结合生产井生产动态，将气井见水模式归结为三类：纵向、横向水窜和边水水侵。

公式符号：

p_c——气藏条件下气水界面毛管力，MPa；

ρ_w——地层水密度，kg/m^3；

ρ_g——地下天然气密度，kg/m^3；

g——重力加速度，m/s^2；

σ_{wg}——气水界面张力，N/m；

σ_{Hg}——汞的界面张力，N/m；

θ_{wg}——地下气水界面的接触角；

θ_{Hg}——汞的接触角；

p_{Hg}——实验室毛管压力，MPa。

参 考 文 献

[1] 何更生.油层物理［M］.北京：石油工业出版社，1994

[2] 邸世祥，等.碎屑岩储集层的孔隙结构及其对油气运移的控制作用［M］.西安：西北大学出版社，1991

[3] 李明诚.石油与天然气运移［M］.北京：石油工业出版社，2004

高压气藏产能评价技术研究

——以玛河气田古近系紫泥泉子组高压气藏为例

杨作明 王 彬 李道清 庞 晶 闫利恒

（新疆油田分公司勘探开发研究院）

摘要： 玛河气田紫泥泉子组气藏属高压凝析气藏，气藏压力系数 1.44～1.56，高压储层对气藏渗流的影响不清楚。针对气藏开发存在的难点，在气藏地质特征研究基础上，进行应力敏感分析，研究覆压条件下岩石变形及渗透率变化规律，确定高压对气井产能的影响规律；利用已有试井、动态资料，分析气藏渗流特征，确定合理产能。

关键词： 玛河气田 高压气藏 试 井 产能

前 言

玛河气田紫泥泉子组气藏位于准噶尔盆地南缘，为被断裂复杂化的背斜构造，目的层紫泥泉子组紫三段为辫状河三角洲前缘亚相，砂层为辫状河三角洲前缘水下分流河道沉积，平面上分布较稳定。储层岩性主要为细砂岩和粉砂岩，孔隙类型以原生粒间孔（平均89.0%）为主，其次为剩余粒间孔（平均9.7%）；紫三段气层有效孔隙度平均21.2%，渗透率平均 $116.15 \times 10^{-3} \mu m^2$，属中孔中渗储层，隔夹层发育。气藏呈层状展布，为带边水的高压构造凝析气藏。

玛河气田古近系紫泥泉子组紫三段凝析气藏探明含气面积 $20.83 km^2$，天然气地质储量为 $313.98 \times 10^8 m^3$，凝析油地质储量为 $426.63 \times 10^4 t$；天然气技术可采储量 $204.09 \times 10^8 m^3$，凝析油技术可采储量 $106.65 \times 10^4 t$。

玛河气田紫泥泉子组气藏为高压气藏，中部海拔为 1684～1813m，地层压力 38.64～39.64MPa，凝析油密度 $0.7697 g/cm^3$，甲烷含量 78.85%～90.28%，凝析油含量 $133 g/cm^3$，地层水为 $NaHCO_3$ 型。压力系数 1.44～1.56，高压储层对气井产能影响较大。本文分析了高压气藏对储层、产能的影响因素，确定了合理的产能。

1 通过系统试井分析，确定气井无阻流量

试井能够反映油气储层深部流动状态下的特征。

玛河气田紫泥泉子组气藏系统试井3井次，每米无阻流量在（9.28～14.80）$\times 10^4 m^3/$（d·m）之间（见表1）。

玛纳1井在紫泥泉子组 2414.0～2446.5m 井段共 4 段 18.0m 进行了 5 个工作制度系统试井，平均采气指数为 $0.6755 \times 10^4 m^3/$（d·MPa^2），每米采气指数 $0.0375 \times 10^4 m^3/$（d·m·MPa^2），二项式绝对无阻流量为 $266.47 \times 10^4 m^3/d$，每米无阻流量为 $14.80 \times 10^4 m^3/$（d·m）（见图1）。玛纳001 井在紫泥泉子组 2401.0～2480.0m 井段共射开 8 段 32.0m 进行了 5 个工

作制度系统试井，平均采气指数为 $1.00 \times 10^4 m^3/(d \cdot MPa^2)$，每米采气指数 $0.0312 \times 10^4 m^3/(d \cdot m \cdot MPa^2)$，二项式绝对无阻流量为 $407.52 \times 10^4 m^3/d$，每米无阻流量 $12.74 \times 10^4 m^3/(d \cdot m)$（见图2）。玛纳003井在紫泥泉子组 $2612.0 \sim 2654.0m$ 井段共5段22.0m进行了5个工作制度系统试井，平均采气指数为 $0.39 \times 10^4 m^3/(d \cdot MPa^2)$，每米采气指数 $0.0179 \times 10^4 m^3/(d \cdot m \cdot MPa^2)$，二项式绝对无阻流量为 $204.20 \times 10^4 m^3/d$，每米无阻流量 $9.28 \times 10^4 m^3/(d \cdot m)$（见图3）。

表1 玛河气田系统试井解释成果表

井号	测试井段（m）	厚度（m）	采气指数（$10^4 m^3/(d \cdot MPa^2)$）	每米采气指数（$10^4 m^3/(d \cdot m \cdot MPa^2)$）	无阻流量（$10^4 m^3/d$）	每米无阻流量（$10^4 m^3/(d \cdot m)$）
玛纳1	$2414.0 \sim 2446.5$	18.0	0.6755	0.0375	266.47	14.80
玛纳001	$2401.0 \sim 2480.0$	32.0	1.0000	0.0312	407.52	12.74
玛纳003	$2612.0 \sim 2654.0$	22.0	0.3900	0.0179	204.20	9.28

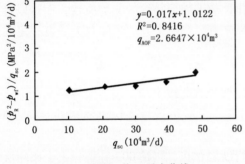

图1 玛纳1井二项式曲线

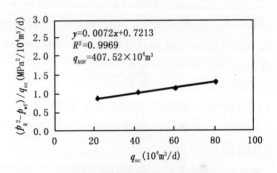

图2 玛纳001井二项式曲线

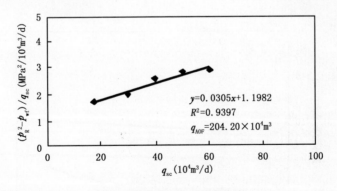

图3 玛纳003井二项式曲线

2 通过不稳定试井分析，确定储层参数

试井直接测量油气的产出量和压力，并从两者的关系，得知地层的实际导流能力，随着测试时间的延长，压力波及范围不断扩大，研究范围也逐渐扩大，所求出的参数代表了宽广

面积上地层的深部情况，试井还可以判断储层在数十米、甚至数百米外的不渗透边界。

玛河气田共有 3 口井进行了不稳定试气，根据不稳定试气分析，可以得到以下认识：

（1）玛河气出试井曲线表现为均匀孔隙介质和径向复合特征，气层渗透率在（21.48 ~ 53.79）×10^{-3} μm^2 之间（见表2），渗透率较好，为中等渗透储层。

（2）构造主体部位测试井探测半径相对较大，在 700.0 ~ 1815.0m 之间。

表2　玛河气田不稳定试井解释成果表

井号	拟合平均气藏压力（MPa）	地层系数（10^{-3} μm^2·m）	地层渗透率（10^{-3} μm^2）	表皮系数	无流边界1（m）	无流边界2（m）	探测距离（m）
玛纳1	38.44	968.30	53.79	2.32	156.0	408.0	1815.0
玛纳001	38.70	1573.07	49.17	0.55	296.0	402.0	1045.0
玛纳003	38.93	506.00	23.00	−1.62	219.0		700.0

（3）由试井解释的双对数曲线可以看出，测试各层位都出现了反凝析现象，气藏中凝析和反凝析现象的存在，会导致压力导数曲线变化，加上储层物性的非均质性，而难以鉴别出到底是不是气藏边界的影响。从试井分析的结果来看，玛纳1井、玛纳001井有一定的边界反映。

玛纳1井呈现封闭断层边界特征，边界距离为265m，反凝析现象不是很明显（见图4）。玛纳001井出现了明显的反凝析现象，并且后期导数曲线上翘，圆形边界距离为1045m（见图5）。玛纳003井从双对数曲线上看，有明显的反凝析现象，探测断层距离为700m（见图6）。

（4）玛纳1井和玛纳001井均解释出2条平行断层存在，玛纳003井解释出1条断层存在，与开发三维构造解释基本吻合。

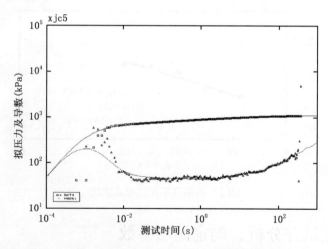

图4　玛纳1井复压测试双对数曲线图

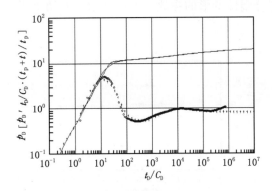
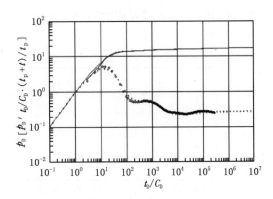

图 5　玛纳 001 井复压测试双对数曲线图　　　　图 6　玛纳 003 井复压测试双对数曲线图

3　利用应力敏感分析高压对气井产能的影响

　　一般情况下，气藏在衰竭式开采时，随着地层压力下降，作用于岩石骨架上的有效压力将上升，导致岩石变形，其渗透率、孔隙度和孔隙压缩系数将减小，产能也将减小，气水分布发生变化。这是两个互为因果的作用过程，即流体的流动影响岩石的弹性平衡，而岩石发生变形反过来又影响流体的流动。

　　高压气藏由于地层压力下降幅度或有效压力上升幅度足够大，有可能使得岩石产生显著的变形，从而导致岩石渗透率、孔隙度和压缩系数显著降低，严重影响气藏的生产动态。

3.1　覆压条件下渗透率变化规律

　　从玛河气田岩心渗透率在不同覆压下的变化规律可以看出：选用渗透率较低岩心（玛纳 1 井，$1 \times 10^{-3} \mu m^2$ 左右），渗透率随有效覆压变化较大，有效覆压增加到 40MPa 时，其渗透率均已下降到初始值的 30% 以下。选用渗透率较高岩心（玛纳 001 井，$100 \times 10^{-3} \mu m^2$ 左右），渗透率随有效覆压变化较平缓，当有效覆压从 5MPa 增加到 40MPa 时，渗透率的最小值不低于初始值的 80%（见图 7、图 8）。

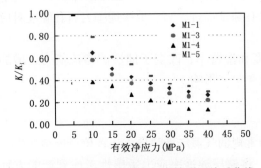
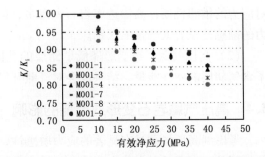

图 7　玛纳 1 井岩心渗透率与有效覆压关系曲线　　　图 8　玛纳 001 井岩心渗透率与有效覆压关系曲线

3.2　有效覆压变化对渗透率的影响

　　当有效压力增大时，储层渗透率由大到小变化，其下降幅度由大到小；当有效压力由大往回变小时，储层渗透率由小到大变化，即向原始值恢复，但无法恢复到原来的水平（见

图9、图10）。这主要是由于岩石变形中包括部分塑性变形的缘故，使得储层岩石留下了部分永久变形。

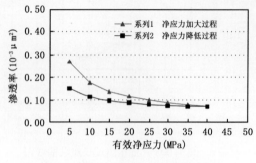
图9　玛纳1井岩心应力敏感试验

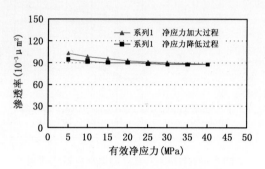
图10　玛纳001井岩心应力敏感试验

玛纳1井覆压增至40MPa时，岩心剩余渗透率均在10%以下，当覆压降至5MPa时，岩心渗透率永久损失在87.6%～97.5%之间；玛纳001井覆压增至40MPa时，岩心剩余渗透率在33.80%～53.22%之间，当覆压降至5MPa时，岩心渗透率永久损失在38.94%～61.25%之间。岩心初始渗透率越小，损失越大。

3.3　岩石变形特征及其对气藏开发的影响

玛河气田属于高压气藏，压力系数1.44～1.56左右，在衰竭式开采过程中，随着气藏压力下降，气藏的岩石骨架要承受比常规气藏大得多的净上覆压力，会使得岩石发生显著的弹塑性变形，岩石渗透率、孔隙度和岩石压缩系数等物性参数减小，影响气藏的开发效果。

在气藏的开发过程中，气藏压力的下降所诱发的储层应力敏感性伤害是不可避免的，储层岩石的渗透率、孔隙度和孔隙压缩系数随着有效压力的增加而减小，并且前期减小剧烈，中期变缓，后期更缓。这表明气藏衰竭式开采时，随着气体的采出，产能降低，气水分布发生变化，弹性能量减小。

通过对玛河气田岩心分析，得到以下结论：

（1）渗透率对应力的敏感性要比孔隙度对应力的敏感性大得多。低渗透率岩石渗透率对应力的敏感性要比高渗透率岩石大得多，但对孔隙度而言，高、低渗透率岩石孔隙度对应力的敏感性没有太明显的区别。

（2）高压气藏岩石变形降低了储层的孔隙度和渗透率，改变了储层的渗流能力，增加了含气储层的弹性能量，结果也会对气藏开发效果带来影响。

3.4　高压气藏岩石变形对产能的影响

考虑到高压气藏具有显著的应力敏感性，用常规的气藏产能评价方法评价产能会产生偏差。因此，有必要对产能方程进行一定的改进，将储层渗透率应力敏感性考虑到产能方程里去。

运用玛河气田所做储层岩石渗透率敏感性实验可得到渗透率敏感系数，在改进的拟压力产能方程分析中，可以得到的值，随后可根据测试的压力和产量数据，计算求得 $y = \dfrac{1 - e^{[-\alpha_w(\phi_R - \phi)]}}{\alpha_w Q_g}$。以 y 作为纵坐标，以 Q_g 作为横坐标，在直角坐标系下绘制关系曲线，在理论上应得到一条直线，求得相应的 A、B 值和回归的相关系数，从而确定其产能方程。IPR 曲线见图11、图12。

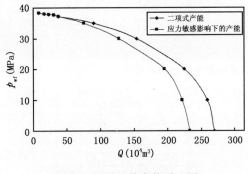

图11　玛纳1井产能对比图

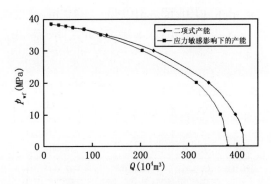

图12　玛纳001井产能对比图

应力敏感影响下的玛纳1井无阻流量为 $230.28 \times 10^4 m^3/d$，玛纳001井无阻流量为 $374.43 \times 10^4 m^3/d$，明显低于二项式产能，与应力敏感对渗透率的影响比较类似，有效覆压变化对渗透率的影响，玛纳1井影响大于玛纳001井，渗透率损失玛纳1井也较玛纳001井更严重，对产能的影响也是玛纳1井明显大于对玛纳001井的影响，相对于二项式产能的无阻流量，因为考虑应力敏感的影响，玛纳1井无阻流量损失为 13.58%，玛纳001井为 8.12%，玛河气田平均无阻流量损失为 10% 左右。

4　确定气井合理产能

玛河气田紫泥泉子组气层有效厚度较大，气层夹层较多，并带有边水，采气时动用厚度按有效厚度的 70% 计算，布井范围有效厚度在 25.00 ~ 40.50m 之间，动用厚度在 17.50 ~ 28.35m 之间。

采用绝对无阻流量的 20% ~ 25% 确定气井单井产能是目前国内外普遍使用的方法。

玛河气田紫泥泉子组气藏新井配产以玛纳1井、玛纳001井、玛纳003井系统试井资料为依据，在不考虑高压对气井产能的影响时，玛纳1井无阻流量为 $266.47 \times 10^4 m^3/d$，玛纳001井无阻流量为 $407.52 \times 10^4 m^3/d$，玛纳003井无阻流量为 $204.20 \times 10^4 m^3/d$，新井无阻流量在 $(213.33 ~ 345.59) \times 10^4 m^3/d$ 之间，产量按绝对无阻流量的 20% 考虑，新井产能在 $(42.67 ~ 69.12) \times 10^4 m^3/d$ 之间，新井合理产能取值在 $(40 ~ 70) \times 10^4 m^3/d$ 之间（见表3）。

表3　玛河气田单井合理产能综合确定表（不考虑高压影响）

井号	层位	有效厚度（m）	动用厚度（m）	每米无阻流量（$10^4 m^3/d \cdot m$）	无阻流量（$10^4 m^3/d$）	单井产能（$10^4 m^3/d$）	产能取值（$10^4 m^3/d$）
玛纳1	$E_{1-2}z_3$	30.90	18.00	14.80	266.47	53.28	50
玛纳001	$E_{1-2}z_3$	48.50	32.00	12.74	407.52	81.50	80
玛纳003	$E_{1-2}z3$	33.30	22.00	9.28	204.20	40.84	40
新井	$E_{1-2}z_3$	25.00 ~ 40.50	17.50 ~ 28.35	12.19	213.33 ~ 345.59	42.67 ~ 69.12	40 ~ 70

在充分考虑高压对气井产能影响的基础上，玛纳 1 井无阻流量为 $230.28 \times 10^4 \mathrm{m^3/d}$，玛纳 001 井无阻流量为 $374.43 \times 10^4 \mathrm{m^3/d}$，玛纳 003 井无阻流量为 $183.78 \times 10^4 \mathrm{m^3/d}$，新井无阻流量在 $(191.63 \sim 310.43) \times 10^4 \mathrm{m^3/d}$ 之间，产量按绝对无阻流量的 20% 考虑，新井产能在 $(38.33 \sim 62.08) \times 10^4 \mathrm{m^3/d}$ 之间，新井合理产能取值在 $(35 \sim 60) \times 10^4 \mathrm{m^3/d}$ 之间（见表 4）。

表 4　玛河气田单井合理产能综合确定表（考虑高压影响）

井号	层位	有效厚度 （m）	动用厚度 （m）	每米无阻流量 $(10^4 \mathrm{m^3/d \cdot m})$	无阻流量 $(10^4 \mathrm{m^3/d})$	单井产能 $(10^4 \mathrm{m^3/d})$	产能取值 $(10^4 \mathrm{m^3/d})$
玛纳 1	$E_{1-2}z_3$	30.90	18.00	12.79	230.28	46.04	45
玛纳 001	$E_{1-2}z_3$	48.50	32.00	11.70	374.43	74.88	70
玛纳 003	$E_{1-2}z_3$	33.30	22.00	8.35	183.78	36.74	35
新井	$E_{1-2}z_3$	$25.00 \sim 40.50$	$17.50 \sim 28.35$	10.95	$191.63 \sim 310.43$	$38.33 \sim 62.08$	$35 \sim 60$

通过对比发现，在考虑高压对气井产能影响的情况下，气井合理产能都有所降低，为原来产能的 90% 左右。

5　取得的主要认识

（1）玛纳 1 井、玛纳 001 井、玛纳 003 井系统试气分别获得 $266.47 \times 10^4 \mathrm{m^3/d}$、$407.52 \times 10^4 \mathrm{m^3/d}$、$204.20 \times 10^4 \mathrm{m^3/d}$ 的绝对无阻流量，气井具有较高的产能。

（2）玛河气田属于高压气藏，压力系数 $1.44 \sim 1.56$，在气藏的开发过程中，随着气藏压力下降，储层岩石的渗透率、孔隙度和孔隙压缩系数随着有效压力的增加而减小，并且前期减小剧烈，中期变缓，后期更缓。

（3）玛河气田高压气藏具有显著的应力敏感性。渗透率对应力的敏感性要比孔隙度对应力的敏感性大得多，低渗透率岩石渗透率对应力的敏感性要比高渗透率岩石大得多，但对孔隙度而言，高、低渗透率岩石渗透率对应力的敏感性没有太明显的区别；应力敏感影响下的产能明显低于二项式产能，相对与二项式产能的无阻流量，玛纳 1 井无阻流量损失为 13.58%，玛纳 001 井为 8.12%，玛河气田平均无阻流量损失为 10% 左右。

（4）在充分考虑高压对气井产能影响的基础上，以玛纳 1 井、玛纳 001 井、玛纳 003 井系统试井资料为依据，新井合理产能取值在 $(35 \sim 60) \times 10^4 \mathrm{m^3/d}$ 之间，气井产能都有所降低，为原来产能的 90% 左右。

参 考 文 献

[1] 李士伦，等. 天然气工程. 北京：石油工业出版社，2000
[2] 陈元千. 油气藏工程计算方法. 北京：石油工业出版社，1990
[3] 王玉文，等. 确定气井合理产量和预测新井产能方法研究. 天然气工业，1993（5）
[4] 李允，等. 气井及凝析气井产能试井与产能评价. 北京：石油工业出版社，2000
[5] 童宪章，等译. 气井试井理论与实践. 北京：石油工业出版社，1988

勘探开发紧密结合，依靠三维地震技术，高效开发玛河气田

杨作明　王　彬　李道清　潘前樱　庞　晶

（新疆油田公司勘探开发研究院）

摘要： 玛河气田紫泥泉子组气藏位于准噶尔盆地南缘冲断带霍玛吐背斜带，构造形态整体上是一长轴背斜构造，在开发过程中，依靠开发三维地震不断深入玛河气田构造认识，认为背斜被断裂复杂化，形成多个断块气藏，并及时调整井位部署，由方案设计的1000m左右不规则井网均匀布井调整为按断块部署气井，有效动用全部探明储量，达到年产 $10 \times 10^8 m^3$ 的产能规模。

关键词： 玛河气田　三维地震　断块　高效开发

前　言

玛河气田紫泥泉子组气藏位于准噶尔盆地南缘，构造形态整体上是一长轴背斜构造，目的层紫泥泉子组紫三段为辫状河三角洲前缘亚相，储层为辫状河三角洲前缘水下分流河道沉积，气层有效孔隙度平均21.2%，渗透率平均 $116.15 \times 10^{-3} \mu m^2$，属中孔中渗储层。

2007年开展了前期评价研究，玛纳1井、玛纳001井、玛纳003井相继获高产工业气流，11月3口井投入试采，区日产气达到 $180.00 \times 10^4 m^3$ 左右。2008年上报玛河气田古近系紫泥泉子组紫三段凝析气藏探明含气面积 $20.83km^2$，天然气地质储量为 $313.98 \times 10^8 m^3$，凝析油地质储量为 $426.63 \times 10^4 t$；天然气技术可采储量 $204.09 \times 10^8 m^3$，凝析油技术可采储量 $106.65 \times 10^4 t$。2008年完成了初步开发方案，按"稀井高产"的部署原则，气藏采用1000m左右不规则井网均匀布井，部署开发井9口，设计年产能 $9.9 \times 10^8 m^3$。

1　勘探开发一体化，加快了勘探开发进程

2006年3月在玛纳斯背斜高点部署了玛纳1井，该井于7月21日开钻，钻至目的层紫泥泉子组见活跃油气显示，中途测试获日产油 $12.24m^3$，日产气 $51.5 \times 10^4 m^3$ 的高产工业气流，并在紫泥泉子组 $2414.0 \sim 2446.5m$ 井段试气获日产油57.87t，日产气 $39.32 \times 10^4 m^3$，二项式无阻流量 $266.47 \times 10^4 m^3/d$，2006年底申报玛河气田紫泥泉子组天然气控制储量 $274.74 \times 10^8 m^3$，凝析油 $50.60 \times 10^4 t$。

在勘探获得重大突破后，开发提前介入，开展前期评价研究工作，坚持勘探开发一体化，勘探开发研究人员紧密结合，勘探评价井部署充分考虑开发利用，开发井部署兼顾探明储量的需要，提高井的利用率，按照"勘探求发现，落实气层，开发快试气，录取参数"的工作思路，简化部分探井试气流程，开发试采井补充录取相关资料，所取资料共享，缩短了评价周期。

为了加快天然气勘探开发步伐和缓解供气紧张形势，克服天然气产能建设时间紧、任务重等不利因素，在对地质气藏工程深入研究的基础上，及时完成了玛河气田总体评价方案。方案采用"整体部署，分步实施"：第一阶段为试采阶段，建成日产 $150 \times 10^4 m^3$ 的生产能力，计划 2007 年 11 月底投产；第二阶段为气藏全面开发阶段，计划 2008 年部署 4 口井，2009 年再优化部署 2 口井，达到日产气 $300 \times 10^4 m^3$ 的生产规模。

2007 年部署了 3 口评价井（玛纳 001、玛纳 002、玛纳 003 井），其中玛纳 001 井在 2401～2480m 井段获日产油 102.7m³，日产气 $80.57 \times 10^4 m^3$；玛纳 003 井在 2612.00～2654.00m 井段获日产油 82.47m³、日产气 $50.16 \times 10^4 m^3$（见图 1）。2007 年 11 月，玛河气田一期工程建成投产，共有 3 口井（玛纳 1、玛纳 001、玛纳 003 井）投入试采，区日产气达到 $180.00 \times 10^4 m^3$ 左右，产量和压力稳定，实现了"当年立项、当年设计、当年建设、当年投产"的目标，取得了很好的开采效果。

2007 年在玛河气田前期评价过程中，为进一步落实构造相态，部署实施开发三维地震，满覆盖面积 147.9km²，面元 20m×40m。

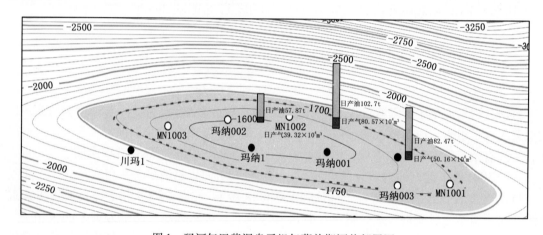

图 1　玛河气田紫泥泉子组气藏前期评价部署图

2　井震结合，不断深化构造认识

随着现场实施的进展，结合新井资料，井震结合，对三维地震数据体进行进一步精细的构造解释、速度方案选取、速度建模，准确刻画出了玛纳斯背斜的构造形态及特征。

玛纳斯背斜为一受玛纳斯南断裂及玛纳斯北断裂夹持的一东西向长轴背斜，南北翼地层倾角都较陡，南翼一般为 20°～25°，北翼一般为 25°～30°，背斜轴线附近倾角较缓，一般为 5°左右。背斜断裂发育，发育有玛纳 003 井断层、玛纳 001 井断层、玛纳 001 井北断层、玛纳 001 井北一号断层、玛纳 002 井北一号断层等 14 条断层，背斜被断裂复杂化，主体部位被断裂分割成 8 个独立断块，分别为玛纳 1 井断块、玛纳 001 井断块、玛纳 002 井断块、玛纳 003 井断块、MN1001 井断块、MN1002 井断块、MND1003 井断块和 MN1004 井断块（见图 2）。

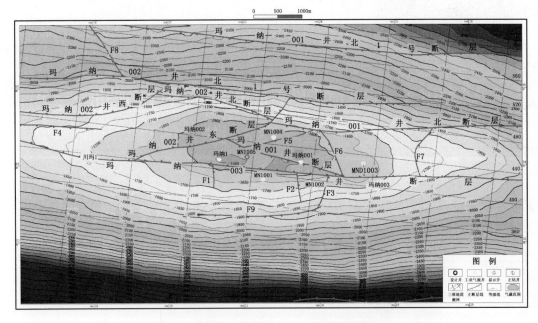

图 2 玛河气田紫泥泉子组气藏顶部构造图

3 运用气井实测压力及 MDT 资料分析,确定各断块的压力和气水系统

3.1 气水系统

玛纳斯背斜主体被断裂分割成多个独立断块,形成断块气藏。紫泥泉子组中间发育一套稳定的厚度约为 20m 的泥岩隔层,以此作为标志层,将紫泥泉子组气层分为上下两套气层。上气层主要发育在 $E_{1-2}z_3^2$ 层,在各井发育程度相近,平面上连续性较好,下气层主要发育在 $E_{1-2}z_3^3$ 层,仅玛纳 1 井和玛纳 001 井发育下气层,该气藏是以断裂构造控制为主的断块凝析气藏。

结合 MDT 资料和测井响应特征,推断各断块的气水界面,如玛纳 001 井断块的气水界面海拔为 1730m,玛纳 003 井断块气水界面为 1841.7m 等(见表 1),各断块具有独立的气水系统。

表 1 玛河气田紫泥泉子组气藏气水界面表

区　块	气水界面海拔（m）	气水界面深度（m）
玛纳 1 井断块	1730.0	2542.4
玛纳 001 井断块	1730.0	2522.8
MND1003 井断块	1730.0	2521.1
MN1004 井断块	1730.0	2498.6
玛纳 003 井断块	1841.7	2662.0
MN1001 井断块	1705.8	2564.0
MN1002 井断块	1803.3	2655.0

3.2 压力系统

利用各井实测压力和 MDT 压力数据，建立各区块地层压力梯度关系式（见表2），计算玛河气田地层压力范围为 35.36 ~ 39.51MPa，各断块具有不同的压力系统，压力系数为 1.44 ~ 1.56。其中玛纳003 井断块没有进行 MDT 测试，将 2550.00m 实测地层压力折算到气藏中部地层压力为 38.89MPa，压力系数 1.50。

表2　玛河气田紫泥泉子组气藏地层压力与温度表

区　块	地层压力（MPa）	压力系数	地层压力梯度关系式
玛纳 1 井断块	38.99	1.55	$p = 33.9007 - 0.00288H$
玛纳 001 井断块	38.83	1.56	$p = 33.8082 - 0.00291H$
MN1002 井断块	39.51	1.46	$p = 22.9851 - 0.00914H$
MND1003 井断块	36.14	1.44	$p = 30.6779 - 0.00276H$
MN1004 井断块	35.36	1.44	$p = 28.5379 - 0.00347H$

4 气藏工程和数值模拟技术相结合，确定合理的开发技术政策界限

在开发三维解释构造基础上，通过气藏工程和数值模拟技术相结合，确定气藏的开发技术政策界限，制定开发方案。

玛河气田紫泥泉子组气藏呈层状分布，气藏高度小于 185m，气层分布相对集中，考虑工艺能够实现较大跨度的射孔，采用一套井网开发。玛河气田属于水侵系数很小的气田，即边底部水体能量很弱，水层米采水指数较低，在 (0.11 ~ 0.43) $m^3/d \cdot MPa \cdot m$ 之间，与该气藏储层物性异常及高压特征相比，水层能量低，同时储层夹层相对发育，对下部水体能量具有一定的抑制作用，在控制好射孔井段的前提下，下部水体对气藏的开发影响很小。气藏原始凝析油含量为 133g/m^3，属中等偏低，国内类似凝析气藏均采用衰竭开采，推荐玛河气田采用衰竭式开采。

根据数值模拟研究，井距在 1500 ~ 2000m 时，稳产年限较长，达到 6 ~ 8 年，稳产期采出程度相对较高，为 34.59%。利用渗流理论，推导出气井井距 2066m，类比国内类似气藏，玛河气田采用不规则井网开采，井距 1500m 左右。

数值模拟结果表明，采气速度在 3.34% ~ 4.18% 之间，稳产期采出程度和预测期末采出程度最高（见图3）。根据气田开发管理纲要和油气藏的特点，适当控制采气速度，保证气藏开发具有一定的稳产期。因此，玛河气田采气速度应控制在 3.5% 左右。

按"稀井高产"的部署原则，气藏部署开发井 9 口，其中利用老井 3 口，钻新井 6 口（见图4），钻井进尺 1.5741 × 10^{4}m。区日产气 300 × 10^{4}m^3，年产气 9.9 × 10^{8}m^3，采气速度 4.32%。设计稳产 10 年，稳产期累积采气 106.11 × 10^{8}m^3，采出程度 46.34%，累积采油 66.14 × 10^{4}t。预测期末累积采气 149.97 × 10^{8}m^3，采出程度 65.49%，累积采油 80.75 × 10^{4}t，凝析油采出程度 26.68%。经济评价表明，方案经济效益较好，税后内部收益率 105.22%，财务净现值 269663 万元，投资回收期 2.14 年。

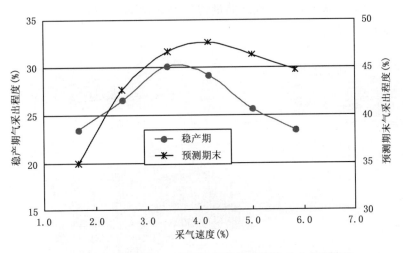

图 3   玛河气田不同采气速度稳产期预测期末采出程度曲线

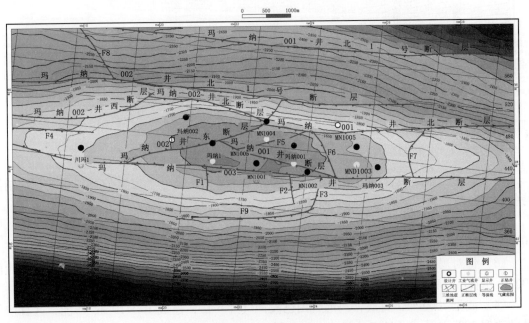

图 4   玛河气田紫泥泉子组气藏开发方案部署图

5   密切跟踪，及时调整，优化井位部署设计

通过开发三维地震的进一步处理解释后，气藏构造发生较大变化，玛纳斯背斜主体部位被断裂分割成 8 个独立断块，各自具有独立的气水系统，气藏为断块气藏。因此，对气藏开发方案进行调整，气田采用不规则井网，每个断块部署气井（见图 5），达到储量全部动用的目的。

在开发井实施过程中，先南后北，根据开发三维地震处理和解释结果，优选开发井位。方案研究人员坚持跟踪研究，特别是在取心和进入目的层前后的关键时期，研究人员进驻现场，实时跟踪，及时调整。2008 年完钻 4 口开发井，其中 3 口井已投入生产。2009 年针对玛纳 1 井断块下气层未动用天然气地质储量约 $7.25 \times 10^8 \mathrm{m}^3$，又部署 1 口开发井，目前该井正在钻进。

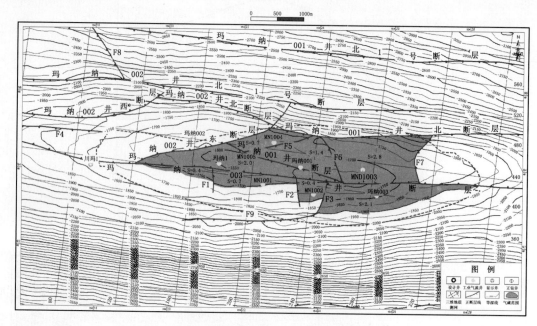

图 5　玛河气田紫泥泉子组气藏部署图

6　结　论

（1）通过三维地震资料的精细解释，认为玛河气田不是一个完整的背斜构造，玛纳斯背斜被多条断裂所切割，形成独立断块，各自具有独立的气水系统，气藏为断块气藏。

（2）玛河气田紫泥泉子组气藏探明含气面积 20.83km²，凝析气地质储量 321.71 × $10^8 \mathrm{m}^3$，天然气地质储量 $313.98 \times 10^8 \mathrm{m}^3$，凝析油地质储量 $426.63 \times 10^4 \mathrm{t}$。

（3）针对玛河气田构造的变化，在方案实施过程中进行了及时调整，由方案设计的 1000m 左右不规则井网均匀布井调整为每个断块部署气井，达到储量全部动用的目的。

（4）截至 2009 年 1 月底，玛河气田已投产气井 6 口，建成 $10 \times 10^8 \mathrm{m}^3$ 产能，区日产气量已达到 $308 \times 10^4 \mathrm{m}^3$，日产油量 351t，累计产气 $9.18 \times 10^8 \mathrm{m}^3$，累计产油 $11.21 \times 10^4 \mathrm{t}$，取得了很好的开发效果，为同类气田的开发提供了可借鉴的经验。

参 考 文 献

[1] 王志章，石占中，等. 现代油藏描述技术 [M]. 北京：石油工业出版社，1999
[2] 李士伦，等. 天然气工程. 北京：石油工业出版社，2000
[3] 陈元千. 油气藏工程计算方法. 北京：石油工业出版社，1990
[4]《试井手册》编写组. 试井手册. 北京：石油工业出版社，1992

苏里格气田气藏评价技术及应用效果

王　宏　李进步　朱亚军　靳锁宝　李义军

摘要：苏里格气田的开发前期评价工作主要围绕相对富集区筛选、储层空间分布规律、提高单井产量和优化气田开发指标等方面开展了全方位的技术攻关。通过评价加深了地质认识，落实了储量，评价了气井产能，筛选了富集区，集成创新了 12 项适合苏里格气田特殊地质条件的配套开发技术，为苏里格气田的规模开发奠定了坚实的基础。

关键词：苏里格气田　特殊地质条件　配套开发技术

前　言

苏里格气田是迄今为止我国陆上发现的最大气田，主力产气层埋藏深度约 3200～3700m 左右，是一个低渗、低压、低丰度大面积分布的岩性气藏。苏里格气田勘探面积 40000km^2，总资源量 3.8×10^{12}m^3。截至 2008 年底，探明地质储量（含基本探明）16931.52×10^{8}m^3，控制储量 2560.04×10^{8}m^3，预测储量 3085.61×10^{8}m^3，天然气日产量达到 2000×10^{4}m^3，具备年产 70×10^{8}m^3 的生产能力。

1　评价历程及特色技术

1.1　评价历程

苏里格气田发现后，中国石油天然气股份有限公司领导高度重视，长庆油田公司根据对气田的认识和工作部署，开展了大量的前期评价工作。总体概况起来评价工作经历了两个大的主要阶段。

（1）开发前期评价阶段（2001—2004 年）。

该阶段主要在苏 6 区块开展了地震、评价井、密井网解剖、水平井、新工艺及试采等方面的评价工作（表 1）。围绕储层空间分布规律和储集砂体规模，在苏 6 试验区内，沿苏 6 井东西向部署 12 口小井距（井距 800m）的加密解剖井。围绕提高单井产量，主要实施了 2 口水平井和 14 口井的大规模压裂试验。围绕气井稳产能力和开发指标论证，在对探井短期试采的基础上，在试验区内开展了 28 口井长期生产试验。通过评价工作认识到苏里格气田是一个"一大三低"气田，即大面积（4km^2）、低渗（渗透率平均 0.85×10^{-3}μm^2）、低压（压力系数 0.87）、低丰度（平均丰度 1.4×10^{8}m^3/km^2）气田。解决了苏里格气田的认识问题，提出"面对现实，依靠科技，创新机制，简易开采，走低成本开发的路子"的开发指导思想。

（2）评价与建产结合阶段（2005 年至今）。

该阶段评价工作主要围绕相对富集区筛选及提高Ⅰ+Ⅱ类井比例展开。坚持评价建产相结合的部署思路，按照"地震撒网初选有利区，骨架井落实有利区，开发井集中建产"的原则稳步推进。根据建产需求，在地震测网密集及井控程度高的预测有利区内，进行集中建产；外围加强评价，加密地震测线，部署评价井、骨架井及试采井，优选建产富集区。通过该阶段的评价工作，建立了一套完整的地震、地质相结合选井流程，技术集成创新形成了包括地质与气藏工程、钻采工程及地面工程等方面的 12 项开发配套技术，为苏里格气田的产能建设顺利完成奠定了坚实的基础。该阶段完成的评价工作详见表 1。

表 1　苏里格气田 2001—2008 年评价工作量统计表

年度	区块	二维地震（km）	三维地震（km²）	评价井（口）	试采井（口）	研究项目（项）	其　他
2001—2004	中区	614.0	302	31	13	10	多波采集 324.82km VSP 井下地震 1 口，加密井 12 口，水平井 2 口，小井眼 6 口，欠平衡 4 口，大型压裂试验 14 口，CO_2 压裂 8 口
2005—2008	中区	2085	101.2	7	0	21	重大开发实验 10 项
	东区	3763		4	8		
	西区	1976		3	10		
	小计	7823	101	14	18		
合计		8437	403	45	31	31	

1.2　特色技术

苏里格气田从开发前期评价到规模有效开发，技术集成创新起到了至关重要的作用。在重大先导性开发试验基础上，从经济有效开发苏里格气田出发，对现有技术进行改进形成了独具苏里格气田开发特点的富集区筛选、井位优选及快速产能评价等特色技术。

（1）富集区筛选技术。

通过评价认识到苏里格气田含气目的层段砂岩发育，大面积连片，但有效储层是孤立、分散的，存在相对富集区。要规模有效开发气田先要确定含气富集区，在含气富集区内规模开发。

根据苏里格气田储层的实际情况，探索形成了地质与地震相结合筛选富集区的技术路线（图 1）。其具体做法包括两个方面：首先在前期地质认识的基础上，通过地质与地震相结合，综合运用多方法对河道带进行预测。地震上采用时差分析、波形特征分析、叠后反演、弹性参数反演等方法进行河道带识别。地质上进行沉积微相分析，开展单井相分析，划分单井优势微相，建立区块沉积模式，精细刻画沉积微相展布。将地震河道带预测成果与骨架井沉积微相研究相结合，综合确定河道带的分布。

苏里格气田储层非均质性极强，给井位部署带来很大的挑战。评价初期主要以刻画河道带分布与砂体厚度为主进行井位优选。但经过部分评价井的实施发现，在苏里格气田，找到砂体并不等于找到了有效储层（见图 2），认识到预测含气砂岩是富集区筛选及井位部署的关键。

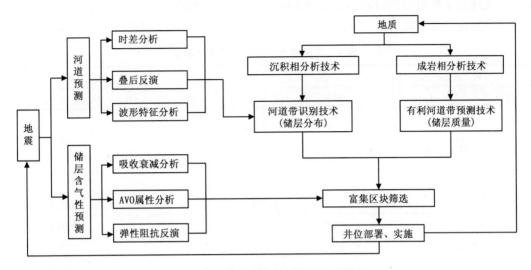

图1 苏里格气田富集区优选技术路线

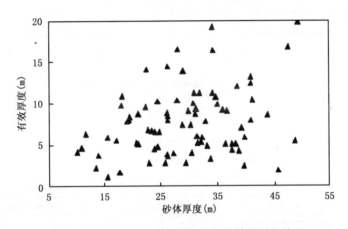

图2 苏里格气田有效砂层厚度与有效储层的关系

在落实河道带分布的基础上开展了对河道带有效性的评价。地震上采用吸收衰减分析、AVO属性分析、弹性参数反演、弹性阻抗反演等方法进行有效储层预测。应用高精度二维地震储层横向预测技术解决了地震测线上有效储层的发育情况，满足了富集区筛选及井位部署对气层预测的需要。通过加强地质综合研究了解有效储层平面分布规律，引入了代表河道有效性指数——溶蚀强度对河道带进行评价。以溶蚀强度为依据，以河道带为主要背景，以成岩相与沉积相关系为指导，勾绘溶蚀强度等值线，预测强溶蚀区，进而筛选出富集区。

采用上述方法，苏里格气田自2006年开始针对下年度建产区块进行了富集区筛选工作，为建产提供了有利目标区（详见表2），为提高Ⅰ＋Ⅱ类井比例奠定了基础。2007年评价工作针对下年度建产区块部署了二维地震、评价井及试采井等，并通过评价在中区的苏14、桃2区块及苏东区筛选出富集区面积总计3128km²，2008年在富集区内钻井，Ⅰ＋Ⅱ类井比例稳中有升，中区保持在80%以上，东区从67%提高到74%。

（2）井位优选技术。

经过近8年的探索与实践，提出了"河道带和含气性预测相结合、叠前和叠后相结合"的井位优选技术路线（见图3），紧紧围绕河道带部署井位，提高Ⅰ＋Ⅱ类井比例。其主要做法是在地质上侧重高能河道叠加带分布描述，研究有效储层成因机制和分布规律；地震上探索出高精度二维地震采集、处理、解释配套技术，满足了井位部署对气层预测的需要。

表2　苏里格气田富集区筛选简况表

区　块	年　度	井　区	优选富集区（km²）
中区	2006	苏14	
	2007	苏14	578.8
		桃2	389.6
	2008	苏14	457.3
		桃2	210.8
	小　计		1636.5
东区	2007	东一区	2160.0
	2008	东一区	1178.0
	小　计		3338.0
西区	2008	苏48	528.0
总　计			5502.5

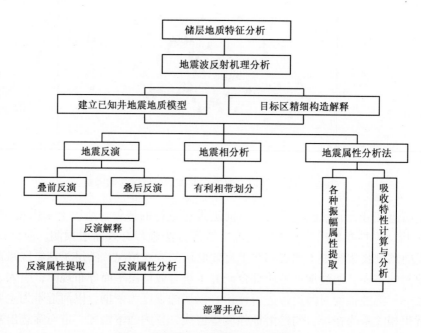

图3　苏里格气田规模开发选井流程

高精度二维地震预测技术野外采集采用大偏移距、小道距、高覆盖的观测系统，潜水面以下深井激发，数字单点或小基距模拟组合接收，最大限度地保证了获得高保真、高分辨率、高信噪比的宽频地震资料；处理、解释上直接以气层为目标，运用AVO、叠前弹性波反演等技术，大大提高了地震预测含气性的准确度。高精度二维地震技术的突破，意味着制约苏里格气田开发的关键难题——提高布井成功率的问题得到解决，迅速在全气田得到推广应用后，效果十分显著。

苏14区块北部2008年综合运用地震有效储层横向预测成果及强溶蚀区平面分布规律,筛选出4个富集条带集中部署开发井。在富集区内应用较为成熟的井位优选技术,当年完钻开发井27口,Ⅰ类井19口,Ⅱ类井6口,进一步落实了4个富集区。2008年在西南部初步刻画的有利区完钻50口,Ⅰ类井35口,Ⅱ类井7口,落实了3个富集区。通过整体部署,分步实施,苏14区块在开发实践中完善了井位优选技术,实施效果显著,3年完钻开发井316口,储层参数保持稳定,Ⅰ+Ⅱ类井比例为82.6%。

随着气田开发工作的深入,2009年苏里格气田转变气田开发方式,提出了"丛式井开发"的思路,对井位优选提出了更高的要求。目前已建立了丛式井组的定性及定量条件,形成了丛式井随钻布井技术,并初见成效。

(3)快速投产技术。

根据苏里格气田实际情况,采用较长时间的一点法测试求得精确的无阻流量意义并不大。再则苏里格气田以小井距开发,不可能口口井进行常规试气。基于这一思路,提出了简化试气的方法,在基本保证测试精度的前提下,测试时间缩短三分之一以上,创建了适合于苏里格气田的快速产能评价技术。

①简化试气流程。

简化试气是针对一点法测试求产存在的以上不足和局限性,根据一点法测试求产的模式对它进行优化改进,通过引入智能旋进漩涡流量计进行产量测试。

简化试气的具体步骤为:a. 对新井进行射孔、压裂;b. 射孔、压裂后通过放喷管线进行放空排液,一般要间歇排液4~7d;c. 当入井液返排率达到90%以上,只有少量的雾化水随气体喷出时,通过控制井口节流针阀,把井口压力控制在4~8MPa的某个相对稳定值,然后把地面流程导入测试管线,让气流通过智能旋进漩涡流量计,进行测试。

通过苏14区块的24口井现场试验,测试结果与地质认识基本吻合。

②气井分类标准。

综合测井参数、压裂排液后压力恢复速率以及简化试气结果,制订了全区气井的综合分类标准(表3)。利用该分类标准,气井在压裂作业后,无须关井等待井口压力恢复平稳,不再采用一点法求产,而是根据气井静态参数和简化试气结果确定气井类别,并安排管线连接进站直接生产,该技术创建了适合苏里格气田的快速产能评价及投产方法。

表3　苏里格气田气井分类标准

井类别	单气层最大厚度 (m)	累计气层厚度 (m)	压恢速度 (MPa/h)	无阻流量 ($10^4 m^3$)
Ⅰ	>5	>8	>2.4	>10
Ⅱ	3~5	>8	1.0~2.4	4~10
Ⅲ	<3	<5	<1.0	<4

③技术应用。

苏14区块气井绝大部分投产前均未采用单点法求产(投产355口井,求产23口井),而是通过快速产能评价技术直接进站生产。根据现场实际情况按照气井分类进行初期配产(表4),静态上考虑储层厚度及孔、渗、饱物性参数的匹配性;动态上参考压裂后排液动态及压后压力恢复速率。新井投产后生产较为平稳,动静分类不符井30口,占总井数的9%,静态好于动态井22口,动态好于静态井8口,动静分类吻合率达到90%以上。快速产能评价技术既简化了测试过程，也节约了宝贵的资源，若按照平均单井放空 $(8 \sim 10) \times 10^4 m^3$ 天然气计算，332 口未求产气井节约气量超过 $3000 \times 10^4 m^3$，真正做到了经济有效开发苏里格气田的初衷。

表4　苏14区块 I、II、III 类井配产设计表

井 别	储层类别	配产 $(10^4 m^3/d)$
I 类井	单层 I 类储层 > 8m	$2.0 \sim 3.0$
	单层 I 类储层 5 ~ 8m	$1.5 \sim 2.0$
	累计 I 类储层 > 8m	$1.5 \sim 2.0$
II 类井	单层 I 类储层 3 ~ 5m	$1.3 \sim 1.5$
	单层 I 类储层 2 ~ 3m	$1.0 \sim 1.3$
	I + II 类储层 ≥ 8m	$0.8 \sim 1.0$
III 类井	单层 I 类储层 1 ~ 2m	$0.8 \sim 1.0$
	单层 I 类储层 < 1m	$0.6 \sim 0.8$
	I + II 类储层 ≤ 5m	$0.4 \sim 0.6$

2　取得的主要成果

苏里格气田自 2000 年发现到如今的规模开发，短短 8 年时间里，"勘探与开发相结合，评价与建产相结合"取得了辉煌的成就，创造了国内乃至国际低渗透气田开发的奇迹。

（1）对储层及气藏特征的认识逐步加深。

气田发现初期，勘探连续 5 口井获得高产，平均无阻流量达到 $50 \times 10^4 m^3/d$，表现出气田大面积分布、气藏物性好、储量大等特点，普遍认为苏里格气田是一个优质的高产、整装气田。随后的几年时间里通过开展地震、评价井、密井网解剖、水平井等前期评价工作，认识到苏里格气田砂体多期叠置、储层横向变化快、非均质性强、存在相对富集区。经过一系列多层次、多角度的试采攻关试验，设计单井产量在 $(5 \sim 40) \times 10^4 m^3/d$。试验结果发现压力迅速下降，产量迅速降低，关井一段时间后压力也难以恢复到原始水平。2004 年转变思路，把苏里格气田的单井平均产量定位在 $1 \times 10^4 m^3/d$ 左右，把苏里格气田定位为一个储量巨大、储层非均质性极强、典型的"三低"气田。从单井"高产"到"低产"思路的重大转变，对于深化苏里格气田开发技术研究，促进苏里格气田开发成本降低，实现苏里格气田经济有效开发起到了重要的作用。

（2）落实了储量。

通过开发评价井及开发地震资料，经国家有关机构以及 5 家外国公司对苏里格气田的进一步评价，证实苏里格气田的储量是落实的，而且面积大、资源量大，在一定的技术条件下，可以进行有效开发。

（3）技术集成创新为苏里格气田的规模有效开发奠定了基础。

苏里格气田经过前期评价及先导性开发试验，技术集成创新形成了适合苏里格气田经济有效开发的地质与气藏工程、钻采工程、地面工程的三大系列 12 项主体开发技术，为苏里格气田开发成本的降低，实现规模有效开发提供了强有力的技术保障。

（4）为开发方案的编制提供了依据。

通过评价工作深化了对苏里格气田储层及气藏特征的认识，评价了气井产能，为苏里格气田中区、东区及西区的开发方案及开发规划的编制提供了依据。形成的高精度二维地震技术的突破，意味着制约苏里格气田开发的关键难题——提高布井成功率的问题得到解决，破解了苏里格气田的规模开发问题，促成了将苏里格气田建设成为年产 $200 \times 10^8 m^3$ 大气田规划方案的出台。2007 年长庆油田分公司通过对苏里格地区地质条件、关键技术及勘探开发成功经验的详细分析和系统总结，对资源基础、气藏工程论证等方面的深入研究，并以已审批的苏里格气田中区、东区开发方案及上报的西区规划方案为基础，编制了年产 $200 \times 10^8 m^3$ 的规划方案。

（5）超前一步评价，优中选优集中建产效果显著。

2006—2008 年，评价工作紧密围绕优选建产区块展开。针对下年度建产区块进行了富集区筛选，在苏里格气田自营区先后筛选出富集区面积总计 5502.5km²（表 2），在富集区内集中建产 25.7104m³/d。富集区内钻井，Ⅰ+Ⅱ类井比例逐步提高。在评价初期Ⅰ+Ⅱ类井低，仅为 50%；到 2007 年中区Ⅰ+Ⅱ类井提高到 80%；2008 年Ⅰ+Ⅱ类井比例稳中有升；中区保持在 80% 以上，东区和西区明显提高（从 67% 提高到 74%）。

（6）评价及早介入为气田储量升级奠定了基础。

2007 年及 2008 年在东区和西区尚未提交探明储量的情况下，开发评价工作及早介入，分别实施了开发地震、骨架井及评价井等，为当年底在苏里格东区及西区提交探明储量提供了依据。随后苏里格东区提交探明储量（含基本探明）$5791.06 \times 10^8 m^3$，苏里格西区提交基本探明储量 $5803.94 \times 10^8 m^3$，使苏里格气田探明储量（含基本探明）达 $16931.52 \times 10^8 m^3$。

3 面临的挑战及应对措施

依据苏里格气田发展规划，到 2015 年气田每年需新建产能（30 ~ 50）$\times 10^8 m^3$。随着气田开发规模的扩大，建产区块逐步由中区向周边延伸，建产区块地质条件更为复杂，储层预测难度不断加大。目前评价工作主要面临着三个方面的挑战。

（1）苏里格东区北部储层致密，有效储层分散。

苏里格东区南部储层地质条件相对较好，且存在下古储层发育区，完钻开发井 371 口，Ⅰ+Ⅱ类井比例 71.2%。但北部储层条件变差，非均质性增强，储层致密，完钻开发井 99 口，Ⅰ+Ⅱ类井比例仅 55.6%，随着建产规模的扩大建产区块会继续北扩。

需要加大东区北部的评价力度，加强致密储层有效储层分布规律研究，在精细刻画相对富集区方面进行攻关，在东区进一步开展成岩作用研究，划分优势成岩相，与沉积微相相结合，筛选相对高渗高产区。

（2）苏里格西区局部含水，有效储层控制因素复杂。

2008 年苏里格西区整体评价及苏 48 区块建产试验显示由于西区范围大，受不同沉积成岩作用影响，储层岩石类型、粒度、孔隙类型及结构特征均存在较大的差别，且局部富水。

需要对西区北部的苏 43 及苏 54 区块开展评价工作。开展苏里格气田不同区块储层特征区域差异对比研究，分析不同区域储层特征及主控因素。在复杂储层的判识、储层参数的定量评价及储层分类评价方面，尚需进一步研究完善；同时仍需加强西区气水分布规律的研究。

（3）地震资料品质及处理解释方法有待进一步提高完善。

苏里格气田局部地表条件复杂，尤其是低降速层厚度较大，如苏47区块、桃2区块等，导致激发、接收条件差，信噪比和分辨率低；东区有效储层识别难度较大。

急需开展巨厚降速层发育区地震采集、处理及解释技术攻关，完善含气性预测方法；开展针对薄层及含水储层的地震有效储层识别及流体检测技术研究；开展三维地震储层预测技术攻关，进一步提高储层预测精度。

4 结 论

苏里格气田通过开发前期评价工作加深了评价区块的认识，形成了适合低渗透气田开发特点的特色技术。气田开发后评价工作紧密结合建产需求，超前一步开展评价，优选富集区块及改进完善主体开发技术，为规模高效开发苏里格气田提供了强有力的技术保障。随着建产规模的进一步扩大，苏里格气田周边建产区块地质条件各异，更为复杂。目前面临着"东区北部储层条件变差，非均质性增强，储层致密；西区储层结构复杂，测井判识难度加大，且局部含水；局部区块低降速层厚度较大导致有效储层识别难度增大，三维地震储层预测技术仍需要攻关"等方面的挑战，评价工作仍需加强。

产量不稳定分析在塔中Ⅰ号气田动态评价中的应用

佘治成　邓兴梁　施　英　刘应飞

（塔里木油田公司勘探开发研究院）

摘要： 塔中Ⅰ号碳酸盐岩气田具有极强的非均质性，其储层参数及单井控制储量评价非常复杂。产量不稳定分析方法综合考虑流动压力和产量的关系，通过典型曲线法、流动物质平衡法、解析模型法等分析方法对单井生产动态进行诊断分析，并求取储层渗透率、表皮系数等相关参数及单井动态储量。文章以塔中Ⅰ号气田开发试验区为例，说明了该方法在碳酸盐岩凝析气藏动态评价中的具体应用。由结果知，产量不稳定分析方法对单井生产动态具有一定的诊断作用，对单井生产动态与储层的关系有更加清楚的认识；该方法对储层参数评价准确，通过产量不稳定分析结果与不稳定试井解释结果对比发现，对未有不稳定测试资料的碳酸盐岩凝析气井来说，可直接采用产量不稳定分析法对储层进行评价；缝洞型储层产量不稳定分析评价渗透率结果明显大于岩心分析结果，在后期气田地质建模和数值模拟过程中须综合考虑该方法评价的结果。

关键词： 产量不稳定法　动态评价　碳酸盐岩　凝析气藏　典型曲线

前　言

产量不稳定分析指以气井试采、生产过程中的压力和产量动态数据为依据，结合静态地质资料认识，对井所处储层进行评价，评价的参数主要包括储层渗透率、井表皮系数、井动态储量和泄油半径等。产量不稳定分析综合考虑了井投产后产量与压力的关系，分析过程中首先采用 Fetkovich、Blasingame 和 Agarwal – Gardner 等典型曲线方法和流动物质平衡方法进行初步分析，然后采用单井解析或数值径向流模型对整个井生产历史进行拟合，从而对井进行评价。中国对该方法有相关的理论研究，但方法应用较少。产量不稳定分析方法不需要关井或测试，大大节约了成本，却可求得不稳定试井分析计算的所有参数结果，同时其典型曲线方法也可以对气藏储层类型、单井生产动态中的问题等进行诊断。笔者以塔中Ⅰ号气田开发试验区试采井为例，开展单井产量不稳定分析，为该气田的后期开发决策提供思路及支撑。

1　方法介绍

产量不稳定分析法中的典型曲线法是通过将产量、井底压力数据进行一定的转换后，与典型曲线进行拟合来求取地层相关参数及井动态储量，它与试井和数模都有一定的共性，如图1（a）所示的 Blasingame 典型曲线。该曲线分为2段，第一段为不稳定流动段，该段数据代表流体还处于无限大流动阶段，通过该段曲线可以获得近井的相关信息，如有效渗透率和表皮系数等；第二段为边界控制流动段，也就是拟稳态流动段，通过该段分析可以求得泄油半径以及井控制动态储量等参数。产量不稳定分析的典型曲线，不仅仅可以用来计算油气藏的渗透率、表皮系数和动态储量等参数，同时它在以下方面也具有一定的诊断作用：

（1）判断产能变化、井动态储量变化。

（2）区分不稳定流动状态和边界控制流动状态。

（3）识别井筒积液问题。

（4）判断是否有外界压力补充。

（5）识别井间干扰。

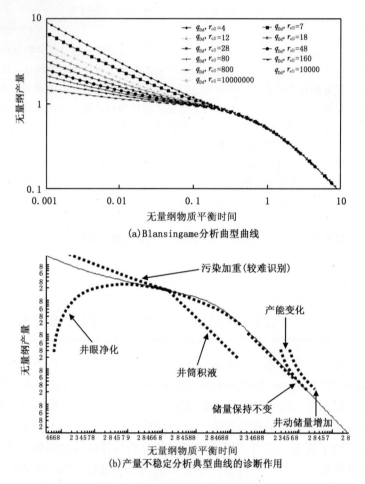

(a) Blansingame分析曲型曲线

(b) 产量不稳定分析典型曲线的诊断作用

图1　产量不稳定分析典型曲线

如图1（b）是典型曲线在井产能发生变化方面的诊断作用。产量不稳定分析中的典型曲线法只能提供一个可参考、借鉴的结果，最终的分析结果需要采用产量不稳定分析中的单井径向流模型对生产历史进行最佳拟合的情况下求得。

2　在生产动态诊断方面的作用

以塔中Ⅰ号气田塔中62区块TZ622井为例，具体说明产量不稳定分析典型曲线方法的动态诊断作用。TZ622井于2004年12月22日开始试采，生产井段为4913.52～4925m，射开厚度 11.48m。由于现场产量数据为日度数据，流压几个月才测试一次，而产量不稳定分析方法需结合产量数据和流压数据来进行分析。因此，在对单井进行产量不稳定分析前需将油压折算为井底流压数据，然后再进行分析。收集 TZ622 井相关数据，其中地层压力 62.71MPa，油藏静温 130.3℃，油藏中深 4919.26m，孔隙度 3.0%，井眼半径 0.107m，获取该井完井管柱结构图，采用 Gray 方法，将该井试采期间油压折算为井底流压，如图 2 所示。由图 2 可以看出，通过油压折算的流压与测试流压点吻合较好，可予以采用。图 3 为该井的 Blasingame 典型曲线，结合图 2 可以看出，该井生产具有分段特征，可划分为 4 个阶段，典型曲线中粉红、深红、绿色和蓝色线框中数据点分别对应图 2 划分的第一、第二、第三和第四生产阶段。结合图 1（b）和图 3 可以看出：随着进一步生产，井 4 个阶段表现为动储量逐渐增加；鲜明地反映了储层的非均质性，表现出该井具有多个缝洞储集体相连的开发特征，即一个缝洞系统流体采出后，压力平衡被破坏，另一个缝洞系统的流体又产出的特征，如表 1 所示。随着进一步生产计算动储量逐渐增大，结合图 1（a）和图 3 可知：井在第一阶段生产已经进入边界控制流动阶段，由此可进一步说明动储量的增加并不是由于生产未进入拟稳定流入状态，而是因为不断沟通新的缝洞系统引起；该井动储量增加，折算的泄油半径逐渐增加，可采储量也相应增加。

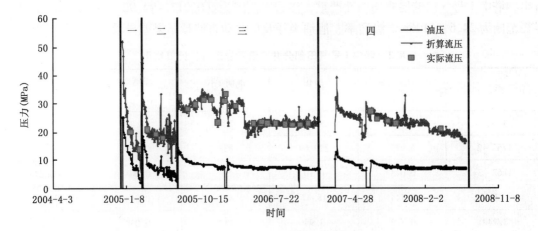

图 2　TZ622 井压力折算对比结果图

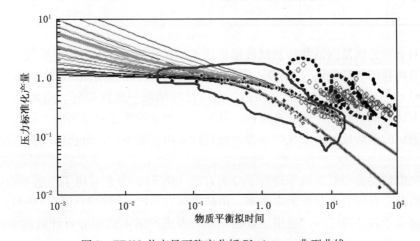

图 3　TZ622 井产量不稳定分析 Blasingame 典型曲线

表1 TZ622井产量不稳定分析计算结果

阶段	气动储量 （$10^8 m^3$）	面积 （$10^4 m^2$）	泄油半径 （m）
第一阶段	0.089	8.03	281.7
第二阶段	0.094	8.472	287.3
第三阶段	0.172	15.53	393.7
第四阶段	0.526	47.44	686.8

3 在储层参数评价中的作用

采用 Blasingame 典型曲线法对塔中Ⅰ号气田开发试验区塔中62、塔中82及塔中26区块13口试采井进行产量不稳定分析，然后基于典型曲线拟合结果，采用单井径向流模型对整个生产历史进行终拟合，求得各井渗透率、表皮系数、泄油半径、动态控制储量及采收率等，表2列出塔中Ⅰ号气田开发试验区各区块部分井产量不稳定分析计算结果。由结果可以看出，塔中Ⅰ号气田储层非均质性严重，渗透率范围为（0.017~94.90）×$10^{-3} \mu m^2$，泄油半径范围为 24.6~1406m，渗透率、泄油半径及单井动态储量结果差异较大。

表2 塔中Ⅰ号气田部分井产量不稳定分析计算结果

井名	气动态储量 （$10^8 m^3$）	面积 （$10^4 m^2$）	泄油半径 （m）	渗透率 （$10^{-3} \mu m^2$）	表皮系数
TZ623	0.316	29.80	308	37.80	-5.00
TZ62-2	5.973	220.69	838	0.250	-6.58
TZ62-3	0.043	0.30	55	0.001	-5.24
TZ62	0.744	18.37	427	0.044	0.29
TZ242	0.329	3.98	113	0.030	-4.03
TZ26	7.069	70.09	837	0.016	-2.94
TZ82	1.241	79.76	892	1.581	4.58

另外，对有压力恢复测试井的测试数据进行了试井解释，对比试井分析及产量不稳定分析2种方法的解释结果后发现（图4），产量不稳定分析计算的渗透率（图4（a））、表皮系数（图4（b））与试井解释结果非常接近，两者计算结果一致性较好。由此可以说明产量不稳定分析方法对储层参数评价的准确性，从另一方面也说明了对于塔中Ⅰ号气田未能进行压力不稳定测试的碳酸盐岩凝析气井来说，可直接采用产量不稳定分析法对其储层参数进行评价。

同时，根据储层类型对渗透率进行了分类对比（图5），分别对比了产量不稳定分析法、常规物性分析及全直径岩心分析的渗透率。由结果可以看出，缝洞型储层产量不稳定分析解释渗透率明显大于岩心渗透率，建模、数模须综合考虑产量不稳定分析评价的渗透率结果；裂缝—孔洞（孔隙）型产量不稳定分析与岩心分析差别不大。

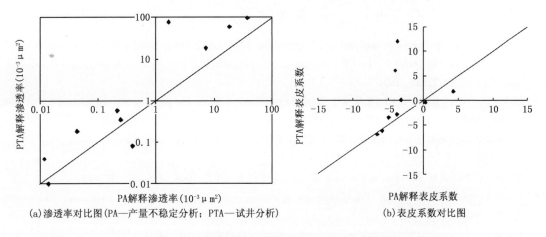

(a)渗透率对比图(PA—产量不稳定分析；PTA—试井分析)　　　(b)表皮系数对比图

图4　塔中Ⅰ号气田部分井产量不稳定分析及试井解释结果对比

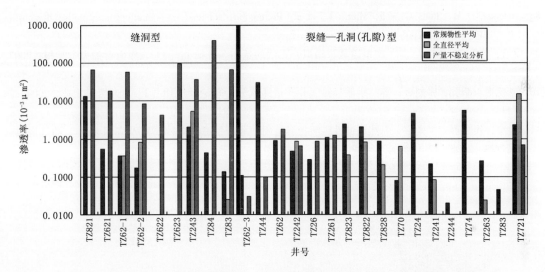

图5　塔中Ⅰ号气田各井常规物性、全直径及产量不稳定分析解释渗透率对比图

4　结　论

（1）以 TZ622 井为例，说明了产量不稳定分析方法对单井生产动态的诊断作用。

（2）采用该方法对塔中Ⅰ号气田开发试验区 13 口试采井进行产量不稳定分析，评价了储层参数及单井动态储量等。

（3）产量不稳定分析与试井分析结果对比说明，对没有压力不稳定测试的碳酸盐岩凝析气井来说，可直接采用产量不稳定分析法对储层参数进行评价。

（4）产量不稳定分析评价的结果非常重要，其评价的渗透率、动态储量结果可以用来对塔中Ⅰ号气田后期的地质建模进行约束，渗透率、表皮系数等又可以用来辅助塔中Ⅰ号气田数值模拟的历史拟合及指标预测等。

参 考 文 献

［1］ Fetkovich M J. Decline curve analysis using type curves ［J］. JPT, 1980：1065～1077

［2］ Blasingame T A, McCray T L, Lee W J. Decline curve analysis for variable pressure drop/variable flowrate systems ［J］. SPE 21513, 1991

［3］ Blasingame T A, Johnston J L, Lee W J. Type – Curve analysis using the pressure integral method ［J］. SPE 18799, 1989

［4］ Agarwal R G, Gardner D C, Kleinsteiber S W, et al. Analyzing well production data using combined type curve and decline curve concepts ［J］. SPE 57916, 1998

［5］ Mattar L, McNeil R. The flowing gas material balance ［J］. JCPT, 1998, 37 (2)：37～42

［6］ David Anderson, Louis Mattar. Practical diagnostics using production data and flowing pressures ［J］. SPE 89939, 2004

［7］ Mattar L, Anderson D M. A systematic and comprehensive methodology for advanced analysis of production data ［J］. SPE 84472, 2003

［8］ Anderson D M, Stotts G W J, Mattar L, et al. Production data analysis – challenges, pitfalls, diagnostics ［J］. SPE 102048, 2006

［9］ 梁斌，张烈辉，李闽，等. 产量递减自动拟合方法的适用条件研究 ［J］. 西南石油大学学报, 2007, 29 (3)

［10］ 李晓平，李允，张烈辉，等. 水驱气藏气井产量递减分析理论及应用 ［J］. 天然气工业, 2004, 24 (11)

［11］ 姚军，侯力群，李爱芬. 天然裂缝性碳酸盐岩封闭油藏产量递减规律研究及应用 ［J］. 油气地质与采收率, 2005, 12 (1)

靖边低渗薄层碳酸盐岩气藏水平井地质导向与跟踪方法及其应用

刘海锋　冯强汉　夏　勇

（长庆油田勘探开发研究院）

摘要：本文综合运用地质、录井、钻井资料，建立了斜井段5种入靶地层对比方法，确定了3处入靶调整时机，采用斜导眼井预探，开展小幅度构造精细描述等方法，保证水平井精确入靶；同时，总结了4种水平段轨迹控制方法，大幅度提高了水平井气层钻遇率。

关键词：水平井　入靶点　轨迹控制　钻遇率

1　低渗薄层碳酸盐岩气藏水平井地质导向难点

靖边气田马五1气藏属古地貌（地层）—岩性复合圈闭的低渗透气藏，沉积相为滨浅海蒸发潮坪沉积，储层横向分布稳定，主力储层马五$_1^3$优势明显，单独对马五$_1^3$进行水平井开发就能取得较好效果。但由于其特殊的储层情况，导致靖边气田水平井开发存在"四难"：

（1）马五$_1^3$小层厚度薄（仅3~5m），传统的地震资料及解释方法预测精度不够（误差在±10m），地震资料仅能对地质导向起辅助作用，且允许工程钻头摆动幅度在±1m，极易出层，导致控制轨迹难度大。

（2）主力储层马五$_1^3$气层厚度分布在1~3m之间，渗透率分布在（0.04~10）×10^{-3}μm^{2}之间，孔隙度分布在2.0%~6.0%之间，储层非均质性强，气层纵、横向变化大，气层追踪难度大。

（3）马五$_1$段岩性主要为白云岩、泥质白云岩、泥岩、凝灰岩、膏岩、岩盐等，各小层岩性相近，其划分依据主要是泥岩隔夹层分布，水平井因自身的井身结构和钻井方式，小层判识困难，容易导致误判。

（4）小幅度构造变化大，局部隆起变化幅度在（5~30）m/km，地层倾角判断不准就会导致出层。

针对靖边气田水平井现场地质导向中存在的"四难"问题，通过两年多的理论研究和实践探索，目前，已经逐步形成了针对薄层碳酸盐岩储层的水平井精确入靶技术和轨迹控制技术。

2　精确入靶技术

通过导眼井钻探获得最可靠性邻井资料，在斜井段采用多种地层对比方法分析地层倾角的变化规律，结合导眼井、斜井段资料，精细描述小幅度构造走向，实时预测入靶点位置，确保水平井精确入靶。

2.1 采用斜导眼井预探

针对水平井目的层薄、小幅度构造形态复杂、储层横向变化大的特点，目前靖边气田采取了斜导眼井预探的方法。导眼井的作用一方面是确定了地层的真实状况，另一方面为地质导向提供了重要依据，为小幅度构造描述及入靶点预测提供了丰富的地质信息。另外，采用斜导眼井对工程施工比较有利，可以达到减小扭矩，保证井眼轨迹光滑的目的。从经济上来看，减少了全井段的进尺，降低了成本。

2.2 点面结合、小幅度构造精细描述

小幅度构造形态的确定是现场适时地质导向成功与否的关键所在。首先，利用地震、钻井数据预测靖边气田整体 K_1 构造展布形态；其次，利用地质建模方法预测井间构造走向，对水平井区的小幅度构造有个整体认识和布局；最后，导眼井完钻后，根据所得信息预测水平段方向地层倾角，并重新绘制井区 K_1 构造图，进一步细化三维地质构造模型（图1），同时，修正入靶点位置。

图1　靖平××-××井区三维地质建模

2.3 根据靖边气田沉积特征和地层接触关系，在斜井段相应确定三处靶点调整时机，根据实钻情况及时分析地层倾角的变化规律，分析入靶位置

靖边气田标志性最好的层位为马五$_1^4$层底部灰黑色凝灰岩（K_1），但 K_1 标志层处于目的层下部，无法提前钻达，也就无法给出准确的地质信息。因此，在目的层上覆地层中寻找相对稳定的对比标志层尤为重要。概括和总结靖边气田地质特征可以看到，本溪组顶部以9号煤层为界与太原组分开，煤层稳定；太原组顶部灰岩相对稳定；山西组山$_2^3$顶部煤层在局部范围可对比性强。因此优选本溪组顶部煤层、太原组顶部灰岩、山$_2^3$顶部煤层为水平井调整的主要时机，及时调整入靶位置，确保入靶平稳。

2.4　在目的层顶部设置警戒线，确保水平井精确入靶

进入奥陶系马家沟组后，一般距离目的层马五$_1^3$垂直距离还有 5～15m，应结合实钻资料做好入靶前最后微调，此处的主要难点是因岩性相似引起的马五$_1^2$地层的判识问题。实践中，将马五$_1^2$小层细化为 4 段，各段岩性主要为白云岩、泥质白云岩、含泥白云岩等，据此与邻井进行地层对比，并将马五$_1^2$底部泥质白云岩作为入靶岩性警戒线，一般此处随钻自然伽马大于 70API，钻时大于 30min/m，气测小于 0.1%。

2.5　水平井入靶地层对比方法

根据靖边气田水平井实施的特点和技术手段，建立了 4 种水平井现场地层对比方法，确保水平井准确入靶。

2.5.1　厚度对比法

地层在一定环境下，其厚度具有一定的变换规律。靖边气田地层为滨海潮坪沉积，地层稳定，为厚度对比奠定了基础。但由于靖边气田小幅度构造的存在，若水平井钻进方向为构造下倾，利用工程测量仪器提供的井斜数据计算的水平段或造斜段地层厚度值往往大于导眼井或邻井数据（图 2），其增量为 $B_1A_2 \times tg\alpha = A_1A_2$（式中 α 为地层倾角，B_1A_2 为水平位移，A_1A_2 为视厚度增量）；反之，若钻进方向为构造上倾，其值往往小于导眼井或邻井数据。因

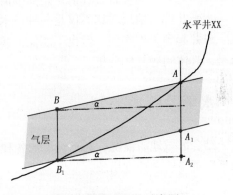

图 2　厚度对比法示意图

此，可以利用厚度对比法反算地层倾角，进而预测可能的入靶垂深。

2.5.2　岩性对比法

靖边气田沉积环境为潮坪相，岩相变化不大，为岩性对比法的使用创造了条件。该技术方法的工作原理就是在沉积相研究基础上，利用完钻的邻井、导眼井的各小层岩性和沉积相特征，预判水平井相应层位可能相位以及岩性组合，结合实际岩性观察结果，判识水平井所处位置。

2.5.3　气层归属法

靖边气田已完钻井录井数据表明，主力气层马五$_1^3$气测突出，尽管靖边气田奥陶系发育多层气层，但主力气层是马五$_1^3$基本可以确定（陕 181、陕 231 等以马五$_4^1$为主的区块和个别井点如陕 29 等除外），录井气测显示异常是间接判断主力气层的方法之一。

2.5.4　钻时对比法

不同岩性内钻进所需钻时各有不同，可以利用该相关性来间接预测地层。相同钻进方式下，泥岩比砂岩所需钻时要大，主力气层马五$_1^3$钻时相对较小；但不同钻进方式对于同一种岩性也有较大差异，螺杆钻进（不开转盘，主要用于定向）和复合钻进（即用螺杆 + 转盘转动）相比，复合钻进方式的钻时较快（表 1）。钻时同时也受钻压、钻速的影响，资料采用应慎重。

表1　不同钻进方式时的钻时差别

钻进方式	螺杆钻进 （min/m）	复合钻进 （min/m）
砂岩	10 ~ 15	3 ~ 8
白云岩	16 ~ 35	6 ~ 13
泥岩	18 ~ 40	10 ~ 15

2.5.5　随钻电测（LWD）对比法

现场随钻测井是最能直接反应地层变化的数据信息。现场通过分析随钻自然伽马与邻井电测自然伽马变化趋势核实地层。但是测量仪器距离钻头12m左右，数据明显滞后，所以现场导向人员必须综合各种信息，预测前12m的轨迹情况。

水平井现场地层对比不仅是一种技术方法，而是多方法的综合运用，可能某一种技术在某一口井起到关键作用，但也不能保证该技术可以照搬到下一口井，要根据实际情况，实事求是，具体问题具体分析。

3　水平段轨迹控制

结合区域地质情况，利用现场的各种信息综合分析，结合水平井开发试验，总结了4项水平段现场轨迹控制措施。

3.1　水平井轨迹垂深控制

根据邻井、导眼井、斜井段等实钻情况，预先判断水平段的地层倾角的变化情况，重新计算水平段各个靶点海拔和目的层的顶、底位置，实钻中，保证水平井轨迹在水平井段顶、底控制线之间钻进。如图3，JPxx-14井实钻轨迹基本在马五$_1^3$预测顶底线之间钻进。

3.2　岩性边界警戒线控制

钻头钻至目的层顶、底界泥岩时，钻时会首先出现变化，有增大的趋势，其次是钻井液循环一段时间后岩屑由纯云岩变为泥质云岩，同时气测降低，随钻伽马值在滞后12m左右后明显增大；现场技术人员需综合分析确定钻头位于目的层的顶部还是底部。比如JPxx-14钻至B点，现场判断该处钻头进入马五$_1^3$底部泥质云岩，同时地层倾角由陡变缓，通过井斜调整，使钻头位置顺利回归目的层（图3）。

3.3　气层追踪控制

在气层不稳定、地层倾角平缓的情况下，根据现场录井测井资料结合区块地质信息，充分研究认识井区目的层的非均质性，综合分析判断钻头所在的地层性质，调整轨迹追踪气测，达到钻遇有效储层的目的。以JPxx-14井为例，如图3，钻至A点，综合分析认为该处钻头位于马五$_1^3$顶部致密地层中，为了能迅速钻入马五$_1^3$底部含气的白云岩地层，进行增大井斜调整，之后钻遇气层140m。

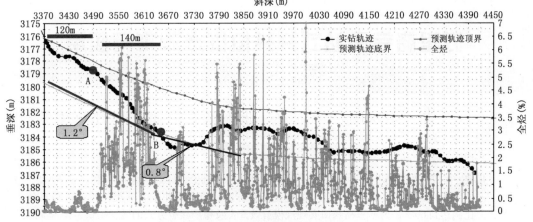

图 3　JPxx - 14 井水平段实钻轨迹图

3.4　采用缓增慢降原则

　　水平段钻进过程中井眼轨迹不平滑，一方面导致钻头在意外出层的情况下不能及时回到目的层中，同时在后续的钻进过程及井下作业等施工中，容易发生工程事故。现场应充分细化地层、气层对比与分析，加强井斜控制，采用缓增慢降方式，保证全井段钻井过程顺利，井眼轨迹光滑，最大程度地钻遇马五$_1^3$地层。

4　实施效果

　　通过水平井现场经验的不断积累，地质导向技术也在不断发展完善。在此基础上，2008年靖边气田完钻的 3 口水平井水平段马五$_1^3$储层钻遇率达到 85% 以上，气层钻遇率达到 50% 以上，长庆气区低渗、薄层水平井开发效果显著提高。

5　结　论

　　水平井随钻地质跟踪导向技术是在水平井技术试验和技术推广中逐步发展起来的实用技术，是水平井技术推广应用的重要支撑，尤其对于低渗、强非均质性、薄层的碳酸盐岩气藏，在地震达不到精细解释要求的情况下，水平井的现场地质导向作用更加凸显。现场地质导向是多方法的综合运用，应利用钻时、气测、自然伽马、岩屑、井斜、方位角等地质、工程数据，通过去伪存真、加强对比，适时确定层位和预测靶点。每口井的实施都要根据实际情况，具体问题具体分析。

苏里格气田丛式井井位优选技术与应用

张　吉　李跃刚　李进步　张　清　赵忠军　孙艳辉

（长庆油田分公司苏里格气田研究中心）

摘要： 本文在结合苏里格地区精细气藏地质研究的基础上，经过摸索与实践，逐渐形成了以"丛式井为主，直井、水平井为辅"的优化布井方式，使开发井Ⅰ+Ⅱ类井比例达到80%，丛式井比例达到60%，为苏里格气田实现规模有效开发及稳产接替方式的转变提供了技术保障。

关键词： 苏里格　丛式井　水平井　稳产

前　言

苏里格气田位于鄂尔多斯盆地中北部，勘探面积 $4 \times 10^4 km^2$，总资源量 $3.8 \times 10^{12} m^3$，占鄂尔多斯盆地天然气资源量的三分之一，是中国陆上发现的一个特大型气田。

苏里格气田主要目的层段的地质情况复杂，非均质性强，储层表现为辫状河砂岩沉积，多期叠置，尽管砂体大面积分布，但受沉积和成岩影响，储层的横向变化快，有效砂体连通性差，呈孤立、分散状。这就导致气井产量低、地层压力下降快，后期压力恢复慢。虽然苏里格气田已经实现规模有效开发，但随着进一步开发，要保证Ⅰ+Ⅱ类井比例、提高采收率，井位优选部署面临着很大挑战，而丛式井开发难度更大。通过苏里格地区精细气藏地质研究，经过摸索与实践，逐渐形成了以"丛式井为主，直井、水平井为辅"的优化布井方式，使开发井Ⅰ+Ⅱ类井比例达到80%，丛式井比例达到60%，为苏里格气田实现规模有效开发及稳产接替方式的转变提供了技术保障。

1　苏里格气田简况

苏里格气田为大面积、低丰度、低渗、低压的定容弹性驱动岩性气藏，其主力产层为二叠系石盒子组盒8段和山西组山1段，为三角洲平原辫状河和曲流河沉积，岩性为中粗粒石英岩屑砂岩。储层以粒间溶孔为主，发育少量原始粒间孔、晶间孔，平均孔隙度 5% ~ 12%，平均渗透率 $(0.06 ~ 2) \times 10^{-3} \mu m^2$，气藏压力系数 0.86 ~ 0.93，埋深 3300 ~ 3500m。天然气甲烷含量在90%以上。经过前期评价、先导试验和开发建设3个阶段，截至2009年6月底，日产天然气突破 $2500 \times 10^4 m^3$，跨入了已开发大气田的行列。

2　苏里格气田选井技术难点与井位优选历程

2.1　技术难点

按照国际上气藏开发分类，苏里格气田属于特低渗透致密砂岩气藏，非均质强，开发难度大。实现气田有效开发的关键技术之一就是如何优选高产井位，但气田井位优选的技术难点主要表现在以下两个方面：

（1）苏里格气田属于典型的低渗（ $(0.06 \sim 2) \times 10^{-3} \mu m^2$ ）、低压（压力系数 0.87）、低丰度（ $(1.1 \sim 2) \times 10^8 m^3/km^2$ ）的"三低"气田，致使气井单井产量低（ $(0.6 \sim 2) \times 10^4 m^3/d$ ），优选高产井存在先天不足的缺陷。

（2）储层有效砂体规模小，纵横向上变化大，连通性差，非均质性强，中高产井与低产井常常交替出现，分布规律不明显，各区块间的储层地质特征存在明显差异，使得井位优选难度加大。

2.2 井位优选历程

苏里格气田的井位优选经历了 3 个阶段。

（1）前期评价常规二维地震选井阶段（2000—2002 年）。

苏里格气田发现后，开展了大量前期开发评价工作，围绕相对富集区筛选、储层空间分布规律、提高单井产量、优化气田开发指标等方面开展全方位的技术攻关。

从勘探到开发评价，根据苏里格地区盒 8、山 1 段辫状河和曲流河沉积特征，利用常规二维地震资料，围绕砂体厚度开展储层横向预测。预测方法主要以寻找砂体厚度与波阻抗之间的对应关系为主。但经过部分评价井的实施发现，在苏里格气田，找到砂体并不等于找到了有效储层，该阶段 Ⅰ + Ⅱ 类井的比例仅仅只有 50% 左右。因此，预测含气砂岩是井位部署的关键。

（2）规模开发试验高精度二维地震选井阶段（2003—2007 年）。

根据前阶段认识，储层横向预测由砂体预测转变为含气砂体预测。2002 年开始，先后在试验区部署常规二维地震、三维地震、多波二维地震、多波三维地震以及三维 VSP 测井，通过大量的地震采集、处理和解释方法的试验和研究，形成了叠前有效储层预测为主要内容的高精度二维地震预测技术。

该项地震技术野外采集采用大偏移距、小道距、高覆盖、大偏移距的观测系统，潜水面以下深井激发，数字单点或小基距模拟组合接收，最大限度地保证了获得高保真、高分辨率、高信噪比的宽频地震资料；处理、解释上直接以气层为目标，运用 AVO、叠前弹性波反演等技术，大大提高了地震预测含气性的准确度。

在布井方法上，坚持"河道带和含气性预测相结合、叠前和叠后相结合"的技术路线，紧紧围绕河道带部署井位。做到了"地质和地震相结合"的多学科联合攻关，从而建立了一套完整的地震、地质相结合的选井流程（图1）。

在该阶段，苏里格气田中区 Ⅰ + Ⅱ 类井的比例达到 80% 以上，效果十分显著。

（3）丛式井开发随钻布井阶段（2008 年至今）。

为了进一步降低开发成本，便于生产管理和保护生态环境，从 2007 年开始进行丛式井试验，随后全面推广。

2009 年加大丛式井开发力度，坚持"直井评价，丛式井为主、水平井为辅"的开发思路。采用二维地震撒网，优选富集区；同时，充分利用地震三维可视化技术，精细雕刻有效储层的三维空间展布，部署丛式井与水平井，从而形成丛式井随钻布井流程(图2)。

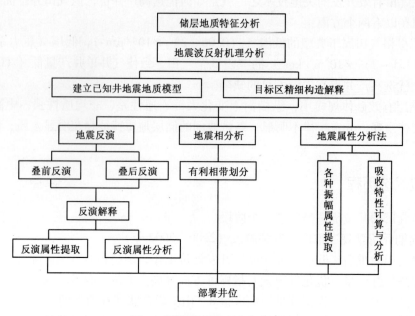

图 1　规模开发试验选井流程

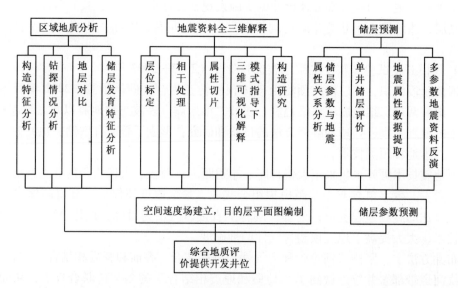

图 2　丛式井开发随钻选井流程

3　丛式井布井技术

3.1　丛式井布井条件

（1）井网进一步优化为丛式井开发奠定了基础。

根据苏里格气田开发前期评价阶段对储层非均质强的认识，经过地质与气藏工程论证，考虑到中后期灵活调整的需要，在规模开发试验阶段采用 600m×1200m 井网密度，但这种井网密度对储量的控制程度低，开发效益差，气田采收率仅 20% 左右。

70

为了精细解剖气田有效砂体的规模、形态和分布，进一步提高气田采收率和开发效益，2007—2008年，在苏6和苏14区块两个区块开展了变井距（300m、400m、500m、600m）及变排距（600m、800m）的加密井网试验。通过密井网区有效砂体地质解剖、干扰试验、气藏工程研究和经济评价，认为苏里格气田合理井网密度2口/km²，单井控制面积0.48km²。依据有效砂体空间展布特征，采用600m×800m的平行四边形井网（图3），可以进一步提高储量的动用程度，气田采收率可达到35%以上。

在600m×800m井网条件下部署丛式井（图4），可满足现阶段工程施工技术要求，有利于丛式井开发。

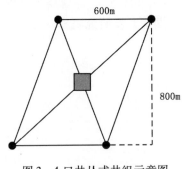

图3　4口井丛式井组示意图

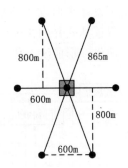

图4　7口井丛式井组示意图

（2）钻井工艺的突破为丛式井实施提供技术保障。

在2006年、2007年8个丛式井组22口井试验基础上，2008年继续以提高丛式井组钻井速度为突破口，开展优化平台井数、优化井身剖面、轨迹控制、PDC钻头个性化设计及提高丛式井组产量试验，共完钻39个井组134口井，最大井组7口井。平均钻井周期缩短至20d以内，形成苏里格气田丛式井开发配套技术，为丛式井规模应用提供了技术保障。

3.2　丛式井布井技术

（1）技术标准。

苏里格气田储层的强非均质性决定了不能大面积均匀部署丛式井，但储层局部发育，并有一定规模连续性，即存在一定规模的富集区，这是实施丛式井有利的地质条件。为确保丛式井开发效果，在分析这两年来丛式井组部署技术思路、储层地质特点和实施效果的基础上，综合考虑地质、地震和试气多学科成果，建立了丛式井部署的评价标准（表1），确保丛式井规模开发中Ⅰ+Ⅱ类比例。

表1　苏里格气田丛式井部署评价标准

定性条件	1）富集区落实
	2）单井实钻效果较好
	3）在地震测线上或附近，具有明显响应
定量条件	1）盒8有效厚度大于6.0m
	2）山1有效厚度大于6.0m
	3）单井无阻流量大于 $5 \times 10^4 \text{m}^3/\text{d}$

（2）技术思路。

依据苏里格气田目前井网论证，部署7口井的丛式井组比较合理。因此，在井位发放时，丛式井组以7口井组合为基础，在富集区内沿地震测线按照600m井距优先部署储层地质落实可靠的开发井（或是带有评价性质的开发评价井），根据完钻井气层钻遇情况，在综合地质分析的基础上，及时增发丛式井井位坐标，并按钻井地质风险进行排序，提前实施地质风险较小的井，由此形成随钻跟踪与随钻布井的技术思路，从而确保提高丛式井比例和应用效果。

（3）部署流程。

丛式井的下发逐步形成"两结合、三统一"的组织形式（图5）。即现场与室内研究人员及时结合，保证丛式井的快速调整；苏里格研究中心、勘探开发研究院和东方物探长庆分院及时交流、协作，形成统一优化意见。

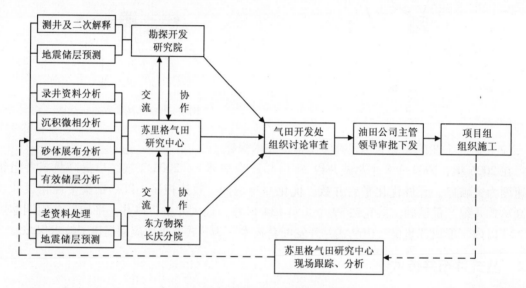

图5　苏里格气田丛式井部署流程图

4　应用效果分析

4.1　典型井组分析

苏东××井于2009年3月完钻，该井钻遇主力层山1气层11.0m（同时钻遇次要层盒4气层11.3m），综合分类为Ⅰ类，距该井东南方向1.0km处的召17井钻遇主力层盒8气层4.7m和山1气层6.0m（图6）。根据区块地质分析，结合地震评价结果，认为该区块为有利富集区，及时在苏东××周围追加5口丛式井（图7）。在随钻跟踪分析中，加强地质风险评价，结合工程实施情况，编排了本井组的钻井实施顺序，目前已完钻苏东××C3、苏东××C4、苏东××C2 3口井，均为Ⅰ类井（图8），效果良好。

苏14区块完钻的苏××井组（图9），Ⅰ类井5口，Ⅱ类井1口，Ⅲ类井1口，Ⅰ+Ⅱ类井比例85.7%。井组于2009年5月投产，目前7口井平均日产量$1.8 \times 10^4 \mathrm{m}^3$，生产动态平稳（表2）。

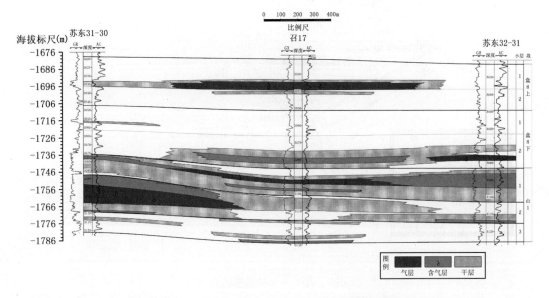

图6　苏东××—苏东××井盒8、山1气藏剖面图（SN）

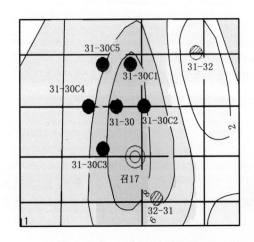

图7　苏东××丛式井组部署图

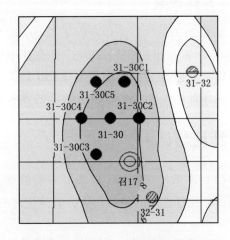

图8　苏东××丛式井组实施效果图

表2　苏××井组单井压后效果及配产表

序号	井号	油压（MPa）	套压（MPa）	无阻流量（10⁴m³/d）	静态分类	动态分类	配产（10⁴m³/d）
1	苏××A	24.0	24.0	28.4761	I	I	4.0
2	苏××A	26.0	26.0	10.9323	I	I	3.0
3	苏××	23.7	23.7	7.3590	I	I	2.0
4	苏××3	25.0	25.0	3.0607	II	I	1.2
5	苏××	22.8	22.8	未测试	I	II	2.5
6	苏××	22.5	22.5	未测试	I	II	1.8
7	苏××	20.0	20.0	未测试	III	III	0.8

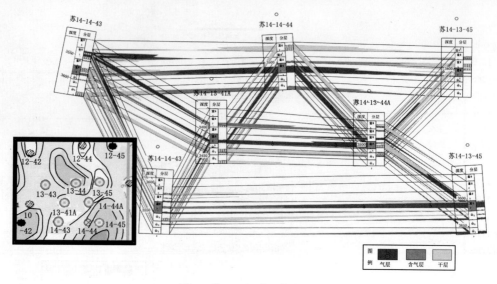

图9 苏×××井组栅状图

4.2 总体效果

2009 年天然气产能建设当年下发坐标 273 口，其中，丛式井 66 组 235 口，丛式井占下发坐标 86%。当年完钻 157 口井，其中完钻丛式井 46 组共 93 口井，丛式井占完钻井 59.2%，完钻丛式井 Ⅰ + Ⅱ 类井 130 口，占丛式井比例 83.3%。既实现了丛式井的规模开发，又保证了 Ⅰ + Ⅱ 类井达到 80% 的要求，实施效果显著。

5 结论与认识

（1）苏里格气田是大面积分布的低渗、低压、低丰度的"三低"气田，储层非均质性很强，井位优选难度虽然很大，井位优选和布井技术是苏里格气田规模有效开发的核心技术之一。

（2）苏里格气田的井网进一步优化为 600m×800m，奠定了丛式井规模开发的物质基础，同时，钻井工艺上的突破也为丛式井实施提供了技术保障。目前，已建立丛式井布井技术标准，形成了丛式井布井技术思路和丛式井部署流程。

（3）以"高精度数字地震"为核心的井位优选技术和以"丛式井为主，直井、水平井为辅"的布井方式保证了丛式井的规模应用和开发效果。2009 年当年丛式井开发比例已达到 60%，丛式井中 Ⅰ + Ⅱ 类井比例达 80%，效果显著。

（4）苏里格气田丛式井的规模应用，既保证了开发效果，又降低了地面建设成本，方便气井管理，保护自然环境，实现了气田开发方式的转变。丛式井开发必将进一步提升气田整体开发水平和开发效益，确保建设 21 世纪现代化大气田。

榆林气田南区快速建产技术及应用效果

刘海锋[1]　艾　芳[1]　孙小平[2]

（1. 长庆油田公司勘探开发研究院；2. 长庆油田公司气田开发处）

摘要： 榆林气田在整个勘探开发过程中，始终坚持"勘探开发一体化"，开发试采工作全面展开，向两侧甩开评价和滚动建产相结合，实现了产能和储量的快速同步增长。南区从开发评价至建成天然气产能，用了5年时间，实现了产量、储量同步增长；同时形成了一套行之有效的储层精细描述和快速上产等特色技术，为实现榆林气田南区快速开发奠定了坚实的基础。

关键词： 榆林气田　勘探开发一体化　特色技术　快速上产

前　言

榆林气田位于陕西省榆林市和横山县境内，以无定河为界线，北部为毛乌素沙漠覆盖，南部为黄土塬地貌，地面海拔一般在950～1400m之间。区域构造隶属于鄂尔多斯盆地陕北斜坡，是鄂尔多斯盆地发现的第一个千亿立方米砂岩气藏。

钻井结果表明，榆林气田发育本溪、太原、山西、石盒子多套含气层系，主力产气层为二叠系山西组山2气层，山1、石盒子、本溪气层只有零星分布。山2气层为一套辫状河三角洲沉积砂岩，并且以辫状河三角洲平原亚相为主，多期分流河道砂体切割叠置形成大面积连片分布的特征，砂体厚度10～15m。储层岩性以石英砂岩为主，石英含量90%以上，填隙物以高岭石和硅质为主。储层粒间孔比较发育，其次有溶孔、晶间孔及少量微裂缝，储层平均孔隙度6.2%，渗透率平均$8.865 \times 10^{-3} \mu m^2$。气藏分布受砂体展布和储层物性控制，属岩性圈闭气藏。

榆林气田在整个勘探开发过程中，始终坚持"勘探开发一体化"，1996年陕141井山2气层压裂改造后试气获$76.78 \times 10^4 m^3/d$的高产气流，1997年在陕141井区提交天然气探明地质储量$485.47 \times 10^8 m^3$之后，开发试采工作全面展开。榆林气田南区以$142.99 \times 10^8 m^3$探明储量为基础，向两侧甩开评价和滚动建产相结合，实现了产能和储量的快速同步增长。从2001年至2005年底，榆林气田南区在上古生界山2累计探明地质储量$719.21 \times 10^8 m^3$，在下古生界马家沟组探明地质储量$138.18 \times 10^8 m^3$，累计建产能$20.1 \times 10^8 m^3$，共钻开发井169口，评价井28口，平均单井产量$4.0 \times 10^4 m^3/d$。

榆林气田南区从开发评价至建成$20 \times 10^8 m^3$天然气产能，用了5年时间，实现了产量、储量同步增长；同时形成了一套行之有效的储层精细描述和快速上产等特色技术，为实现榆林气田南区快速开发奠定了坚实的基础。2006年榆林气田被中国石油天然气股份有限公司评为高效开发气田。

1　榆林气田南区快速开发技术

榆林气田自开发评价以来，始终围绕寻找高产富集区、增储上产目的，坚持地震、地质相结合，勘探与开发相结合，形成了以山 2 含气砂岩储层横向预测、储层综合评价、三维地质建模为基础的储层预测与精细描述技术，及其以井位优选为基础的气田快速上产技术。

1.1 地质、地震结合，储层预测与精细描述技术

榆林气田南区储层预测与精细描述技术包含储层横向预测技术、储层综合评价技术及气藏精细描述与建模技术。

1.1.1 储层横向预测技术

山 2 含气砂岩储层横向预测技术，以高分辨率的地震采集技术和目标处理技术为基础，以岩性反演处理技术为骨干，以砂体综合解释技术为核心，以 AVO 分析法等为主要手段，进行钻前储层厚度及含气性预测。

山 2 段气层的主要电性特征，归纳起来是"三低、二高、一大"，即低自然伽马、低密度、低补偿中子、高电阻率、高波阻抗、大自然电位幅度。山 2 段的岩性解释困难在于：①致密粉砂质泥岩与砂岩的速度相近；②早二叠世早期的含煤沉积在局部地区断断续续分布，造成类似砂岩体反射的假象。

针对黄土塬、沙漠废弃河道、基岩露头等复杂地貌区，形成了复杂地表高精度静校正技术。

通过 50 余口井合成记录和井旁地震道 T_{P9} – TC_3 之间的地震反射波形特征统计分析，榆林地区山 2 段砂岩储层反射为单一的反射，分析归纳出榆林及外围地区存在以下 3 种地震解释模式（图 1），可以定性解释砂体的厚度，形成波形特征定性分析技术。

（1）三相位型：山 2 砂岩发育，且表现为中间相位的反射，可用来确定山 2 砂体分布范围。

（2）双相位型：山 2 砂岩发育程度受山西组煤层影响大，局部山 2^2 砂岩发育。

（3）四相位型：山 2 砂岩发育程度受太原组地层和太原组灰岩的影响大，局部山 2^2 砂岩发育。

在利用反射波波形特征定性预测砂岩厚度的基础上，利用地震递归反演—SeisLog 反演、测井约束反演—Strata 反演两种方法进行砂体厚度定量预测，利用 AVO 分析方法进行山 2 砂体的含气性检测。

在 2001—2004 年天然气开发中，以波形特征、Strat 模型反演和 AVO 分析为主要手段，借助其他技术和方法，地震对榆林区山 2 主砂带砂岩厚度预测符合率达到了 85% 左右，为开发井位部署提供了较强的技术支撑。图 2 为 2005 年榆林南区开发井山 23 砂体预测厚度与实钻厚度对比图，砂体预测厚度与实钻厚度差值小于 4.0m 的井数占到了总井数的 80% 以上。

1.1.2 储层综合评价技术

（1）细分砂层结构，突出主力气层。

将山 2 段细分为 3 个小层，开展了上古生界高分辨率层序地层研究，建立了层序地层格架，分析认为小层与中期旋回相对应。山 2^3 以上升半旋回为主，为多个分流河道砂体叠置而成。山 2^3 砂体稳定分布是形成有效储层的基础。

（2）划分沉积微相，寻找有利沉积相带。

根据沉积标志，并结合区域沉积背景，认为榆林气田山 2 段属辫状河三角洲沉积体系，由辫状河三角洲平原、辫状河三角洲前缘亚相两部分组成。

辫状河三角洲平原亚相可进一步划分为河底滞留沉积、心滩、分流河道、天然堤、洪泛

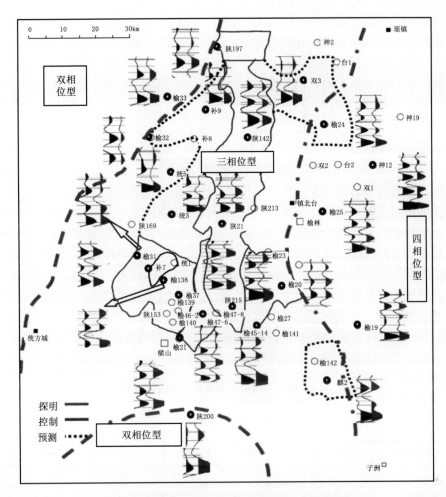

图1 榆林地区山2段地震反射波形特征分布图

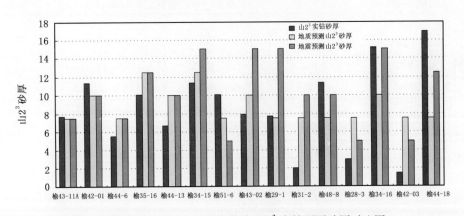

图2 榆林气田2005年部分完钻井山2³实钻预测砂厚对比图

盆地、河漫沼泽和废弃河道等7种微相类型，辫状河三角洲前缘亚相由水下分流河道、河口砂坝、水下分流间湾3种微相组成。有利沉积相带主要由中西部的三角洲平原分流河道和三角洲前缘水下分流道—河口坝复合体组成，以西南部的分流河道—水下分流河道—河口坝相带最为有利。

（3）紧跟钻井动态，跟踪预测砂体横向展布特征。

研究表明，山 2 储层物源区在气田北部，母岩主要为变质砂岩，其次为沉积岩，火山岩含量较少。北部物源区母岩性质存在差异，至少由两条主河道经多级分叉、汇合，汇入榆林区内，造成山 2 砂体平面上沿近南北向呈带状展布，分流河道砂体呈块状发育，单个砂体厚达十几米，由于砂体间的冲刷、切割和垂向叠置加积，砂体规模比较大，沿砂体主轴线石英含量高、两侧岩屑含量高的分布格局。实际生产中，结合物源控制作用，紧跟钻井动态，精细刻画砂体横向展布特征。

（4）分析主要成岩作用类型，研究物性与岩性关系。

榆林气田主要的成岩作用类型有压实作用、胶结作用、溶蚀作用等，其中压实作用损失了大部分原生粒间孔隙，是本区原生孔隙减少的最主要原因之一。粗粒石英砂岩中石英类颗粒含量高，岩屑和杂基等含量低，抗压实能力强，使部分原生孔隙保留下来形成残余原生粒间孔隙，有利于后期孔隙流体的流动和次生孔隙的形成，因而物性较好。岩屑砂岩和岩屑石英砂岩储层中粘土含量较高，且经过强烈的成岩作用，晶体较大，晶体间的微空隙对总孔隙度有一定的贡献，但孔径微小，渗透率低，从而形成孔隙度较高但渗透率低的特征。

（5）建立储层综合评价标准。

根据山 2 储层低孔、低渗特征，以该区储层物性参数为依据，并结合储层有效砂体厚度、含气饱和度等特征参数建立了榆林气田山 2 储层分类评价标准（表 1）。

表 1　榆林气田山 2 段储层分类评价标准

特　征	储层类别	I	II	III	IV
岩石学特征	V_Q（%）	≥80	65～80	65～75	
	V_R（%）	≤10	10～20	20～30	>25
	粒级	中粗粒以上			
压汞曲线特征	中值半径	>1	0.1～1	0.02～1	<0.02
	最大连通孔喉半径（μm）	>4	1～4	0.5～1	<0.5
	p_{50}（MPa）	≤1	1～10	10～20	>20
	p_d（MPa）	≤0.2	0.2～0.5	0.5～1	>1
	歪度、分选	粗歪度 分选中等—好	略偏粗歪度 分选中等	偏细歪度 分选较差	细歪度 分选差
孔隙组合	面孔率	≥4	2～4	1～3	<1
	孔隙组合	残余粒间孔 大溶孔、晶间孔	粒间溶蚀 晶间孔	晶间孔 微孔隙	微孔隙
有效厚度		>6	>4	>2	
含气饱和度		>70	>65	>60	
物性特征	K（$10^{-3}μm^2$）	≥5	0.5～5	0.05～0.5	<0.05
	ϕ（%）	≥7	≥6	4～6	<4
储层评价		好	中等	差	差—非

根据分类评价结果可知，山 2^3 小层有效储层分布面积最大，约占榆林气田总面积的50%，其中Ⅰ类储层在榆林南区多呈小面积条带状分布；Ⅱ类储层沿陕205—陕203—陕117—陕214—榆45-9井一带呈宽条带状分布，在榆林南区条带加宽。

（6）分析储层特征主控因素。

统计表明榆林气田山2段石英砂岩的粒度与孔隙度、渗透率之间具有很好的正相关关系（如图3），中粗粒的石英砂岩控制着优质储层分布。从物源控制作用来看，由北向南不稳定的长石矿物和软组分矿物含量减少，而稳定矿物石英所占比例增加，岩石的成熟度逐渐提高。从沉积作用控制来看，主力储集砂体山 2^3 主要为三角洲前缘砂体，经历了波浪作用的长期改造，砂质沉积物中陆源杂基含量低。

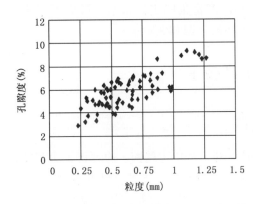 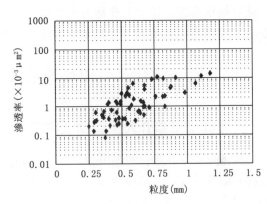

图3　榆林气田山2段石英砂岩粒度与孔隙度、渗透率的关系

1.1.3　气藏精细描述与建模技术

运用高分辨率层序地层学原理对研究区山西组进行了高精度地层划分与对比，建立了地层格架，并对地层格架内砂体展布特征进行研究，建立了砂体发育模式；认为石英砂岩是控制优质储层分布的关键因素，探究了中高渗石英砂岩成因，认为母源分异和水动力强弱是控制其平面分布的主要因素；形成了以复杂地表高精度静校正技术、波形特征定性分析、Strata定量反演及AVO含气性预测为代表的地震砂岩储层横向预测技术；为了研究榆林气田条

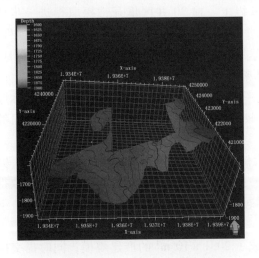 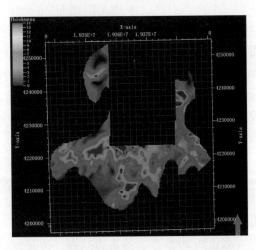

图4　榆林气田南区山 2^3 底部构造模型　　　图5　榆林气田南区山2有效厚度模型

状砂体储层渗流规律，运用流动层带指数（FZI）将储层划分为四类流动单元，提出 FZ1、FZ2 为高孔高渗区，储层连通性好，单井产能高。

同时，建立了精确的三维地质模型，客观地表征该类储层的非均质性特征。在充分利用地震及地质资料建立气田构造模型的基础上，从建模方法、变差函数类型及变程设置、趋势面约束等多个影响建模精度的环节上入手，通过地质剖面观察、地质研究及动态分析成果验证，优选建模方法，形成了榆林气田静态二步建模技术，即第一步描述砂体分布特征，在此基础上第二步通过静态砂体分布约束，采用序贯高斯模拟方法预测属性参数模型，使建立的模型最大程度吻合地质认识成果，且满足原始数据点统计的概率分布特征，从而提高了建模精度。

储层精细描述，揭示了榆林南山 2 储层发育和高产富集的主控因素，形成了"十二图一表"开发井位优选模式，为气藏快速建产提供了地质依据和保障。

2 勘探开发一体化，气田快速稳步上产技术

2.1 开发评价早期介入，增储上产同步进行

榆林气田南区在勘探阶段开发评价工作就已经展开，坚持边勘探、边评价、边开发，由井点向井组连片发展，形成规模。2002 年，立足探井评价结果，部署完钻开发井 14 口、评价井 2 口，试气平均无阻流量 $14.2463 \times 10^4 \mathrm{m}^3/\mathrm{d}$，通过开发评价井实施，榆林南储量丰度由勘探时期 $0.8 \times 10^8 \mathrm{m}^3/\mathrm{km}^2$ 提高到 $1.2 \times 10^8 \mathrm{m}^3/\mathrm{km}^2$，概算储量增加了 $66.05 \times 10^8 \mathrm{m}^3$，榆林南区山 2 砂体形成了"西扩东连"的局面，使得探明含气面积增加 $73 \mathrm{km}^2$，探明天然气储量增加 $58.4 \times 10^8 \mathrm{m}^3$；同时，发现了以榆 43 - 7、榆 46 - 9 井为中心的两个高产富集区块。在开发评价井钻探成果的基础上，建成生产能力 $2.0 \times 10^8 \mathrm{m}^3$。通过早期开发评价井的实施，进一步加深了储层的认识。

2003 年，以开发为主、兼顾勘探搞评价，在榆林气田南区部署并完钻开发井 48 口，平均无阻流量 $25.85 \times 10^4 \mathrm{m}^3/\mathrm{d}$。通过开发井的实施，形成了榆 43 - 5、榆 46 - 9 及榆 47 - 6 三个高产井区，平均无阻流量 $30 \times 10^4 \mathrm{m}^3/\mathrm{d}$ 以上。榆 20 井区甩开钻探取得进一步成功，新增天然气控制储量 $201.89 \times 10^8 \mathrm{m}^3$，新增含气面积 $308.2 \mathrm{km}^2$。西部扩边井、评价井钻探效果良好，榆 43 - 1、榆 138、榆 139 等井在钻遇主力气层山 2 石英砂岩的同时，钻遇下古生界马五 1 + 2 气层，使该区成为榆林南未来增储建产的主战场；同时建成生产能力 $4.0 \times 10^8 \mathrm{m}^3$。评价井和开发井的实施，进一步认识到榆林气田山 2 气藏具有砂体厚度大、横向分布稳定、主力气层突出、渗透性较好、单井产能高及气井稳产能力较强等特点。

基于上述认识，2004 年继续甩开评价，扩大储量、产量规模，共实施开发井 37 口，完成了当年 $4 \times 10^8 \mathrm{m}^3$ 建产任务。并取得了两点成果：（1）榆 148、榆 38 - 15 井评价钻探取得成功，落实了陕 152 和台 3 井区山 2 砂体展布形态；（2）榆 37 井区下古兼探获得成效，下古提交探明天然气储量 $138.18 \times 10^8 \mathrm{m}^3$。

截止到 2005 年，通过边勘探、边开发，建成了 $20.1 \times 10^8 \mathrm{m}^3$ 的产建规模；同时提交探明储量 $714.4 \times 10^8 \mathrm{m}^3$，实现了探明天然气储量与建产规模的同步增长（图 6、图 7）。

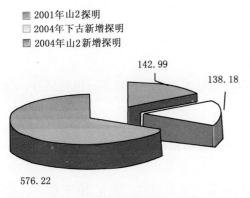

■ 2001年山2探明
□ 2004年下古新增探明
■ 2004年山2新增探明

142.99
138.18
576.22

图6 榆林南探明储量分布图

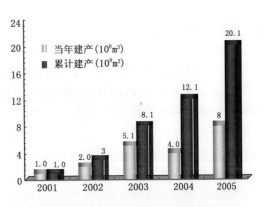

图7 榆林南历年产能建设柱状图

2.2 强化布井技术系列和程序，保证评价与产建实施效果

砂体的发育程度，是砂岩气藏天然气富集的主要影响因素。勘探开发过程中，地震利用储层横向预测技术，开展砂体厚度预测、物性预测和含气性预测，研究储层平面展布、空间几何形态及储层物性，划分储层含气性有利区域。地质上紧跟随钻分析，进一步落实砂体规模与形态，开展沉积—成岩相研究、物源分析、储层非均质性等储层综合评价研究，寻找高产富集控制因素。地震、地质和气藏动态相结合，优选天然气富集区。

根据气井高产富集控制因素和分布规律，选取有利方向进行勘探开发井位整体部署。以开发评价井和探井作为"骨架井"，实施过程中骨架井先行，紧跟骨架井随钻地质分析，综合气井产能试井、生产动态分析等，优选相对高产富集区，进一步优选开发井位，逐步扩大开发规模、完善井网系统，榆林气田钻井成功率达到90%以上。

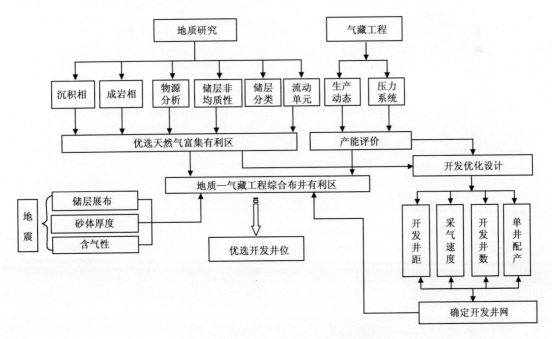

图8 榆林气田山2储层井位优选流程图

3　结　论

（1）气田建产技术完善，技术应用效果明显。

以山 2 含气砂岩储层横向预测技术、储层综合评价技术为基础，地震—地质结合，以气藏精细描述与地质建模技术为核心，开发评价超前介入，形成独具长庆特色的低渗岩性砂岩气藏井位优选技术，确保了榆林气田南区钻井成功率达到 90% 以上，优选出榆 30 - 0 等 6 口百万立方米高产气井，为 $20 \times 10^8 \mathrm{m}^3$ 产能建设任务的完成提供了有效技术支撑。

（2）榆林气田南区开发效果良好，实现增储上产一体化。

榆林气田南区自开发建产以来，始终坚持勘探开发一体化思路，截至 2005 年底，探明山 2 地质储量 $576.22 \times 10^8 \mathrm{m}^3$，探明马五$_{1+2}$地质储量 $138.18 \times 10^8 \mathrm{m}^3$，并完成 $20 \times 10^8 \mathrm{m}^3$ 开发方案，实现了气田增储上产同步化。

（3）气田外围缺乏优质地质储量，气田长期稳产面临挑战。

根据数值模拟预测，榆林气田按 $20 \times 10^8 \mathrm{m}^3$ 生产规模，可自然稳产至 2014 年，稳产时间将达到 9 年时间，表现出较强的稳产能力。但榆林气田南区剩余地质储量主要分布在统 3、台 3、榆 20 等井区外，由于这些井区位于山 2 主砂体边部，砂体规模有限、储层致密，扩边潜力有限。

油藏评价与产能
建设新技术

鄂尔多斯盆地低渗透油藏评价新技术研究与应用

程启贵　彭惠群　王海红　牛小兵　梁晓伟

（长庆油田公司）

摘要：笔者分析了鄂尔多斯盆地基本地质条件和岩性、隐蔽性油藏在油藏评价中的难点问题，对近年来鄂尔多斯盆地油藏评价在地质理论创新、复杂隐蔽油藏的测井油层识别技术及储层改造技术等新技术方法和应用情况进行了全面总结，并回顾了鄂尔多斯盆地近年来大型岩性油藏评价所取得的丰硕成果。

关键词：长庆油田　油藏评价　新技术方法

前　言

鄂尔多斯盆地复杂的地质条件导致油藏评价存在诸多难题。盆地复杂地形地貌特征使得地震激发、接受条件极差，地震测线只能沿沟布设，测线稀，有效储层和围岩波阻抗差异小，油藏储集体—单期分流河道较窄，厚度较小，且岩性及物性变化较大，储层非均质性强。这种地质条件导致储层横向预测难度大，油藏隐蔽性强。鄂尔多斯盆地存在大面积无规律分布的低电阻率油层、复杂岩性储层、甚至低电阻率油层与高电阻率油层同一井段共存，同时低渗透储层岩性、孔隙结构较为复杂，测井信息对孔隙和流体的分辨能力比较低，这使油层识别难度大。鄂尔多斯盆地储层特有的低渗、低压、薄层、非均质性等特征，也导致储层改造难度大。

针对鄂尔多斯盆地以低孔低渗储层及油藏类型为岩性、构造—岩性油藏的特点，油藏评价经过几年的探索和研究，在常规评价技术方法基础上，加强了地质理论创新，形成了多种途径的油层识别技术以及优化储层改造技术等新的油藏评价技术方法，实现了勘探开发一体化，使大面积低渗、低产油藏得到了规模高效开发。

1　鄂尔多斯盆地油藏地质特征

1.1　基本地质条件

鄂尔多斯盆地位于华北陆块西部，是中国第二大沉积盆地。根据现今的鄂尔多斯盆地构造形态，结合盆地的演化历史，划分为6个二级构造单元，即北部伊盟隆起、西缘冲断带、西部天环坳陷、中部伊陕斜坡、南部渭北隆起和东部晋西挠褶带，其中伊陕斜坡是盆地勘探开发的主要构造单元。

鄂尔多斯湖盆在晚三叠世发育了多套深湖—半深湖相泥岩、富含有机质的暗色泥岩，是盆地中生界的烃源岩，生烃能力巨大，盆地具有丰富的油源基础。目前勘探开发的含油层系为中生界三叠系延长组和侏罗系延安组，其中延长组是主力含油层系。对石油成藏条件和分布规律的研究表明，油藏受烃源岩分布、沉积相、成岩作用、构造、古河道等多重因素控制，形成了成藏模式多样化的多种油藏类型。

鄂尔多斯盆地东北部广泛发育大型曲流河三角洲沉积，三角洲前缘水下分流河道砂体十分发育；西南部发育了大型辫状河三角洲沉积，随着入湖距离增加水下分流河道砂体连片叠置。广泛分布的大规模三角洲沉积为鄂尔多斯盆地油藏评价创造了良好条件。

1.2 岩性、隐蔽性油藏的评价难点

1.2.1 "三低"砂岩岩性油藏隐蔽性较强

1.2.1.1 油藏具有"低渗、低压、低丰度"的特点

长庆油田主要开采层系为侏罗系延安组和三叠系延长组，具有"三低"特点：一是低渗，三叠系渗透率仅 $(0.3 \sim 2.0) \times 10^{-3} \mu m^2$；其中三叠系探明储量占总探明储量的 83%；二是低压，压力系数 $0.5 \sim 0.8$，地饱压差 $2.94 \sim 6.38 MPa$，弹性采收率仅 2% ~ 5%；三是低丰度，探明地质储量 $(30 \sim 50) \times 10^4 t/km^2$，此类油藏具有很大的资源潜力和储量规模。

1.2.1.2 有效储层测井识别难度大

纵向上往往发育多套油层，但油层具有厚度薄，低孔、低渗、低油饱、低含油丰度的特点，导致测井信息对孔隙流体分辨率低，增加了对油层的识别难度；低幅构造、低压、低渗油藏，油水分异差，粘土矿物含量高，吸附有机质孔隙表面含油形成高阻水层，也增加了测井对油层的识别难度；长 4 + 5—长 6 普遍发育高自然伽马砂岩，干扰了测井信息对砂泥岩的区分。此三大因素给油层的识别带来了困难。

1.2.1.3 部分区域低阻油层识别难度大

低阻油层的形成主要有以下 6 方面的影响因素：（1）地层水的矿化度高；（2）束缚水饱和度高；（3）油藏构造幅度较小，油水分异差；（4）钻井液对地层的深侵入造成的低阻油层；（5）地层中含高阳离子交换量的粘土矿物；（6）岩石中含有导电性能良好的金属矿物等。

目前对于低电阻率层采用的测井解释方法有纵向对比法、横向对比法、相关对比法、侵入因子法、FZI 分类法、视自然电位法、微分分析法，取得了一定的效果，但仍需要进一步攻关。

1.2.2 砂体平面变化快、储层非均质性较强

鄂尔多斯盆地中生界属陆相沉积，砂体变化快，尤其对于延长组上部和侏罗系地层更是如此，单砂体宽度往往只有 3km 左右，相当于 2 ~ 3 个评价井距，西峰油田长 8 辫状河三角洲前缘水下分流河道砂体最宽也不过十几公里；加之石油富集的盆地中、南部地区，古地理环境往往处在曲流河或网状河分布区，河道形态变化大。

1.2.3 地质地貌条件复杂、地震资料预测有效砂体难度大

盆地南部属于举世闻名的黄土高原，树枝状水系与沟、塬、梁、峁、坡并存。巨厚、干燥、疏松的黄土和砂土造成的地震激发、接收条件极差；由于广泛发育的面波、浅层折射、多次波等干扰和黄土梁区的强烈次生干扰，引起了地震资料极低的信噪比；巨厚的低降速层使地震波能量大幅衰减，高频成分严重损失，地震分辨率低。受复杂的地质、地貌条件影响，使地震资料预测有效砂体难度大。

1.2.4 油层压裂改造难点多

油藏评价区块分布面积大、层系多，总体上具有低孔、低渗、储层非均质性强、多套油层的特点，特低渗油藏需要经过压裂改造才能获得经济开发。不同区块之间储层物性、地层能量和敏感性特征差异明显，油藏类型复杂，同一层系在各个区块往往表现出不同的生产特

征；延安组与三叠系长1—长3油藏，储层物性相对较好，大多为底水油藏，但油层厚度小、油水关系复杂。上述特点决定了油层改造的难度和复杂性（表1），如何合理提高单井产能，是特低渗透油藏评价面临的难题。

表1   长庆油田油层压裂改造难点分析

项　目	地质条件	改造难点
难点一	储层渗透率低（（一般在 $0.3 \sim 2.0$）$\times 10^{-3} \mu m^2$）	需要长裂缝的大型压裂改造
难点二	压力系数低（仅为 $0.5 \sim 0.8$）	压裂液量不易返排，储层造成较大的伤害
难点三	孔喉小（$0.1 \sim 0.25 \mu m$），且普遍含敏感性粘土矿物	优化低伤害压裂液体系难度大
难点四	油层薄（$5 \sim 10m$）、夹层多、薄互层普遍	压裂方式选择难度大
难点五	油水关系复杂	压裂易出水
难点六	储、隔层应力差小	缝高控制难度大

2   鄂尔多斯盆地低渗透油藏评价新技术

2.1   油藏评价创新理论

2.1.1   多套生储盖组合形成不同成藏模式

油藏评价在继承预探成果的基础上，提出了湖盆震荡式沉积理论，在此基础上研究了生储盖组合和成藏模式。中生界上三叠统延长期，由长10—长1盆地经历了湖盆从发生—发展—衰亡的演化过程和多期次震荡式沉积，其演化过程经历了不同的相序变化，致使各期三角洲前缘砂体向湖方向的进积与退积，从而在纵向上形成了砂岩—泥岩相间叠置，形成多套生储盖组合。震荡式沉积形成剖面上砂泥岩相间分布的格局，在盆地范围内形成了以下3套储盖组合：（1）长7—长8段储盖组合；（2）长7—长6、长4+5、长3段的两套储盖组合；（3）长7—长2—侏罗系的储盖组合。

由于震荡式沉积形成生储盖配置关系的差异，使盆地延长组发育两种不同的石油成藏模式，即湖退背景下的东北曲流河三角洲成藏模式和湖侵背景下的西南辫状河三角洲成藏模式（图1、图2）。其中，东北曲流河三角洲成藏模式以长6、长4+5、长2油层为主，以安塞、靖安、绥靖及吴起油田为代表；西南辫状河三角洲成藏模式以长8油层为主，以西峰、镇北油田为代表。

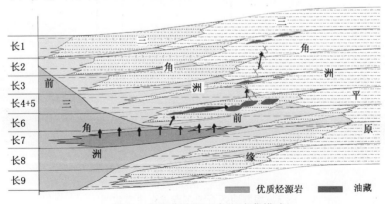

图1   东北曲流河三角洲成藏模式

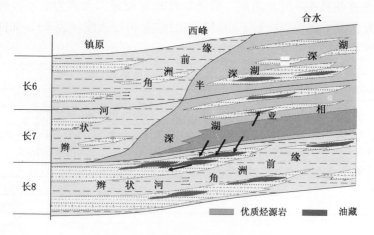

图2　西南辫状河三角洲成藏模式

2.1.2　裂缝垂向输导、多点式充注，形成了姬塬地区多油层叠置

不同区块由于受距离生烃中心远近、储层发育程度及储层物性特征等差异，鄂尔多斯盆地三叠系延长组油藏主要发育两种主要运聚模式。

一种成藏模式以北东体系的志靖—安塞地区为代表。长7优质烃源岩生成的石油主要通过覆于烃源岩之上的长6段三角洲前缘砂体，以"爬楼梯"的方式逐层运移，侧向不规则连接的砂体与垂向加积的砂体是运移的主要通道，石油运移以侧向运移为主，在平面上形成了安塞、靖安、绥靖、吴旗等大型长6油藏。

另一种成藏模式以姬塬、华庆地区为代表。成藏模式具有平面多点式充注的特征，纵向上形成多油层叠置。姬塬、华庆地区处在长7生烃中心，成藏条件优越、油源充足、资源量大，具备垂向运移的有利条件。受生烃强度的差异、上覆长6砂岩储层物性差异以及储层裂缝发育等差异影响，在平面上形成多个充注点，石油以垂向运移为主，多点式充注在平面上形成多个油藏，纵向上多油藏叠置。姬塬地区发育延长组长9、长8、长6、长4+5、长3、长2、长1及侏罗系延安组延6—延9等多套含油层系（图3），华庆地区纵向上也发育长 6_3、长 6_2、长 6_1、长 $4+5_1$、长 3_3 及长 3_2 等多套含油层系。

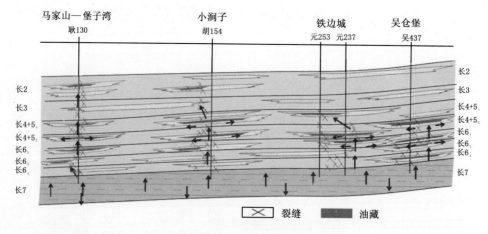

图3　姬塬地区石油多点式充注模式图

88

2.1.3 建设性成岩作用形成相对高渗、高产含油富集区

延长组储层受成岩作用影响较大，机械压实作用、自生矿物充填、碳酸盐胶结及石英次生加大等使砂岩的孔隙度损失较大，形成了延长组储层整体低孔、低渗储层面貌，但后期由于绿泥石膜的保护及成岩期溶蚀作用的改造使砂岩的孔渗得到了明显的改善，形成相对高孔高渗区，是石油富集的有利场所。

姬塬地区长4+5、长6储层中，溶解作用对砂岩储集性能的改善起着重要作用。经压实作用和胶结作用改造，砂岩剩余原生粒间孔平均2.8%；后期长石及其他胶结物的溶解使得砂岩的孔隙度一般可以达到9%~11%，局部甚至更高达13%以上。浊沸石是陕北长6储层中最具特色的胶结物，其解理发育，酸性水易沿解理缝溶蚀，产生可观的次生孔隙，改善储层的物性，从湖盆中心向湖岸方向浊沸石的溶蚀作用依次减弱，形成浊沸石强溶相、浊沸石溶蚀相、浊沸石弱溶蚀相，已探明油藏绝大部分分布在浊沸石强溶相及溶蚀相砂体中。

2.1.4 油藏精细描述正确认识油藏特征

在沉积微相，储层综合研究的基础上，通过开展微观孔隙结构及渗流特征研究、真实砂岩模型实验（图4、图5），划分流动单元，建立精细三维地质模型（图6、图7），加深了对油藏特征的认识，为油藏评价井位优选及开发方案的优化提供可靠的地质依据。

图4　西156井长81真实砂岩水驱油模型

图5　西120井长81真实砂岩水驱油模型

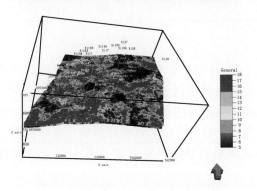

图6　西峰油田长81砂体展布模型

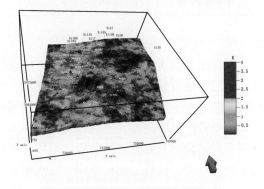

图7　西峰油田长81渗透率模型

2.1.5 现场开发试验技术评价可开发规模储量

该技术主要基于已提交控制储量或预测储量的目标，经过预探评价阶段的大量工作，其基本地质背景已比较明朗，沉积环境、砂体分布范围、石油的富集条件都已经过前期论证，

油藏已初具规模。而沉积的微相类型、砂体的规模、单井产能等尚待落实。通过油藏评价进行整体研究、整体解剖，在摸清高孔高渗砂体分布规律的基础上，结合开发试验和早期开发方案，与开发井网相配套，进行整体部署。根据储层升级的难易程度和先肥后瘦的顺序进行分批实施，从而提交可动用的探明储量。

根据开发试验结果，结合同类已开发油藏的开发实践，综合确定井眼形式、超前注水等开发技术政策，并为大规模开发确定合理开发技术政策提供依据。

通过在西峰、姬塬、白豹等不同类型油藏的开发试验，结合常规油藏工程研究，确定了相应的井网形式、压力系统及注水参数等开发技术政策（表2），优化了提高单井产量的途径，为油田大规模投入开发奠定了良好基础。

表2　2003—2008 年开发试验区开发技术政策汇总表

年度	油田	区块单元	层位	开发井网			压力系统				单井日注水量（m³）
				井网形式（m）	井距（m）	排距（m）	采油井最低流压（MPa）	生产压差（MPa）	初期压力保持水平（%）	最大井口注水压力（MPa）	
2003	西峰	白马区	长8	菱形反九点	520	180	6~8	8~10	100~120	16	50
		董志区	长8	矩形	520~540	120~150	6~8	10~12	110~120	20	35
	白豹	白102	长3	菱形反九点	500	180	6	7.1	120	18.1	25
2004	西峰	白马北	长8	菱形反九点	520~540	180~200	6~8	10~12	100~120	20	35
	镇北	镇53	长8	菱形反九点	520	200	5	8.4	120	16	40
	铁边城	元48	长6、长4+5	菱形反九点	540	150	7	8	131	15	35
2005	姬塬	堡子湾	长4+5	矩形	540	130	5.3	9.6	137	16.6	40
	白豹	白209	长6	菱形反九点	540	120	5.9	7	140	20.8	50
2006	姬塬	耿27	长6	菱形反九点	540	140	7.1	10.9	120	17	40
2007	白豹	白239	长6	菱形反九点	500	120	7.6	9.1	120	20.8	30
2008	华庆	白239	长6	矩形及排状	400	130	8	9.0	120	20.0	30
	姬塬	罗1	长8	菱形反九点	480	150	7	10.0	120	17.9	25

2.1.6　开发前期评价研究

在深化油藏宏观及微观特征研究的基础上，围绕制定开发技术政策，重点开展储层特征、裂缝特征及储层渗流特征研究及评价，为合理开发技术政策的制定提供大量基础资料；同时，结合开发试验，确定了相应的井网形式、压力系统及注水参数等开发技术政策，优化了提高单井产量的途径，为油田大规模投入开发奠定了良好基础。在整体研究、整体探明和前期开发试验的基础上，对西峰、姬塬、华庆等区块编制整体开发方案（表3），有效地降低了开发风险，提高了油田整体开发水平。

2.2　测井油层识别技术

低孔、低渗、低阻，复杂岩性、复杂孔隙结构是鄂尔多斯盆地低渗、特低渗透储层固有的特点：一是测井资料的信噪比低、对比度低，造成油气层识别困难；二是储层的非均质和岩石物理响应的非线性造成储层定量评价困难。

表 3 2003—2008 年整体开发方案编制实施情况表

序号	方案名称	编制时间	整体规模 (10^4t)	已建产能 (含 2007 年) (10^4t)	总井数 (口)	油井 (口)	水井 (口)	单井日产油 (t)
1	铁边城油田元 48 整体开发方案	2003	100	22.2	246	171	75	4.0
2	西峰油田白马区整体开发方案	2004	100	86.3	735	539	196	5.6
3	西峰油田白马南—董志区整体开发方案	2005	133	74.9	762	565	197	4.4
4	吴旗油田吴 420 整体开发方案	2006	100	50.3	404	278	126	6.0
5	姬塬油田 300×10^4t 整体开发方案	2007	300	176.7	1439	1067	372	5.4
6	白豹油区 150×10^4t 整体开发方案	2007	150	77.4	751	560	191	4.6
7	镇北油田 150×10^4t 整体开发方案	2007	150	37.3	367	271	96	4.6
合　计			1033	525.1	4704	3451	1157	5.1

针对上述难点，油藏评价从储层特征入手，结合测井系列的更新，着重解决困扰测井识别油层 3 个方面的难点问题：（1）纵向上往往发育多套油层，但油层具有厚度薄、低孔、低渗、低油饱、低含油丰度的特点，导致测井信息对孔隙流体分辨率低，增加了对油层的识别难度；（2）低幅构造、低压、低渗油藏，油水分异差，加之粘土矿物含量高，吸附有机质孔隙表面含油形成高阻水层，也增加了测井对油层的识别难度；（3）长 4+5—长 6 普遍发育高自然伽马砂岩，干扰了测井信息对砂泥岩的区分，给油层的识别带来了困难。通过技术攻关，形成了符合鄂尔多斯盆地低渗透储层的测井评价新技术，大幅提高了测井解释精度。

2.2.1 分区、分层系、分岩性测井识别图版技术

油藏评价在姬塬、华庆等重点评价目标区更新完善解释图版（图 8），解释图版符合率得到较大幅度提高。通过建立各区块不同层系的解释图版及确定储层下限标准，不仅为探明

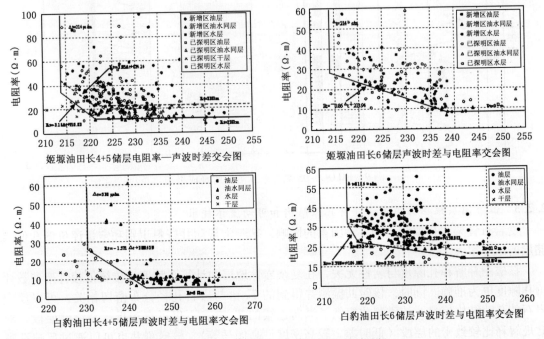

图 8 分区、分层系、分岩性测井识别图版

91

储量提交奠定了良好的基础，而且一批储层得到进一步解放，加深了对低渗、特低渗透储层的认识。

2.2.2　高精度密度、阵列感应为代表的 EILOG-05 测井系列

2008 年有 211 口评价井采用先进适用的 EILOG-05 测井系列（图 9），测井资料品质可靠，精度高，与储层有较好的对应关系，满足了油层识别和有效厚度解释需求。

吴470井长6_1测井解释成果图

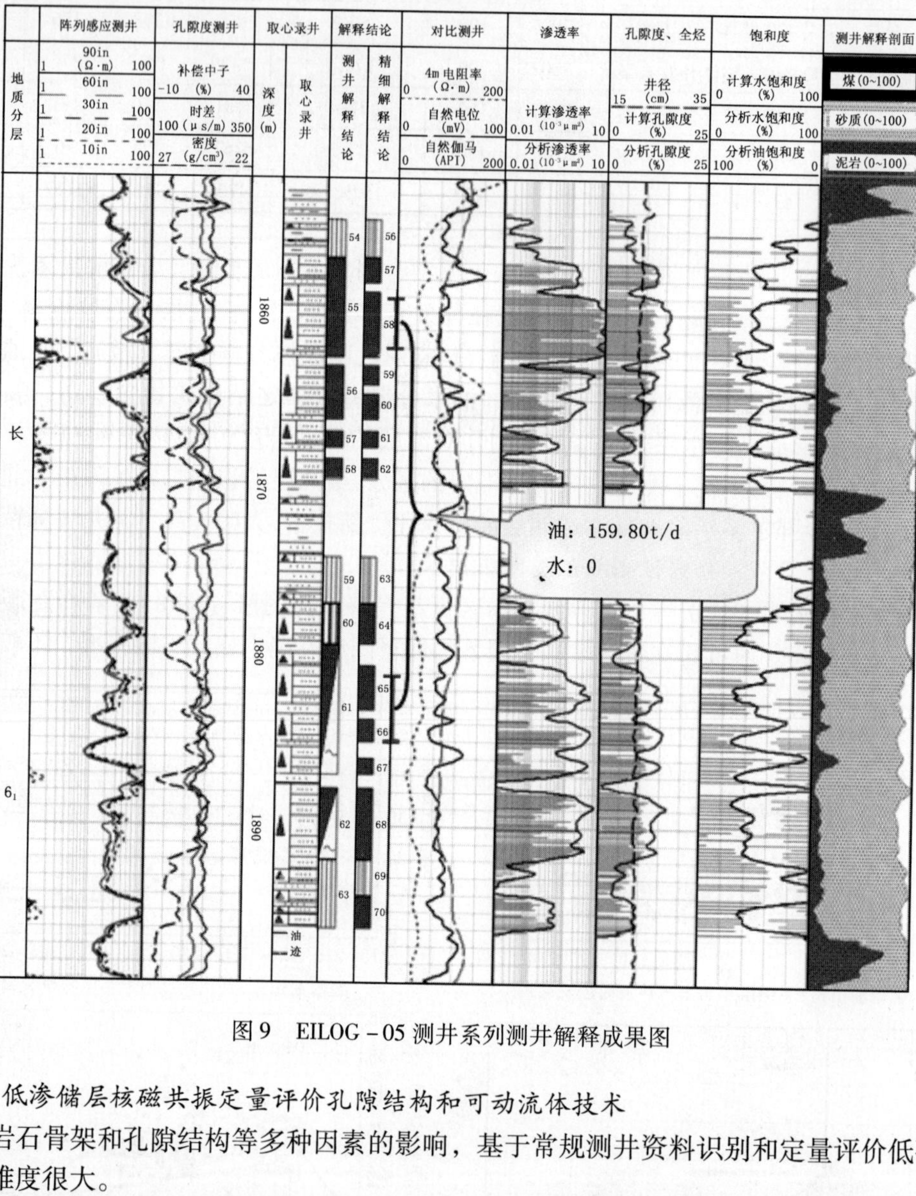

图 9　EILOG-05 测井系列测井解释成果图

2.2.3　低渗储层核磁共振定量评价孔隙结构和可动流体技术

受岩石骨架和孔隙结构等多种因素的影响，基于常规测井资料识别和定量评价低孔低渗储层的难度很大。

核磁测井解释孔隙度与岩性无关，在复杂岩性地层中计算孔隙度比传统依赖骨架参数评价孔隙度更为准确。同时，核磁共振测井得到的 T_2 谱与岩石孔径分布密切相关，可以反应岩石的孔隙结构信息。核磁测井提供了纵向连续的 T_2 谱，不仅可直观指示高渗储层段，对常规解释比较致密的层段（低时差、较高密度、高伽马等），核磁测井也可以通过反映孔隙结构的变化将有效储层段划分出来。

耿 221 井长 4 + 5_2 段 2308.0 ~ 2310.0m 常规测井解释声波时差平均为 220.98μs/m, 密度平均为 2.54g/cm³, 解释为干层, 根据核磁共振解释成果, T_2 谱后移, 孔隙结构分布较好, 解释为油层, 试油获得日产纯油 21.17t 的工业油流。

2.2.4　Elan 优化反演准确识别复杂岩性储层评价技术

利用简单的常规回归关系不能适应复杂储层测井评价的精度要求, 为了解决常规统计回归方法建立的测井参数解释公式适应能力差及对测井信息的利用率低的不足, 在延长组长 6—长 8 储层参数解释中, 采用了 Elan 优化解释模型。它采用优化的模型组合技术进行测井评价, 通过调节各种输入参数, 如矿物测井响应参数, 输入曲线权值等, 使方程矩阵的非相关性达到最小。它可同时求解多个模型, 按照一定的组合概率, 得到最终模型, 即地层岩石 (或矿物)、流体体积, 根据所计算的各种流体成分的相对体积, 进一步计算孔隙度、饱和度等储层参数。

姬塬、白豹等地区储层致密导致测井信噪比低, 测井评价难度大综合, 运用 Elan 优化反演方法求取储层参数, 解释精度及符合率得到明显的提高 (图 10)。

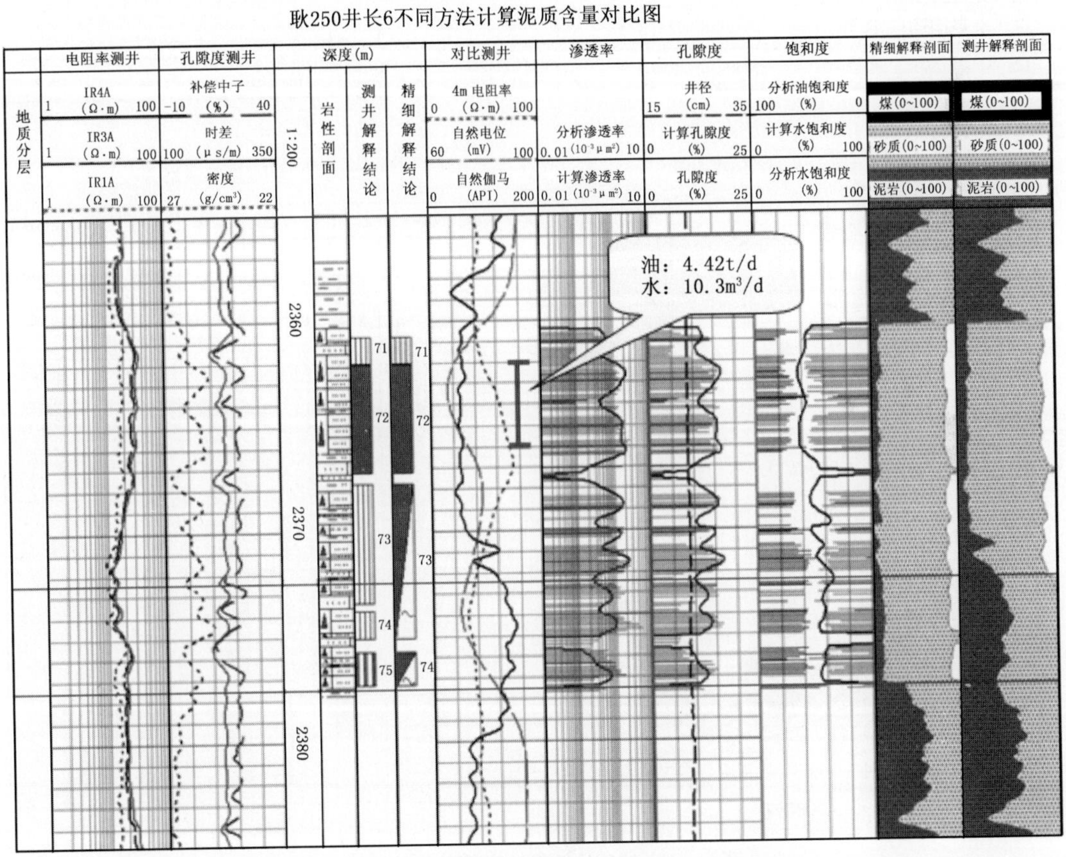

图 10　运用 Elan 优化反演方法求取储层参数成果图

2.2.5　低阻油层识别技术

采用视自然电位差、微分分析技术及 FZI 指数类比等技术识别长 2、侏罗系低阻油层, 进一步提高了低阻油层解释精度, 取得了较好的效果 (表 4、图 11)。

表 4　姬塬地区堡子湾长 21 低阻油层数据表

序号	井号	层位	油层井段 （m）	厚度 （m）	电阻率 （Ω·m）	测井 解释	日产油 （t）	日产水 （m³）
1	耿 104	长 21	1986.6 ~ 1990.3	3.7	5.8	油水层	9.07	13.3
2	耿 109	长 2₁	1976.0 ~ 1977.8	1.8	6.5	油层	22.85	0
			1978.3 ~ 1983.4	5.1	6.1			
3	耿 110	长 21	2013.3 ~ 2017.5	4.2	7.1	油水层	5.63	29.1
4	耿 114	长 21	1950.1 ~ 1959.6	9.5	7.6	油水层	5.87	28.5
5	耿 116	长 21	2086.4 ~ 2090.6	4.2	9.7	油层	15.64	9.4
6	耿 117	长 21	1950.6 ~ 1957.1	6.5	6.3	油层	22.02	0
7	耿 140	长 21	2012.0 ~ 2018.9	6.9	6.7	油层	20.40	0
8	耿 132	长 21	2010.9 ~ 2030.3	19.4	2.7	油水层	10.00	12.6
9	耿 179	长 21	2003.3 ~ 2010.8	7.5	7.0	油层	35.70	0
10	耿 180	长 21	1948.8 ~ 1954.1	4.6	6.1	油水层	24.46	4.8
11	耿 208	长 21	2109.8 ~ 2115.3	5.5	6.1	油层	20.74	0
12	耿 239	长 21	2185.4 ~ 2210.2	24.8	6.5	油水层	14.20	9.1

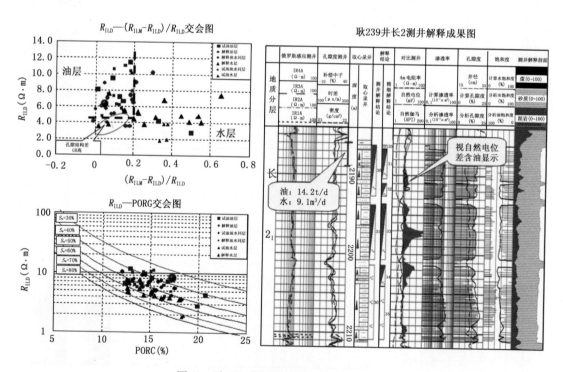

图 11　耿 239 井低阻油层测井解释成果

2.2.6　油藏评价储层改造新技术

鄂尔多斯盆地油藏评价近年来所提交探明储量中，特低渗、超低渗油藏占有很大比例（81.8%），随着评价目标的西移以及层位的进一步加深，这部分储量的比例还将更高，如何使这些储层得到经济有效的开发，为后续油田开发阶段储层改造提供经验，成为油藏评价阶段储层改造所面临的难题。油藏评价在 6 年的实践中，立足提高单井产量，注重储层改造技术研究，目前已形成了多级加砂压裂、生物酶破胶剂工艺技术、定向射孔多缝压裂工艺技术、水力射孔求初产工艺技术、多羟基醇新型压裂液体系工艺技术等行之有效的储层改造工艺技术。

一是多级加砂压裂工艺，主要针对白豹长 6 等厚块状储层，通过多级加砂，优化铺砂剖面，达到增产目的。在华庆等区块厚油层现场试验 14 口井，平均试排日产油 13.7t，日产水 1.9m³，工艺试验效果显著。

二是生物酶破胶剂工艺，针对储层喉道半径相对较小，压裂液返排流动阻力大的特点，为提高返排率，改善储层改造效果。现场试验 3 口井（白 427 长 63、庄 123 长 81、白 481 长 63），平均试油日产纯油 22.6t³，取得了初步较好的增产效果。

三是定向射孔多缝压裂工艺，针对不具备分压条件的厚层油藏，压裂时强制裂缝转向，形成相互独立的多条裂缝，增大泄油面积。现场试验 2 口井（元 298 长 63、白 465 长 6_3），平均试油日产纯油 15.6t，取得了较好的试排效果。

四是水力射孔求初产工艺，针对姬塬长 9、长 2 及侏罗系高水饱油藏，为控水增油，在姬塬底水油层完试 2 口井（黄 116 长 2、黄 131 长 2），平均试排日产油 7.7t，日产水 9.5m³，取得了较好的控制底水的效果。

五是多羟基醇新型压裂液体系工艺，针对三叠系长 6 - 8 致密储层，通过优化分子结构，研制了伤害小、无残渣、防膨率高、多羟基醇压裂液体系，目前正在准备现场试验。

3 大型岩性油藏评价实践成果

3.1 西峰大油田的探明

西峰地区长 81 为陡岸沉积环境下的辫状河三角洲沉积，水下分流河道的主砂带是有利目标区。按照整体评价的原则，对西峰油田评价部署进行了整体研究，制定了以董志、白马两大区带为重点，适当甩开扩大含油面积的部署思路整体部署，截止 2008 年底，西峰油田主体带累计探明地质储量 $2.4 \times 10^8 t$，控制储量 $2.0 \times 10^8 t$；预测储量 $1.3 \times 10^8 t$，三级储量达到 $5.7 \times 10^8 t$。

3.2 姬塬大油田的探明开发

姬塬地区属于鄂尔多斯盆地陕北斜坡西部，发育长 4 + 5、长 6、长 2 及侏罗系延安组等多套含油层系。油藏评价根据"退覆式三角洲成藏模式"，制定了"整体勘探，立体评价；立足大场面，兼探中浅层"的评价思路并展开部署，2003—2008 年已在姬塬地区探明了多个侏罗系延安组及三叠系延长组长 1、长 2、长 4 + 5 和长 6 油藏，截至 2008 年底，姬塬油田累计探明石油地质储量 $4.1 \times 10^8 t$，收到了很好的效果。同时对长 8 油藏有了初步认识，进一步拓展了油藏评价的领域。

3.3 陕北油区大连片

陕北地区位于鄂尔多斯盆地中部。20 世纪 80 年代，在大型三角洲成藏理论指导下，发现了亿吨级安塞油田；90 年代，坚持稀井广探、立体勘探又发现了靖安油田。至 90 年代末，陕北油区累计探明石油地质储量达 $4.0 \times 10^8 t$。

通过进一步深化沉积相、石油运聚规律及油藏特征研究，开展精细评价，不断扩大含油面积，实现了陕北油区的复合连片，确保了陕北原油产量的持续攀升。目前陕北地区累计探明石油地质储量 $8.0 \times 10^8 t$，三级储量达 $13.0 \times 10^8 t$。

3.4 华庆地区储量规模扩大

近年来，通过层序地层和湖盆底形研究，提出了长6期湖盆中部发育厚层砂体的新认识，突破了"湖盆中部以泥质岩类为主，缺乏有效储层"对思维的束缚，预探、评价深入湖盆腹地，开辟了找油大场面。

华庆地区长 6_3 三角洲前缘砂体规模大，油层分布稳定、具有复合连片的趋势，目前已初步形成 $(3 \sim 5) \times 10^8 t$ 储量规模，为下一步储量升级和开发建产准备了新的亿吨级储量目标区。截止2008年底，以华庆地区长 6_3 油藏为主要目的层，已新增石油控制储量 $2.9 \times 10^4 t$，新增石油预测储量 $1.2 \times 10^8 t$。

3.5 发现了一批"小而肥"的中浅油藏

在立足大场面和长4+5—长8规模储量探明的同时，坚持勘探开发一体化的思路，针对侏罗系及长1、长2及长3浅油藏制定了"当年发现，当年探明，当年开发"的思路，取得了良好的效果。2003—2008年在侏罗系及长1—长3油藏累计新增探明石油地质储量 $3.6 \times 10^8 t$，累计建产能 $480 \times 10^8 t$，收到了很好的效果。

除已探明的油藏外，近年还在华庆、陕北、姬塬和陇东四大区带长3以上油层发现45个出油井点，为下步增储上产提供了现实目标区。

4 结 论

鄂尔多斯盆地低渗透岩性油藏评价取得了丰硕的成果，为长庆油田的增储上产奠定了坚实的基础，也为长庆油田2015年实现油气当量 $5000 \times 10^4 t$ 做出了积极的贡献。近年来，在油藏评价实践中，长庆油田加强地质理论创新，形成了测井、录井油层识别技术，优化储层改造等新的油藏评价技术方法，并积极进行推广应用，通过实施实现了勘探开发一体化，使大面积低渗、低产油藏得到了规模高效开发。

参 考 文 献

[1] 杨俊杰. 鄂尔多斯盆地构造演化与油气分布规律 [M]. 北京：石油工业出版社，2002

[2] 刘池洋，赵红格，桂小军，等. 鄂尔多斯盆地演化—改造的时空坐标及其成藏（矿）响应 [J]. 地质学报，2006，80（5）

[3] 毛明陆，杨亚娟，张艳. 试论鄂尔多斯盆地三叠系岩性油藏分析的几项地质关键技术 [J]. 岩性油气藏，2007，19（4）

[4] 罗静兰，刘小洪，林潼，等. 成岩作用与油气侵位对鄂尔多斯盆地延长组砂岩储层物性的影响 [J]. 地质学报，2006，80（5）

[5] 王道富. 鄂尔多斯盆地特低渗透油田开发 [M]. 北京：石油工业出版社，2007

[6] 邹才能，陶士振，谷志东. 中国低丰度大型岩性油气田形成条件和分布规律 [J]. 地质学报，2006，80（11）

［7］张文正，杨华，李剑锋，等．论鄂尔多斯盆地长 7 段优质烃源岩在低渗透油气成藏富集中的主导作用——强生排烃特征及机理分析［J］．石油勘探与开发，2006，33（3）

［8］杨华，刘显阳，张才利，等．鄂尔多斯盆地三叠系延长组低渗透岩性油藏主控因素及其分布规律［J］．岩性油气藏，2007，19（3）

［9］梁晓伟，韩永林，王海红，等．鄂尔多斯盆地姬塬地区上三叠统延长组裂缝特征及其地质意义［J］．岩性油气藏，2009，21（2）

［10］曾联波，李忠兴，史成恩，等．鄂尔多斯盆地上三叠统延长组特低渗透砂岩储层裂缝特征及成因［J］．地质学报，2007，81（2）

［11］蒋凌志，顾家裕，郭彬程．中国含油气盆地碎屑岩低渗透储层的特征及形成机理［J］．沉积学报，2004，22（1）

［12］张泓．鄂尔多斯盆地中新生代构造应力场［J］．华北地质矿产杂志，1996，11（1）

［13］朱国华．陕北浊沸石次生孔隙砂体的形成与油气关系［J］．石油学报，1985，6（1）

［14］任晓娟，曲志浩，史承恩，等．西峰油田特低渗弱亲油储层微观水驱油特征［J］．西北大学学报，2005，35（6）

青西深层复杂岩性裂缝性油藏开发新技术研究与实践

胡灵芝　石万和　李晓军　袁广旭

摘要：本文系统回顾总结了青西油田近几年在酒西盆地窟窿山逆冲构造带油气勘探开发的实践，阐述了以地质认识的突破带动产能建设的突破，针对青西油田的地质特征和湖相深层泥质白云岩和砂砾岩裂缝性复杂储层油气藏，探索出4项配套技术，在产能建设和生产应用中收到显著的效果。同时搞清了青西油田深层复杂油气藏油气控制因素和油气富集规律，为青西油田的滚动扩边、综合调整、增储上产、提高开发效果提供了技术保障。

关键词：酒西盆地　青西油田　裂缝性油藏　4项配套技术　实践

前　言

青西油田位于酒泉盆地青西坳陷青南凹陷的南部，属构造背景下的复杂岩性裂缝性油藏，储层埋藏比较深，油藏类型决定了它的开发难度，面对这一难题，积极探索和引进新技术，在多方探索研究的基础上，开发井采用探井和评价井的布井思路和方法，通过8年的开发，探索和研究了一套行之有效的深层裂缝性底水油藏开发方法和技术，使深层裂缝性底水油藏开发上了一个新台阶。

1　油藏基本情况

1.1　地质简况

青西油田位于甘肃酒泉盆地酒西坳陷青南次凹内部，青西生油坳陷内，为自生自储并受断层和裂缝控制的岩性油藏，油层埋深4000m以上。储层为下白垩统下沟组地层，自上而下分为K_1g_3、K_1g_2、K_1g_1、$K_1g_0$4个地质含油段，纵向跨度在1000m以上。青西油田为特殊类型油藏，主要表现在：构造复杂，断层多；沉积相带、岩性变化大，岩性复杂，有泥质白云岩和砂砾岩；裂缝极为发育；微观孔隙结构和储油空间复杂；油藏控制因素和渗流特征复杂，属于特低孔、特低渗、高压、低饱和特点。

1.2　开发简况

青西油田自1983年发现，1999年进入滚动勘探开发期，目前已探明含油面积35.85km^2，探明地质储量6993.37×10^{4}t，动用地质储量5026.2×10^{4}t，动用可采储量804.27×10^{4}t。截至2008年12月，油田开井数64口，其中自喷井15口，机采井49口，累计生产原油337.45×10^{4}t，累计产水77.97×10^{4}t。采油速度0.8%，采出地质储量的

4.97%，可采储量的 41.96%，剩余可采储量 781.46×10⁴t。

2 青西深层复杂岩性裂缝性油藏新技术研究与实践

青西油田在近几年油气开发过程中，自始至终把地质研究放在核心。通过对酒西盆地地质资料进行系统评价研究，找出 1983—1997 年间青西坳陷柳沟庄地区油气勘探效果差的原因之后，有针对性地大胆应用新技术、新方法，搞清了深层复杂裂缝性油气藏的控油因素和油气富集规律，4 项配套技术的应用，建成了年产 50×10⁴t 油田。

2.1 利用裂缝性油藏描述技术，搞清油藏控制因素、油气分布及富集规律

2.1.1 三维地震资料精细解释技术

运用三维地震解释系统，采用 VSP 地震测井、合成地震记录进行准确的层位标定，对油藏的构造特征进行精细解释和描述，首先明确油藏内部断裂特点和空间组合形态，细致刻画构造的空间变化和地层形变，在此基础上，应用成像、倾角等测井资料严格标定后进行微细断层和油气层的解释，采用地震属性及测录井资料验证，完成构造精细解释工作，在三维地震剖面上建立起了小逆断层—裂缝发育带—油层的关系，为确定有利油气富集区块提供准确的构造模型。这一理论指导实践，窟8 井钻探获得成功，窟8 井共发现油气层 247m/18 层，对 4060～4180m 井段 4 层 32m 试油，用 6mm 油嘴生产，日产油 201m³。

2.1.2 综合预测技术

应用地震属性特征和地震相分析、三维相干数据体技术、多参数联合地震反演技术发展了预测技术。

2.1.2.1 综合岩性预测技术

运用常规反演，得到波阻抗体，然后利用高精度的测井资料，先从单井上寻找能够最好反映岩石物理特征的曲线或曲线组合。使用一条曲线或多条曲线组合来划分单井上的岩性，这是得到岩性曲线的主要途径，同时还应该参考其他资料（录井、岩心等）对得到的岩性曲线进行修正。得到岩性曲线后，检查它与常规反演得到的波阻抗之间的相关性，如果相关性达到要求，则可以进行下一步带趋势的岩性指示模拟。反之则要把重点放到叠前纵横波联合反演或叠后属性反演上。带趋势的岩性指示模拟基于地质统计规律，结合了测井分辨率高与波阻抗反演拓展性强的优点，它使用岩性的阻抗概率函数将两者联系起来，利用变差函数控制单井岩性的空间展布方向，利用岩性概率体控制岩性空间变化趋势，根据不同的精度要求可以选择不同算法来求取岩性体。

在窟窿山地区和青西—柳沟庄地区都尝试使用带趋势的岩性指示模拟来预测岩性。波阻抗与岩性曲线的相关性是否达到要求是决定能否使用这一随机反演的关键因素，窟窿山地区 30 多口井下沟组井段的岩性曲线与波阻抗的直方图分析（见图 1），从图中可以看到，砂岩与泥岩的波阻抗峰值明显分开，表明此地区可以使用带趋势的岩性指示模拟来预测岩性。青西

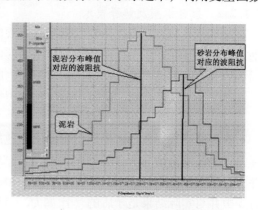

图 1 岩性曲线与波阻抗的直方图

—柳沟庄地区波阻抗与岩性曲线的相关性使用直方图分析也达到了应用这一随机反演的要求。

使用带趋势的岩性指示模拟得到了窟窿山单片三维与青西连片三维柳沟庄地区的岩性体。窟窿山地区一条过 Q2 – 49 井岩性剖面与录井资料在 K_1g_0 段的对比（见图2）。

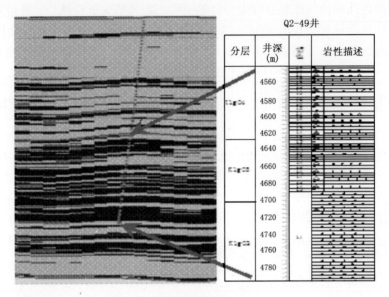

图2　岩性预测结果与录井的对比

通过图3的对比可以看出新钻井 Q2 – 49 井在下沟组 K_1g_0 段的岩性为厚层砾岩夹薄层泥岩，与随机反演预测的岩性相符。

经过大量新井录井资料与岩性预测的对比，已经确定带趋势的岩性指示模拟得出的岩性体符合实际情况，且精度相对于波阻抗反演有了很大的提高。

通过反演，明确了窟窿山地区东块以及柳沟庄—鸭西地区扇三角洲—湖泊相的砂体空间展布，结合单井相，较好地还原了这些地区的古地貌、古环境，划分出了较准确的沉积相。窟窿山地区 K_1g_0 段砂砾岩的厚度图（见图3），它是划分 K_1g_0 段沉积相的重要依据。

反演得到的岩性体精细描述了砂体空间分布特征。对主要出油层段的砂砾岩体进行追踪，明确它们的分布范围以及变化趋势对于开发井的部署有十分重要的指导意义。

2.1.2.2　裂缝识别及解释技术

基于单井的宏观裂缝研究以岩心裂缝观察描述及成像测井识别为主，重点是成像测井识别；微观裂缝通过压汞、薄片和扫描电镜鉴定识别。平面裂缝预测主要是基于单井资料严格标定的三维地震属性提取，包括瞬时振幅、频率、相干数据体等，结合应力分析、微构造变形、断层展布及组合特征研究等分析预测裂缝发育带和油气富集高产区块。

（1）地震主频数据体解释。

利用地震数据体，可提取出目的层段地震主频数据体，进行裂缝平面预测，其结果与实际井点裂缝发育情况有比较好的一致性。Q2 – 2、窟4、Q2 – 29、Q2 – 20、Q2 – 19 等高产井，都钻在相对高频区域，Q2 – 8、Q2 – 10、Q2 – 18、Q2 – 24 等都钻在相对低频区。但是有少数井与实际结果是矛盾的（比如 Q2 – 15 井等）。因此利用地震主频数据预测平面裂缝发育规律是比较适合的，高频区域是裂缝比较发育区，相反低频区则是裂缝不发育区，是一

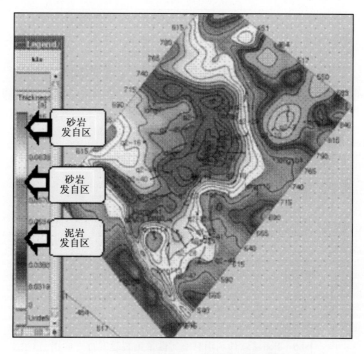

图3 窟窿山地区 $K_1 g_0$ 段砂砾岩厚度图

相对致密区域（见图4）。

（2）Petrel 软件利用地震频率数据提取裂缝信息。

基于 Petrel 软件利用地震频率数据提取裂缝信息的特殊算法对该区裂缝进行了平面预测，取得了较好的效果（见图5）。该方法不但可提取出空间裂缝发育程度（灰度图，相当于裂缝概率概念），还可提取出裂缝连续性信息（相当于裂缝方位），并且与实际井点裂缝发育情况比较吻合，是一种利用地震资料预测裂缝很好的方法。

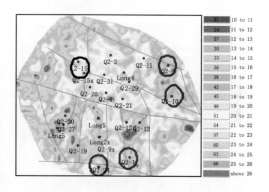

图4 地震反射主频平面图

采用三波形和四波形分别对该区裂缝平面发育区进行了预测（见图6），取得了很好的效果。图7为一四波形分类平面图，可看出其结果与实际井点裂缝发育情况存在着非常好的一致性。Q2－2、隆4、Q2－29、Q2－20、Q2－19 等高产井，都钻在三、四类波形区域，而落空井，Q2－8、Q2－10、Q2－18、Q2－24 等都钻在一、二类波形区域，仅有一口井与实际情况是矛盾的（Q2－15X，该井钻在三、四波形区域，但是该井不含油的，在前面沉积相的研究成果表明，该井处于不利相带区）。利用三波形分类方法预测裂缝平面发育规律，也同样得到非常类似规律（见图7）。因此利用地震波形分类方法，预测平面裂缝发育规律在隆6区块区域是非常适合的。

实际上，从波形分类及波形形态可看出（以四类波形平面图为例），三类和四类为有利波形，基本上有两个共同特点：一是波形复杂不规则状且变化快，频率相对比较高；二是波

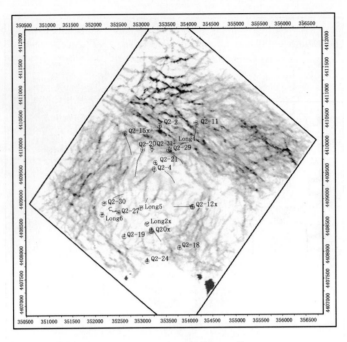

图 5　Petrel 软件利用频率属性预测裂缝发育平面图

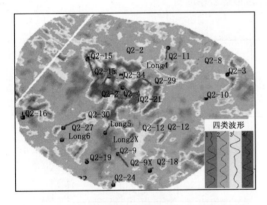

图 6　地震四波形分类预测隆 6 区块目的层
裂缝发育平面图

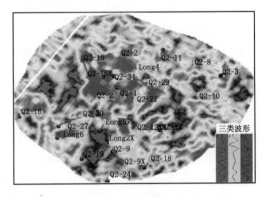

图 7　地震三波形分类预测隆 6 区块
裂缝发育平面图

幅衰减很大。这两个特征也与包含流体的破碎裂缝性地层有着直接的关系。相反，一类和二类不利波形基本上有一个共同特点：呈一比较规则的衰减很弱的正弦曲线，这一特征也与致密地层中地震波传播变化衰减较弱的常识是一致的。

（3）成像测井资料裂缝识别。

一般情况下，地层中开启的裂缝由于受钻井液侵入的影响，使得裂缝与其周围岩性在电导率和声阻抗上均会产生差异。在 FMI 图像上反映出高电导异常（黑色或暗色），由于 FMI 测井具有一定的探测深度，因此，若组合曲线或钻井过程中发现有明显油气显示，则可以认为该裂缝具有一定的开启性和横向延展性。

对于闭合缝，由于其常为高阻物质（钙质或方解石脉）充填，在 FMI 图像上表现为亮色条状异常。此外，对于泥岩充填的闭合缝，其在图像上也表现为暗色的条带状异常，但由于在自然伽马曲线上可反映出一定的高伽马异常，因此一般情况下可将其与开口缝区分开。关于孔洞，由于其在电导率和声阻抗上与周围岩性的差异，在成果图上表现为一些暗色的斑点，其横向分布一般不具备规律性。至于孔洞的填充性判别，基本与裂缝一致，对于高阻填充的孔洞，其图像上的反映有时类似于一些砾状物质，由于砾状物质与这类孔洞一样，对储层的储集性无明显的贡献，因此一般不考虑。

在 FMI 图像上以正弦曲线形式显示任何一个与井轴相交的几何界面，裂缝与层理面等非裂缝界面均表现为高电导异常，这就有可能造成这些地质现象之间混淆不清。因而裂缝的识别及解释之前用取心资料进行裂缝的标定就显得十分重要。通过 15 口井的解释，共解释出裂缝 1290 条。通过统计得出以下几点结论：①该区裂缝倾角主要以中高角度斜交裂缝为主（见图 8）；②方位主要有两组，最发育一组为北北东向，另一组为北北西向（见图 9）。③以钻井轨迹穿过更多裂缝观点考虑，该区钻井轨迹以大斜度东南方向最好（见图 10、图 11）；④该区目的层段（K_1g_1、K_1g_0）最大主应力方向北北东向。

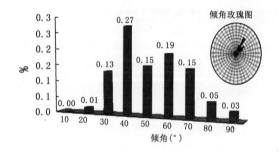

图 8　窿 6 区块成像资料解释 1290 条裂缝倾角统计图

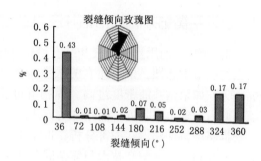

图 9　窿 6 区块成像资料解释 1290 条裂缝方位统计图

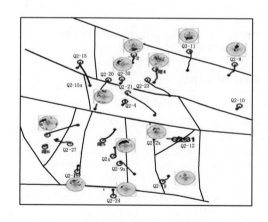

图 10　窿 6 区块成像资料裂缝解释倾角与倾向平面分布图

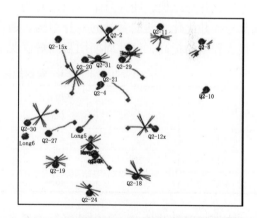

图 11　窿 6 区块成像资料解释裂缝方向与井眼轨迹空间关系平面图

2.2　应用成像测井等先进测井技术，识别复杂储集层

青西油田下白垩统储集层非均质性强，岩性、物性变化大，主力油层储集空间为裂缝，由层间缝和斜交缝组成，储集层泥质含量高且富含黄铁矿，在常规测井曲线上，地层流体的电性特征并不明显，给常规测井解释带来很大困难，评价结果差异较大，储集层参数的定量

计算结果存在多解性。针对裂缝性储集层测井定量评价成功应用了以成像测井技术为主、结合数控测井和录井资料对双孔介质的孔隙—裂缝性储层识别与评价技术系列。

该项技术要点是首先应用 FMI 成像测井资料识别出裂缝性储层，因为湖相泥岩岩性单一，其他测井资料很难识别出该类储层；第二步采用 CMR 核磁测井和 DSI 偶极横波成像来判断裂缝的开启性、渗透性和有效性；第三步采用 FTI 技术，确定储集层内流体的性质，准确划分油气水层。成像测井技术的应用，达到了在湖相泥岩剖面中准确识别油气层的目的。如窿 103 井测井图，井段 4223～4244m，声波变密度见明显干涉现象，声波能量明显衰减，成像上裂缝发育。该裂缝发育段与其他几层合试，日产油 200 余立方米。生产测井表明，该段日产油 83.87t，气 8829.4m³，占总量的 92.3%。由于应用成像测井技术能够准确识别油气层，因此，1998 年以来完钻井，果断抛弃筛管完井方式，全面采用固井完井的方法，同时针对识别出的油气层，精确射开油气层，避免了无效射孔段，节约了施工成本，使油井产量得以大幅度提高。

2.3 以近平衡钻井和优化钻井液为主的优快钻井和油气层保护技术

针对 1989 年前用重钻井液和晶石粉反复压井造成油层严重污染的深刻教训，以及储层有较强的压力敏感性，中等左右的水敏（盐敏）性、流速敏感性、碱敏性。酸敏损害程度为弱—无。如果钻井液密度过高，固相就可能侵入储层很深，堵塞裂缝，从而造成固相损害。因此需探索出一套近平衡钻井的方法。

根据储层特性和潜在损害分析，近年来，从优快钻井技术、钻井液技术、欠平衡钻井技术、定向井和水平井配套技术与复杂固井技术 5 个方面积极开展并实施了 9 项提速技术，一些钻井难题从技术上得到解决。

井身结构优化技术：通过地层 3 项压力的预测研究，建立起了地层三压力剖面，科学合理地优化井身结构，使井身结构由最初的下 4 层套管逐步优化到下 3 层套管，到后来开发井和部分探井优化为两层套管的井身结构。通过对井身结构的优化，使青西地区的钻井速度有了很大程度的提高，钻井周期明显缩短（见表 1）。

表 1 青西地区井身结构效果统计

套管层数	井数口	平均井深 （m）	钻头用量 （只）	平均钻速 （m/h）	钻井周期 （d/mon）
4 层	2	4560	35	1.85	229/7.64
3 层	22	4633	32.5	1.8	219/7.34
2 层	34	4636	31.6	1.84	182/6.07

高压喷射钻井技术：玉门油区第四系和第三系地层，其岩石可钻性相对较好，钻井过程中将泵压提高至 23～25MPa，能够大幅度提高上部井段的钻井速度。由于第三系地层泥质含量较高，在高泵压条件下，可以充分发挥水力破岩效果；同时，采用大排量可以及时清洁井眼，避免井底岩屑的重复破碎和钻头泥包，从而达到提高钻头的破岩效率，大幅度提高机械钻速（见表 2）。

先后在青深 1 井、Q1－3 井、Q2－36 井及鸭西 2 等井进行了大排量与高泵压喷射钻井技术的试验应用，在 Q1－3 井、Q2－36 井及鸭西 2 井取得了较好的效果，与邻井相同井段常规钻井对比，机械钻速提高 50% 以上。

表2　玉门油区大排量和高泵压钻井指标统计

开钻次序	井眼尺寸 （mm）	泵压 （MPa）	排量 （L/s）	备　　注
一开	311	18～20	45～60	表层易漏，高压喷射不利于防漏
二开	216	20～25	30～35	

2006年，先后在Q2-38井、Q2-39井、Q2-43井等井进行了应用，累计进尺2444.39m，平均机械钻速2.56m/h。

2007年，先后在Q2-44井、柳11井等井进行了应用，累计进尺2002.10m，平均机械钻速达到2.70m/h，尤其是柳11井，机械钻速较柳106井同井段相比提高22%。

复合钻井技术：采用钻头＋螺杆的复合钻井方式加快钻井速度。从2005年开始逐渐大面积推广和使用复合钻井技术，其中在第三系地层，采用复合钻井技术提速见到了明显的效果。青西地区，311井眼：2006年平均机械钻速为3.38m/h，比2005年平均钻速3.13m/h提高了8.0%；216井眼：2007年平均机械钻速为3.54m/h，比2006年平均钻速3.23m/h提高了10%。

个性化PDC钻头技术：PDC钻头是近年来提高机械钻速和行程钻速最主要的手段，2000年青科1井试验的一只φ311M1975SG钻头，单只进尺1563.86m，平均机械钻速1.75m/h，从而坚定了青西试验PDC钻头的信念，个性化PDC钻头取得显著效果（见图12）。

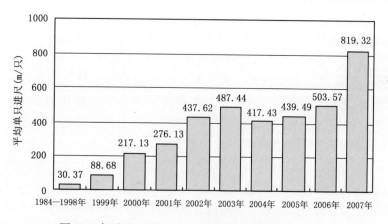

图12　青西地区历年PDC钻头平均单只进尺对比图

阳离子钻井液技术：2002年以前，玉门油区使用的钻井液体系有：阳离子、金属离子、聚磺、复合金属离子等4种。2002—2003年对4种钻井液体系进行综合评价，阳离子处理剂抑制性最强（59.14%），钻屑回收率最高（最低点为59.4%），阳离子体系能较好地适应玉门油区的深井钻井（见图13）。

欠平衡钻井技术：青西地区储层有较强的压力敏感性、中等左右的水敏（盐敏）性、流速敏感性、碱敏性。充分利用欠平衡钻井保护油层、及时发现油气层和快速钻井的优势，在青西裂缝性油藏2个区块的2口井进行了氮气钻井和常规钻井液的欠平衡钻井试验，并取得了较好的效果（见表3）。

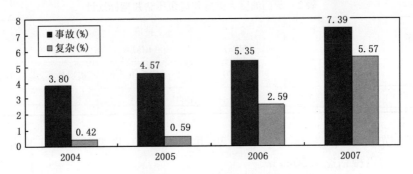

图13　阳离子钻井液使用效果同期对比图

表3　2007 年玉门油田欠平衡钻井实施情况

井　号	钻井井段（m）	开钻日期	完井日期	钻井周期（d）	平均钻速（m/h）	地层压力系数	钻井液密度	循环介质	完井方式	目前产量（m³/d）
Q2－10J	4550.0～4902.0	8 月 3 日	8 月 22 日	18.17	2.02	1.18	1.15	钻井液	筛管完井	干层
柳 106	4090.0～4540.0	8 月 30 日	9 月 29 日	28.83	0.87	1.24	1.10	钻井液	裸眼完井	1.1

2.4　深度酸化提高单井产量技术

青西油田油层岩性具有泥质白云岩、砾岩的特点，经试验研究形成了适合青西地区的深度酸化技术系列。经现场实施，深度酸化效果显著。

1998 年针对青西油田的地层特点，详细研究录测井资料，全面开展室内实验研究，年底初步明确了一套较适合青西油田特殊油藏的深度酸压技术——前置盐酸解堵 + 稠化酸（胶凝酸）酸压 + 土酸闭合酸化技术。该技术在碳酸盐岩含量较高的区域投入到现场实施后，取得了可喜的油层改造效果。如柳 102 井 1999 年 1 月进行酸化施工，措施后油井产量由 12t/d 上升至 110t/d。同年 5 月在窿 101 井、柳 1 和窿 1 井也见到了较好效果。从 1999 年 /月的柳 102 井到 2002 年/月的窿 7 井，共现场实施 22 井次，每口井平均用酸量 125m³，有效 15 井次，施工有效率为 68.2%，有力地促进了青西油田的勘探和开发进程。

2000 年针对窟窿山油藏天然裂缝极其发育且油层剖面上不同段裂缝发育差别较大的裂缝性储层，成功研究了一种抗剪切、耐高温及耐酸的油基中性稠化液体，作为这类储层深度酸化施工的中间注入液体，以达到降低酸液滤失速度和将后续酸液送至地层深处的酸压技术——稠化盐酸酸压 + 油基稠化液暂堵 + 稠化土酸酸压组合技术。如窿 4 井 2000 年 8 月 14 日采用了 70m³ 稠化盐酸酸压 + 20m³ 油基中性稠化液暂堵 + 70m³ 稠化土酸酸压的多级注入深度酸化工艺技术。最高施工排量 2.8m³/min，最小施工排量 0.4m³/min，井口最高施工压力 67MPa，关井反应 70min，施工后残酸液得以顺利返排，放喷 40min 后，油气即从井口喷出，该井酸化后产量由 47t/d 升跃至 215t/d，不含水，为窟窿山油藏的勘探突破打开了局面。

2002 年在以前酸液体系基础上成功开发了前置盐酸解堵 + 胶凝酸酸压 + 闭合酸（乳化酸）酸化技术，这两种酸液体系更适合深度酸化和深度酸压，并且具有现场配置方便、性能稳定等特点。2002 年 5 月对窿 8 井进行酸化 + 胶凝酸酸压 + 乳化酸酸压 + 闭合酸酸化作业，措施后油井产量由 80t/d 跃升到 185t/d，并且至今还高产稳产，这两种酸液体系当年还在 Q2 - 11、Q2 - 7 等多口井上得到了成功应用。这种酸液体系已经成为青西深度酸压的主体酸液体系。这种酸压工艺技术以较大酸量、大排量施工为主，酸量由 2002 年 1 月的 125m³ 上升至 160m³ 以上，个别井达到了 250m³ 左右，运用该种技术共进行了 46 井次的酸压改造，成功有效井只有 20 井次，有效率为 43%。

随着青西油田地层压力的不断下降，以前所用的胶凝酸酸液体系不利于返排，已不能满足油层改造的需要。近两年来，对酸液体系进行了优化调整，采用具有较好缓速性能、对储层伤害较轻且返排能力较好的乳化酸酸液体系（前置盐酸 + 乳化酸酸化 + 常规土酸 + 液氮助排酸化工艺技术），减少了胶凝酸酸液体系的应用。将原油解堵与乳化酸酸化相结合进行复合解堵。通过原油将乳化酸送至地层深处，充分发挥了乳化酸缓速反应的特点，达到深度酸化的目的。Q2 - 37 井采用 40m³ 酸化酸酸化，原油顶替，施工后仍然不能自喷，经长时间替油诱喷后，获 150t/d 以上高产。Q2 - 51 井，采用小型压裂车低压力、低排量、小酸量施工后也取得了日产 100t 以上的良好效果。

3　新技术在产能建设中的应用效果

2000—2008 年分年产能建设实施方案，按照"稀井高产、区块接替、滚动建产、衰竭开采"的开发原则，2000—2008 年共钻井 80 口，建产能 92.5×10⁴t，打出 23 口初产百吨井，建成了年产 50×10⁴t 的青西油田。

3.1　裂缝预测技术在产能建设中发挥了重要作用，效果显著

裂缝预测主要是基于井筒资料严格标定的三维地震属性提取，结合应力分析、微构造变形、断层展布及组合特征，最终搞清裂缝发育带和油气富集高产区块。窿 6 井区钻探井、开发井 15 口，其中 10 口百吨井，3 口中产井，1 口低产井，1 口失利井，成功率 93%，平均单井产量 60t，建成 32×10⁴t 产能。

3.2　识别裂缝性油气层的成像测井技术，在稳油控水、综合治理中发挥了重要作用

3.2.1　依靠封水调层老井挖潜效果明显

利用成像测井资料，通过 FTI（流体类型判别软件）分析，判别地层所含流体的类型，解释油水层，找准射孔井段。先后对 Q2 - 9、Q2 - 2 等 21 口井实施封水调层 43 井次（见表 4），措施成功率 95%，经济有效率 66.7%，累积增产原油 48.5×10⁴t。

表 4　青西油田有效储层识别及水动力研究应用部分井效果

井号	目的	配套措施	措施前产状			措施后产状			增产量 (t)
			日产液 (t/d)	含水 (%)	日产油 (t)	日产液 (t)	含水 (%)	日产油 (t)	
Q2 - 19	堵水补孔	酸化	100.3	93	5.6	82.2	1.2	67.8	7320
Q2 - 11	堵水补孔	酸化	37.1	92	5.8	94.9	0.2	72.8	2621
Q2 - 29	堵水补孔	酸化	96.0	95	油花	57.6	1.8	47.1	2783
Q2 - 2	堵水补孔	酸化	100.7	94	5.9	63.3	1.2	51.9	2324

3.2.2 老井侧钻加深，拓展了勘探开发新领域

2004 年以来经过研究—实践—认识—再研究—再实践的复杂艰苦的过程。以现有地质综合研究成果为依据，以搞清裂缝、储层、油气在平面与剖面上的分布为突破口，集钻井、地震、测井、试油、测试、生产动态研究为一体，进行油藏区块潜力评价，根据研究结果认为青西油田挖掘和发挥低（停）产井潜力。部署 Q2-12、Q2-9、隆2、Q2-31、隆6 5 口侧钻井和隆104、青2-14 两口加深井，取得增产及扩边的双重效果。隆104 井 2002 年 3 月关井停产，于 2004 年果断提出加深隆104 井，投产改造后获产液量 64t/d，基本不含水；又对区块的 Q2-14 井进行了加深，加深井段见到了良好的油气显示。完钻投产后，初产6.25t/d。隆104 井及 Q2-14 井加深获得成功，拓展了窟窿山油藏东块深层滚动开发。

3.3 以近平衡钻井和优化钻井液为主的优快钻井和油气层保护技术，降低钻井成本，提高了产能贡献率

开展的 9 项提速技术攻关中，优快钻井技术和钻井液技术见到明显成效，平均钻井周期由 2002 年的 226d 缩短到 2008 年的 153d，并形成了玉门油田 6 项成熟钻井提速技术。鸭940 井实施欠平衡钻井过程中，攻克钻速低、易漏氮气、易污染等复杂地层的重重难关。实现了志留系裂缝低压低渗高粘油藏的"零污染、零伤害"，投产初产为 15t/d，是邻井平均产量的 3 倍以上，是鸭儿峡油田 20 世纪 90 年代以后未经改造产量最高的井。平均机械钻速4.45m/h，是邻井平均机械钻速（0.79m/h）的 5.63 倍。拉开鸭儿峡油田志留系油藏滚动开发的序幕。

3.4 发展并形成了适合青西地区的酸压体系，提高青西油田开发效果

青西油田至 2008 年，采用各类酸压工艺技术共现场实施 203 井次，有效 99 井次，施工有效率为 48.7%，累计增产原油 35.4×10⁴t。Q2-25 井从 2003 年的酸化数据看，在挤入86m³ 酸液时，压力降落 6.6MPa，已经解除了地层堵塞。为沟通更多天然裂缝，大排量挤入酸液 230m³，由于裂缝宽度小，部分酸液未能反排，没有增产效果。2006 年 10 月进行小规模酸压，在施工 17min 时就出现小幅度压力降落（3.2MPa），解除了地层堵塞，产量由措施前无产上升至措施后 56t/d，增产效果很好，实现了酸化目标。

4 结论与认识

总结青西油田近几年的开发实践，要有新思路，要有针对性，要大胆地应用新技术、新方法。搞清了深层复杂裂缝性油气藏的控油因素和油气富集规律，四项配套技术的应用，创造了青西地区钻井成功率，并相继钻了一批日产油 100~300m³ 高产油气井，使青西油田的原油产量自 2000 年开始稳步回升，使老油田重新焕发了青春。

（1）通过应用现代油藏描述技术，较好地解决了区块接替、滚动建产和油藏开发中存在的常规方法无法解决的问题；同时探索和研究了一套行之有效的复杂深层裂缝性底水油藏开发的理论、方法和技术。

（2）利用成像测井等资料能够很好地识别裂缝发育层段、裂缝类型、裂缝产状。根据阵列声波评价裂缝的有效性，该技术在青西油田应用效果明显。

（3）对于该类油藏，进一步加深油藏认识，提高油藏开发水平，必须采取内引外联，多学科多方位综合运用地震、测井、地质、油藏工程等精细油藏描述技术研究思路。

青西油田裂缝性储层测井识别与评价

曾利刚　谭修中　胡小勇
（玉门油田公司研究院评价室）

摘要： 青西油田是裂缝性储层，基质孔隙度较小，储层非均质性强，裂缝既是渗流通道，同时也是重要的储集空间。通过对裂缝类型的分类评价，分析了产量与裂缝密度、裂缝条数及有效厚度的关系，进行了裂缝的有效性评价，总结了青西油田有效储层的测井响应特征，并分析了窿6区块水淹层测井评价方法，在生产应用中取得了较好效果。

关键词： 成像测井　裂缝类型　裂缝参数　裂缝有效性　储层特征　水淹层评价

前　言

青西油田下白垩统油藏地质特征复杂，储集层非均质性强，岩性、物性变化大，储集层泥质含量高，在常规测井曲线上，地层流体的电性特征并不明显，给常规测井解释带来很大困难，多家单位评价结果差异较大，储集层参数的定量计算结果存在多解性。针对裂缝性储集层测井评价这一难题，玉门油田成功应用了以成像测井技术为主、结合数控测井和录井资料对双孔介质的裂缝孔隙性储层识别与评价技术系列。应用 FMI 全井眼微电阻率扫描等电成像资料，准确识别储集层；应用阵列声波、CMR 核磁共振测井等识别储集层有效性。从而形成了一套以成像测井资料为主的准确识别裂缝性储层的方法。通过加强储集层测井精细解释研究工作，油水层识别技术探索与应用取得初步效果，解释符合率有所提高，对有效层认识更明确，大幅度减少了试油、投产过程中的无效工作量。

1　常规测井响应特征及四性关系分析

青西油田储集层电性特征主要表现为自然伽马相对低值，双侧向测井曲线表现为高阻背景下的中低值，裂缝发育段有明显的正差异。由于基质孔隙度较小，只有 5% 左右，因此声波测井值增幅并不大。

依据青西油田录井、测井、试油、试采等资料，明确了青西油田储层四性关系。

岩性：除泥岩以外的泥质白云岩、白云质泥岩、白云岩、砂砾岩等各类岩石都可作为本区的储集层。

物性：碎屑岩孔隙度 >2.7% ，渗透率 $>1.0 \times 10^{-3} \mu m^2$；碳酸盐岩孔隙度 >2.0% ，渗透率 $>0.6 \times 10^{-3} \mu m^2$。

含油性：碎屑岩的含油性下限为荧光，碳酸盐岩的含油性下限为油迹。

电性：（1）碎屑岩：深侧向电阻率 $\leqslant 700 \Omega \cdot m$，声波时差 $\geqslant 170 \mu s/m$，密度 $\leqslant 2.72 g/cm^3$，双侧向比值 $\geqslant 1.1$，声波差值 $\leqslant 30$，自然伽马 $\leqslant 130 API$，自然伽马相对值（ΔG_r）$\leqslant 0.5$，双侧向比值与声波时差的乘积 $DT \times LLD/LLS \geqslant 210$。（2）碳酸盐岩：深侧向电阻率 $\leqslant$

$800\Omega \cdot m$，双侧向比值 $\geqslant 1.1$，声波时差 $\geqslant 170\mu s/m$，密度 $\leqslant 2.75g/cm^3$，自然伽马 $\leqslant$ 150API，自然伽马相对值（ΔG_r）$\leqslant 0.5$，声波差值 $\leqslant 40$。

2 裂缝识别

2.1 成像测井裂缝特征分析

斜交缝：斜交缝在成像图上表现为深色（黑色）与层理面斜交的正弦曲线，为钻井泥浆侵入或泥质充填所致。斜交缝主要发育在窿6、窿8区块的砂砾岩中。其倾角大小变化较大，主要在20°~80°之间，不同角度的斜交缝交织出现，形成网状缝。斜交缝是青西油田最重要的裂缝类型，在3种有效缝中比例最大为45%（图1）。斜交缝的产状与断层密切相关，裂缝走向一般与断层延伸方向一致。一组走向主要为北西—南东向（以窿8区块、柳沟庄油藏为主），另一组走向主要为北东—南西向（以窿6区块为主）。

层间缝：层间缝在成像图上表现为深色（黑色）与层理面平行的正弦曲线，沿层间缝常有溶蚀现象。层间缝主要发育于泥云岩地层中，倾角主要在10°~40°之间变化。大多数层间缝的走向与断层面近乎平行，但倾向多变。

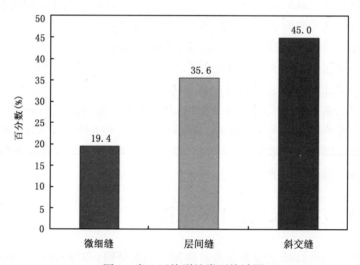

图1 窿6区块裂缝类型统计图

微细缝：微细缝在成像图上表现为深色（黑色）与层理面斜交的正弦曲线，其形态与斜交缝基本一致，但缝宽明显变小，视裂缝长度相对减少。在阵列声波测井曲线上，由于其延伸长度较短，能量衰减幅度比斜交缝小。微细缝在砂砾岩储层中广泛发育。

诱导缝：钻井诱导缝系钻井过程中产生的裂缝，常呈直立状或羽状，钻井诱导缝的最大特点是沿井壁的对称方向出现。钻井诱导缝走向为北东—南西方向，与区域最大水平主应力的方向一致。

充填缝：充填缝在FMI图像上表现为高阻（浅色—白色）正弦曲线，系高阻物质，如白云质等充填裂缝而成，高阻缝在成像测量井段较少见。

2.2 裂缝孔隙度计算

青西油田 1998 年以后完钻的井大部分都测有成像资料，为准确评价油藏储层参数提供了可靠的保障。通过 PoroSpect、PoroDist 软件处理及双侧向测井计算经验公式，实现了裂缝孔洞的定量计算。

斯伦贝谢公司的 PoroSpect 软件可将 FMI 图像转变成孔隙度图像并进行自动分析，确定基质孔隙与裂缝孔洞孔隙的比率，从而计算储层裂缝孔隙度。但 PoroSpect 只能处理 FMI 成像测井资料，不能处理 STAR 成像测井资料。

PoroDist 软件可将目前所有的成像测井资料转换成井周视孔隙度图像并进行自动分析，得到孔隙度图像，对井周视孔隙度进行统计分析，寻找基质孔隙与次生孔隙的分界点，从而确定基质孔隙与次生孔隙的比率，求取复杂岩性储层基质孔隙、次生孔隙及总孔隙度。

在裂缝发育段，双侧向测井常常出现一定的幅度差，因此，可采用经验公式计算裂缝孔隙度。

对裂缝性油层：

$$\phi_{\mathrm{f}} = \sqrt[m]{a \times R_{\mathrm{mf}} \times (R_{\mathrm{d}} - R_{\mathrm{s}}) / R_{\mathrm{d}} \times R_{\mathrm{s}}}$$

对裂缝性水层：

$$\phi_{\mathrm{f}} = \sqrt[m]{R_{\mathrm{mf}} \times R_{\mathrm{w}} \times (R_{\mathrm{d}} - R_{\mathrm{s}}) / R_{\mathrm{d}} \times R_{\mathrm{s}} \times (R_{\mathrm{w}} - R_{\mathrm{mf}})}$$

式中 ϕ_{f}——裂缝孔隙度（%）；

R_{mf}——校正后的钻井液电阻率（$\Omega \cdot \mathrm{m}$）；

R_{s}——经过标准化校正的浅探测的电阻率（$\Omega \cdot \mathrm{m}$）；

R_{d}——经过标准化校正的深探测电阻率（$\Omega \cdot \mathrm{m}$）；

m——骨架胶结指数；

a——地区性经验参数。

对青西油田裂缝孔隙度计算结果统计，碎屑岩储层裂缝孔隙度主要分布在 0.2% ~ 0.8% 之间，平均为 0.48%（见图 2）；碳酸盐岩储层裂缝孔隙度主要分布在 0.1% ~ 0.7% 之间，平均为 0.42%；青西油田岩心地面核磁试验裂缝孔隙度平均为 0.50%，与测井计算的裂缝孔隙度结果基本一致。

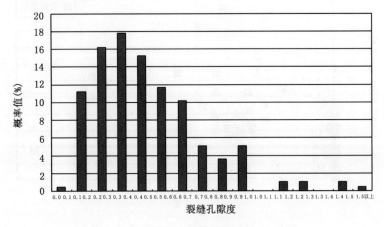

图 2 碎屑岩储集层裂缝孔隙度概率分布图

3 裂缝统计分析

3.1 裂缝与岩性的关系

泥云岩中发育的层间缝有效性较差，而砂砾岩裂缝大部分都是有效的（砂岩中有效缝占79.2%，砾岩中有效缝占65.3%）（图3）。

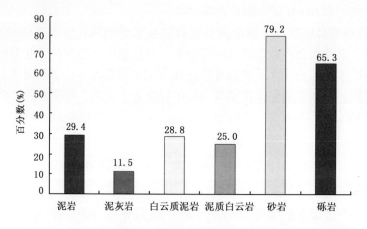

图3 蠡8区块不同岩性裂缝含油性统计图

3.2 产量与裂缝密度及有效厚度关系

通过对蠡6、蠡8区块裂缝统计分析表明，裂缝密度与产量密切相关。裂缝密度大于1条/m，一般能获得高产（>60t/d）；裂缝密度在0.5~1条/m之间，一般可获得中产(20~60t/d)；裂缝密度小于0.5条/m，一般产能较低（<20t/d）。另外，要获得较高产能，裂缝一般多于20条，有效厚度一般大于20m，连续有效厚度一般大于3m。高产井持续稳产，与斜交缝发育程度有关（45%），因为斜交缝沟通有效储层范围较大（图4）。

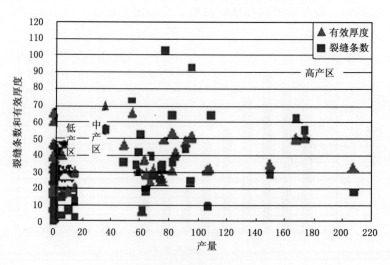

图4 产量与裂缝条数和有效厚度关系图

4 储层有效性评价

4.1 阵列声波能量衰减曲线特征

纵横波及斯通利波能量的衰减与裂缝的产状及裂缝的纵向延伸有很密切的关系。当裂缝倾角较小时，纵波能量与横波能量都有明显的衰减，斯通利波能量衰减不明显。当裂缝为网状缝或裂缝径向延伸较远时斯通利波与纵横波能量衰减都明显。如 Q2 - 30 井，4386 ~ 4438m，纵、横波及斯通利波均有明显衰减，反映储层有效性较好，试油日产油 95.96t。

4.2 阵列声波变密度曲线特征

变密度曲线在裂缝发育段有明显的人字形干涉条纹，裂缝越发育，干涉现象越明显。但是，变密度曲线在孔隙发育段也有明显的干涉现象，应根据其他测井资料进行综合判断。

4.3 DSI 频散特征分析裂缝有效性

斜交缝：有效斜交缝快、慢横波一般具有明显的差异，地层各向异性强，斯通利波衰减明显。

层间缝：层间缝快、慢横波有一定差异，表明地层具有一定各向异性特征，但较斜交缝略差，斯通利波衰减幅度较少，储层渗透能力较差。

微细缝：微细缝一般频散特征明显，快、慢横波有一定差异，地层具有一定各向异性，斯通利波一般会不同程度地衰减，但衰减的幅度不大，同时有重新趋于稳定的迹象，表明储层的渗透性中等。如果微细缝形成于泥云岩背景中，则频散特征一般较差，快、慢横波基本没有差异，斯通利波一般没有衰减或仅有微弱衰减，此类裂缝一般无效。因此，仅凭微细缝可能难以形成产能，需要其他条件配合。

总之，相对较好的储层，一般快、慢横波具有明显的差异，不论基于时差的还是时间的各向异性特征都比较明显；斯通利波有明显的衰减；透射系数对储层敏感性不强，但快、慢横波的反射系数变化特征较为明显；能量百分差一般有所增大。

5 青西油田储层划分

5.1 油层划分

青西油田油层主要表现为自然伽马相对低值，双侧向电阻率测井为高阻背景下的中低值，主要分布在 80 ~ 300Ω·m 之间，具有明显正差异，三孔隙测井相对增大，但增大的幅度有限；成像测井反映裂缝发育，高产层一般发育成组系的斜交缝或微细缝；在裂缝发育段，阵列声波有明显衰减，DSI（偶极横波成像测井）斯通利波变密度图上可见明显的人字形干涉条纹，纵横波速比较高。

5.2 水层划分

窿 6 区块水淹严重，针对水层开展了测井识别方法研究，目前综合应用以下方法，能较准确地识别水层。

（1）电阻率的相对低值判别水层。窟6区块油层电阻率一般较高，台阶状降低是水淹层最明显的标志，深侧向电阻率降到30Ω·m以下，基本可以确定为水层。

（2）钻井液电阻率（WRM）明显低值判断水层。储层水淹后，由于地层原状地层水的电阻率比钻井液电阻率低，水冲洗钻井液，导致钻井液电阻率明显低值，因此钻井液电阻率的明显低值可以作为判断水层的一个标志。

（3）ElanPlus优化处理的含水饱和度的高值判断水层。根据测井解释结果，含水饱和度高于70%的储层一般为水层。

6 结 论

以成像测井为主的裂缝性油层识别技术，为青西油田裂缝性油藏双孔介质储集层的识别与评价打下了较好的基础，为油田地质储量的计算提供了较准确的测井参数。

以裂缝分析为主的测井评价技术在青西油田测井解释中发挥了较大的作用，测井解释符合率逐年提高（图5）。水淹层测井解释准确率较高，规避了无效射孔段，节约了施工成本，提高了工作效率。同时，根据水淹层层位及海拔位置分析，提出严格控制钻井进尺的层位及深度，节约了钻井成本。

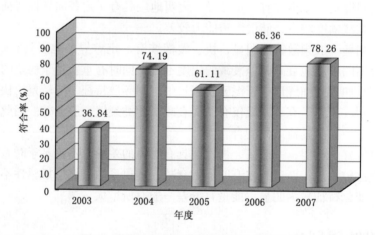

图5 青西油田近年测井解释符合率统计图

根据生产动态变化情况，对青西油田进行了系统老井复查，成效显著，基本明确了青西油田老井潜力。通过多轮复查，发现了窟8区块目前分布最广的油层组，挖掘了储层潜力，提高了开发效果；调层补孔选层准确合理，缓解了窟6区块水淹带来的产量压力。

强化技术运用、优化方案设计，
创出复杂岩性油藏开发高水平

钱根宝　彭永灿　戴雄军　肖立军

刘根强　孔垂显　顾振刚　夏　兰

（新疆油田公司勘探开发研究院）

摘要： 石南31井区白垩系清水河组油藏是在腹部沙漠中发现的一个中型复杂岩性油藏。针对在开发方案的设计和现场滚动开发过程中急需解决的地质问题，通过新思路、新技术、新方法的运用，实现了勘探开发一体化和注采同时，科学优化方案设计，创出复杂岩性油藏开发的高水平。

关键词： 石南31井区　复杂岩性油藏　优化方案

1 油藏主要地质特征及技术难点

1.1 含油层系不集中，单层厚度薄

石南31井区白垩系清水河组两套含油层，上部 $K_1q_1^{1-2}$ 砂砾岩段与下部 $K_1q_1^{1-3}$ 砂岩段纵向跨度小，这两套含油层除在油藏西部局部区域外，均有稳定的泥岩隔层分开。且由西向东具有减薄的趋势，尤其是上部的 $K_1q_1^{1-2}$ 砾岩油层段在整个油区平均厚度仅有 3m 左右（见图1）。

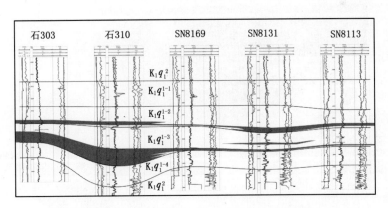

图1　石南31井区石303 – SN8113井清水河组电性对比图

1.2 岩性组合复杂

$K_1q_1^{1-3}$ 主要为灰色、褐灰色细—中砂岩、含砾中粗砂岩和砂质泥岩等，为多种岩性组合的砂岩储层。$K_1q_1^{1-2}$ 主要为褐色、灰褐色砾岩、砂砾岩、含砾中粗砂岩、砂岩和泥岩等，为多种岩性组合的砂砾岩储层。

1.3 沉积相在平面、剖面上相变剧烈

$K_1q_1^1$ 总体为扇三角洲相前缘沉积。$K_1q_1^{1-3}$ 砂体厚度在平面上变化较大，为 5~20m，砂岩百分比为 35%~95%，基本呈由北向南席状展布，沉积微相以水下分流河道为主，其次可见河口砂坝、远砂坝及支流间湾，在油藏东部发育有碎屑流沉积。$K_1q_1^{1-2}$ 砂砾层厚度较薄，一般为 3~7m，砂砾岩百分比为 30%~95%，平面上展布方向和形态与 $K_1q_1^{1-3}$ 砂体基本一致，沉积微相由水下分流河道、河口砂坝、远砂坝及支流间湾组成。

$K_1q_1^1$ 平面和剖面上相变剧烈，这是因为在陆相环境的砂泥岩地层中，由于河流等沉积载体的频繁变化，使得不同时期沉积的砂体会出现垂向和侧向上的叠置、穿插等现象。

1.4 不同含油层系岩性、物性差异大

$K_1q_1^{1-2}$ 和 $K_1q_1^{1-3}$ 岩性差异较大也造成物性差异较大。$K_1q_1^{1-3}$ 储层属中低孔、低渗储层，油层平均孔隙度 15.3%，平均渗透率 23.1×10^{-3}μm^2。$K_1q_1^{1-2}$ 储层属中低孔、中渗储层，油层平均孔隙度 15.4%，平均渗透率 55.2×10^{-3}μm^2。

1.5 储层隔夹层发育，纵向非均质性强

$K_1q_1^1$ 发育两类夹层：一类为岩性夹层，主要为粉砂岩和泥岩，为非渗透层；另一类为钙质砂岩物性夹层。目的层段（$K_1q_1^{1-2}$ 和 $K_1q_1^{1-3}$）总的岩性和物性隔夹层平面分布见图 2，

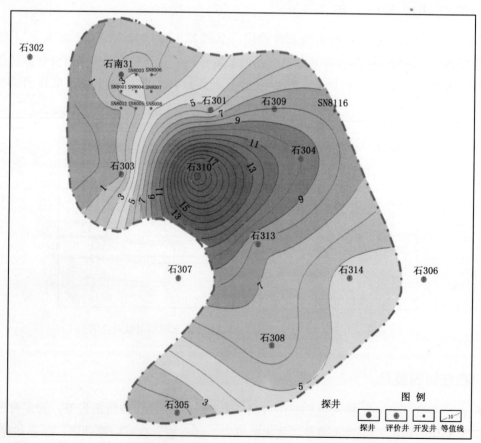

图2 石南31井区清水河组 $K_1q_1^{1-2}$、$K_1q_1^{1-3}$ 砂层中总隔夹层厚度等值

最厚位于石310井附近，厚度大于20m，石305井以南、石303井及石南31井以西厚度最薄。物性隔夹层厚度多在1m以下，总体显示清楚的南厚北薄的特征，石308井处最厚近3m。岩性隔夹层厚度多在10m以下，石310井处最厚近20m，最薄位于石305井、石303井及石南31井附近。

1.6 油藏类型复杂

（1）油藏边界和内部油砂体均受岩性控制。

石南31井区 $K_1q_1^1$ 圈闭类型为岩性圈闭，圈闭边界受岩性控制。油藏类型为构造低部位受油水界面控制，构造高部位和东西两侧受岩性控制。在油藏内部受岩性、物性和沉积环境的影响，在石305井局部区域和SN8333井出现了独立砂体和砂体相互叠置的现象。

（2）油气水关系复杂。

石南31井区清水河组油藏产气量高的井与构造高低无关，在平面上分布无规律。油水界面与开发方案的认识存在很大差别，原来认为是统一的油水界面为2295m，目前认为存在3个油水系统，即上部的 $K_1q_1^{1-2}$ 砂砾岩段油水系统，油水界面为2244m、下部 $K_1q_1^{1-3}$ 砂岩段油水系统，油水界面为2250m和石308井所在区域的局部油水系统，油水界面为2296m（见图3）。

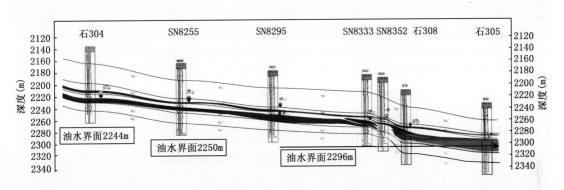

图3 石南31井区石304－石305井白垩系清水河组油藏剖面图

1.7 油砂体厚度变化大，储量规模不落实

因为在陆相环境由于河流等沉积载体的频繁变化，造成油砂体厚度变化大。同时岩性油藏边界难于准确确定，勘探上报石南31井区清水河组油藏探明储量时，油藏边界是以出油井点外推1km为计算含油边界；另外，由于油水界面的变化油藏南部区域基本在油水界面以下，含油面积大幅度减小，因此探明储量不落实。

2 实现油藏高效开发的具体做法

2.1 牢固树立"五种思想"并贯穿油藏评价和开发全过程

（1）勘探开发一体化；（2）安全环保从设计抓起；（3）优化方案就是降低开发成本；（4）创造性开展工作；（5）精益求精做工作。这"五种思想"是在多年的评价、开发产能建设中总结出的宝贵经验，是在产能建设中科学发展观的高度体现。在石南 31 井区清水河组油藏开发方案研制中正是严格遵循这"五种思想"来指导并开展工作的，取得了非常好的效果。

2.2　勘探开发一体化，开发早期介入

关注勘探、紧密跟踪评价。在油藏评价阶段开发就提前介入，在评价井的部署上既满足完成探明储量的需要，又是开发部署设想井网上可利用的开发井。在资料录取和利用上，实现评价和开发共享。另外，开发的早期介入可提前暴露影响开发效果的关键因素和矛盾，可积极采取相应的对策。

2.3　总体部署、开发控制井或试验井组先行

在滚动勘探开发实施中，开发控制井的选择，能在高速、高节奏的新区产能建设完成中起到事半功倍的作用。选择原则一是能起到认识构造、断层、落实砂体、含油边界，对进一步部署滚动开发井起到关键性作用；二是既能承担试采和工业开采任务，又兼负面对油藏滚动评价的作用。开发控制井的部署实施，解决了关键性的地质问题，开辟了滚动勘探开发的新领域，为开发井网的部署和调整赢得了时机，加快了滚动勘探开发和产能建设的节奏，取得了明显的效果并产生了深远的意义。因此采取"总体部署、控制井先行、分步实施"的开发原则，在总体部署的基础上，以三维地震解释结果为基础，以完钻井的录井、测井和生产资料为依据，在滚动开发中优先实施控制井，确保滚动开发的高速和高效。控制井部署的目的是：（1）确定油藏边界；（2）落实油气水分布规律；（3）搞清油层展布规律；（4）精细刻画油砂体分布、落实产能。

油藏东北部及东部含油边界上 SN8116 井的实施，证实勘探初期划定的含油边界发生了变化，在油藏东北部有进一步外延的可能。油藏内部的控制井 SN8191 井、SN8255 井、SN8330 井和 SN8376 井实施，为揭示油藏内部油层展布规律和确定油水界面提供了依据，及时缓钻了南部 7 口开发井。试验井组可有效刻画油层的发育分布和连通情况，开展早期注水试验，为全面注水开发提供参数依据。

2.4　坚持滚动开发、逐步深化的策略

对复杂的岩性油藏由于地质条件复杂，对油藏内部构造、断层、砂体分布、油水关系、含油范围等地质问题不可能一次认清，需要有一个逐步深化的过程，因此，开发井的钻井实施必须根据对地下的变化情况分层次、有步骤地展开，遇到新的变化，及时进行调整，避免在开发过程中出现大的失误。

"择优开发"是实现高效滚动开发的重要环节，有利开发区的选择直接关系到油田开发的经济效益。通过对油藏的综合评价，在平面上选择油层厚度大、储层物性好、单井产量高的部位优先投入开发，降低了滚动开发的风险，提高了开发井的钻井成功率，同时加快滚动开发和产能建设速度。

坚持将跟踪油藏描述研究贯穿于滚动开发的全过程，依据新的认识及时进行井网部署的调整。利用开发协同工作环境，紧密结合现场生产动态，对油藏进行精细描述，加强多学科的协同，对油藏认识不断得到深入，科学安排钻井实施顺序。

2.5 抓住影响油田开发效果的关键问题进行反复论证，确保方案高水平和高效益

（1）实现了真正意义上的注采两同时。

针对石南 31 井区清水河组油藏低渗透的特点，在产能建设的同时，以提高油藏的最终采收率和获得最好的经济效益为目标，实现油田的高效开发为宗旨。一方面，为了保持地层压力和地层能量，遵循优先钻注水井，早排液、早注水的开发原则，及时将注水井转注。另一方面，狠抓注水系统的地面建设工期，6 月 30 日转油联合站注水系统正式投产，开发和工程技术一体化的高度统一，实现了 $K_1q_1^{1-3}$ 砂岩油藏注采两同时和 K_1q_{1-2} 砂砾岩油藏的超前注水。

（2）有效动用了油气资源。

石南 31 井区清水河组 $K_1q_1^{1-2}$ 薄层砂砾岩油藏采用直井开发，经济上没有效益，通过优化方案，大规模采用水平井开发 $K_1q_1^{1-2}$ 砂砾岩油藏，采用两套井网，一套注水系统，实现了油藏经济有效开发，有效动用了 $K_1q_1^{1-2}$ 砂砾岩油藏储量资源，共动用地质储量 291 × 10^4t，为整体油藏的高效开发奠定了基础。砂砾岩段实施的 17 口水平井平均累积生产时间 848d，累积生产原油 22.67 × 10^4t，单井平均日产油 15.7t，采出程度 8%，获得了好的开发效果。

3 充分运用先进技术解决复杂地质问题

3.1 地震分频解释技术

针对石南 31 井区清水河组岩性油藏的复杂性和滚动勘探开发中的关键地质问题，充分运用先进技术，加强地质综合研究，提高预测的精度。在方案滚动实施的过程中，利用新完钻井资料，同时结合电测、录井和生产动态等信息，及时应用和储层预测三维地震技术，开展了砂体边界的追踪、有利含油区在平面的分布以及储层预测等研究工作。一方面，为下步滚动开发提供依据，确保方案的顺利实施；另一方面，寻找开发潜力区，及时开展油藏评价或提出扩边意见。石南 31 井区清水河组油藏通过多次跟踪反演，利用现代分频扫描技术和波阻抗反演技术较准确地预测了油藏的含油边界、油砂体分布。石 307 井所在砂体并不是以前认为的不同于主体的另外一套砂体，油藏的含油边界与勘探阶段和开发初期的认识也有较大变化，这些认识都为油藏的潜力区评价、描述油砂体井间的空间展布和钻井成功率，即为现场高速、高效滚动实施提供了依据。

3.2 叠后提高分辨率处理技术

地层对比划分是油藏地质综合研究的基础，对于薄、散、发育多套油层的复杂地层要做好地层的等时对比是很困难的。石南 31 井区清水河组油藏砂体虽然平面上叠置连片、纵向上发育了多套砂体，但地震上只形成一个强的反射同相轴，因此薄油层的识别和追踪对比显得尤其重要。利用叠后提高分辨率处理技术——基于相似背景分离的薄砂层地震反射识别技术，开展目的层段的提高分辨率处理工作，并结合钻井情况，基本上能分辨出清水河组油藏上部砂砾岩段和下部砂岩段，且上下砂体尖灭点也容易追踪识别，处理后地震剖面反射同相轴增多，波组特征明显，井点处井震对比关系清楚，吻合效果较好。

据油藏内部20口井统计，预测砂体厚度与实钻砂体厚度相比，两者吻合程度较好。砂砾岩段砂体厚度相对误差<5%的井数为5口，相对误差在5%~10%的井数为10口，相对误差>10%的井数为5口；砂岩段砂体厚度相对误差<5%的井数为11口，相对误差在5%~10%的井数为8口，相对误差>10%的井数仅1口。据油藏边部砂岩段14口井统计，预测砂体厚度相对误差等于10%的井数仅2口，其他井相对误差均<5%。

3.3 运用沉积相技术，弄清了有利相带的分布规律，为精细注水提供了依据

运用沉积相技术确定了石南31井区清水河组主要为扇三角洲前缘和前三角洲亚相，已不同于勘探阶段认为的辫状河三角洲，并进一步划分了沉积微相。沉积微相的划分，弄清了水下分流河道有利相带的分布规律，为精细注水提供了依据，为开发井网的优化部署指明了方向。通过精细注水，2008年油藏压力保持程度达96.2%，含水仅为20.9%。

3.4 油气水层识别技术

为尽快搞清石南31井区清水河油藏油、气、水分布规律，更准确地识别油气层，降低开发风险，通过综合录井、特殊测井（核磁和阵列感应）、MDT取样及投产井电性和生产等资料对比研究，对油藏的油、气、水分布有了进一步认识。如SN8332井根据MDT取样与试油结论一致，准确识别了油气水层，并确定了油水层的电性特征，为后期开发井的优化射孔、有效避开水层提供了理论依据。

根据石南31井区清水河组油藏已完钻井的综合录井、电测以及投产井生产动态资料，运用特殊测井技术进行对比研究，对该油藏的油水关系有了进一步认识，揭示油藏具有3个不同的油水系统（见图3）。石南31井区清水河组 $K_1q_1^{1-2}$ 砂砾岩段油层分布范围比 $K_1q_1^{1-3}$ 小，油层厚度0~6m，总体呈现中部厚边部薄的特征。油层分布规律的揭示，为2006年砂砾岩段采用水平井开发部署提供了充分理论依据（见图4）。石南31井区清水河组 $K_1q_1^{1-3}$ 砂岩段油层厚度0~18m，总体呈现中部厚边部薄、北部厚南部薄、西部厚东部薄的特征。油层分布规律的揭示，为2005年部署了2轮开发扩边，并挖掘了2006年的开发潜力区提供了依据（见图5）。

3.5 运用数值模拟技术，确定了合理的开采技术政策界限

针对石南31井区清水河组油藏的复杂地质特点，特别是油藏低渗透的特点，运用数值模拟技术确定了石南31井区清水河组油藏的合理开采技术政策界限：开发方式选择注水开发；注水时机越早，开发效果越好，可获得较高的采收率；合理注采比为1.12；3.1%的采油速度采出程度最高，折算单井平均产能为10t/d左右。

3.6 开发协同工作环境应用技术

开发协同工作环境是一个便捷、高效、各专业易于协同的科研平台，能减少收集资料和编制图件的工作时间和劳动强度，大大提高科研成果的质量和技术水平。石南31井区清水河组油藏开发协同工作环境新技术的应用，实现了开发研究团队中的地震、测井和地质研究人员一体化，将研究方式从单学科串行为主转变为多学科并行互动为主，建立了不同学科的专业技术人员在一起开展开发方案优化及部署决策的计算机软硬件与数据信息支持平台，缩短开发项目研究的工作周期，提高了工作效率。"石南31井区白垩系

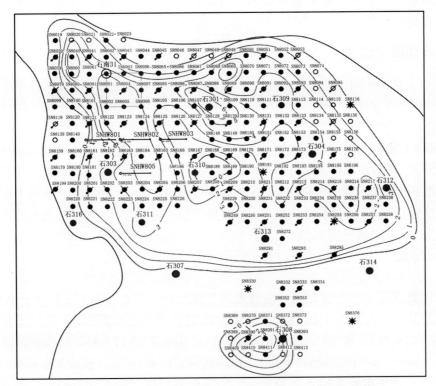

图4 石南 31 井区清水河组 $K_1q_1^{1-2}$ 砂砾岩层油层厚度图

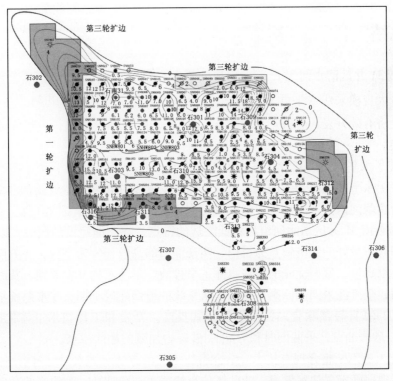

图5 石南 31 井区清水河组 $K_1q_1^{1-3}$ 砂岩层油层厚度图

清水河组油藏开发方案"设计仅4个月,方案汇报时获得了股份公司专家的高度赞扬,被评为优秀开发方案。

3.7　水平井应用技术

石南31井区清水河组油藏共实施21口水平井,其中,砂岩段油藏水平井实施4口,砂砾岩段油藏水平井实施17口。在水平井实施过程中,通过薄砂层识别技术,精细刻画油层展布,优化水平井单井地质设计,同时加强工程与地质的紧密结合,并及时进行现场跟踪与调整,获得了较高的水平井油层钻遇率。全区21口水平井实钻水平段长8250m,钻遇油层段长度8051m,平均油层钻遇率为97.6%。水平井投产后,除4口井异常外,其余均达到预期效果。其中砂岩段油藏水平井投产前3个月单井平均产量为周围直井产量的3.0倍。砂砾岩段油藏开展了不同水平段长度试验,水平井投产后实际平均单井产油为直井的3.5倍。

4　实施效果

石南31井区清水河组油藏通过新技术的集成运用,有效地认识了油水分布规律。自2005年2月全面投入开发以来,截至2008年12月,共实施各类井238口,其中采油直井154口(103口自喷),水平井21口(全部自喷),注水井63口,85%的油井达到并超过了设计产能,实际建成年产油能力59.67×10^4t。钻井成功率100%,低效井率6.9%,产能到位率99.14%,产能贡献率2005年为50%、2006年为81%、2007年为42%,70.9%的油井以自然产能的方式生产。

5　经验总结

(1)石南31井区清水河组$K_1q_1^{1-2}$薄层砂砾岩油藏采用直井开发,经济上没有效益,通过优化方案,大规模采用水平井开发$K_1q_1^{1-2}$砂砾岩油藏,采用两套井网,一套注水系统,实现了油藏经济有效开发,有效动用了$K_1q_1^{1-2}$砂砾岩油藏储量资源,为整体油藏的高效开发奠定了基础。

(2)实现了水平井整装开发,进行了不同水平段长度及不同水平井井型的试验,确定了最佳的直井+水平井联合开发的组合方式,保证了水平井长期保持较低含水率、自然递减率较低,成为新疆油田在薄层砂砾岩油藏成功应用水平井大规模开发的典范。

(3)针对石南31井区清水河组油藏低渗透的特点,在产能建设的同时,以提高油藏的最终采收率和获得最好的经济效益为目标,实现油田的高效开发为宗旨,一方面,为了保持地层压力和地层能量,遵循优先上钻注水井,早排液、早注水的开发原则,及时将注水井转注。另一方面,坚持注采同步原则,狠抓注水系统的地面建设工期,注水系统早于油气处理系统投产,6月30日转油联合站注水系统正式投产,开发和工程技术一体化的高度统一,实现了$K_1q_1^{1-3}$砂岩油藏注采两同时和$K_1q_1^{1-2}$砂砾岩油藏的超前注水。

(4)研究人员不断整合现有技术,结合新技术、新方法,多次对已有资料进行再分析、再解释,更客观地确定了油水界面、油砂体分布特征等油藏特性,为油藏的开发提供了充分的理论依据。

参 考 文 献

[1] 刘明高，钱根宝，姚鹏翔，等．复杂低渗透油气藏滚动勘探开发研究．新疆石油地质，1999（20）

[2] 张义杰，况军，王绪龙，等．准噶尔盆地油气田勘探研究新进展．乌鲁木齐：新疆科学技术出版社，2003

[3] 裴怿楠，刘雨芬．低渗透砂岩油藏开发模式．北京：石油工业出版社，1998

建体系、求规范
形成新疆油田特色开发方案管理办法

叶义平

（新疆油田公司开发处）

摘要： 新疆油田公司自2005年成立油藏评价处以来，采取"四结合，一统一"的方法（即产能建设与油藏评价、重大开发试验相结合，油藏地质与钻采地面工程相结合，业务主管部门与实施、研究、生产单位相结合；统一录取资料、建立数据共享平台）和"整体部署，分步实施，择优开发，确保效益"的思路，建立效益开发的有效途径。按照勘探开发一体化思路，在研究开发井网的前提下进行评价井部署，使评价井得到充分利用；在此基础上及早进行开发控制井和试验井组部署，节省了评价井进尺，提高了钻井控制程度，加快了储量探明和产能建设步伐。

关键词： 新疆油田　勘探开发一体化　产能建设步伐

前　言

2005年新疆油田公司成立了油藏评价处，具体负责油藏评价和产能建设工作，根据公司领导"油藏评价和产能建设一体化、安全环保从设计抓起、优化方案就是降低开发成本、创造性开展工作、精益求精做工作" 5种思想的要求，按照2006年"建体系、理思路"、2007年"打基础、求规范"、2008年"抓执行、上水平、"2009年"抓质量、提效益"的工作思路，形成了简洁、高效的管理体制；新制定、完善《油田产能建设油藏地质方案管理办法》等9份管理办法和技术指导文件，覆盖产能建设全过程；"整体部署，分步实施，择优开发，确保效益"的部署原则保证了开发效益；"集体会审，专家把关，分级负责"，确保了开发方案的先进适用；"四结合，一统一"的工作思路，为油田开发投资最省、效益最优提供了保证。积极攻关，勇于实践，形成了产能建设适用的技术系列，使油藏得到有效动用和开发，加快了资源向产量的有效转化；新疆特色方案管理办法逐步形成，2006—2008年3年建成产能 518.83×10^4 t；结合产能建设开展的重大开发试验，涵盖了砾岩油藏二次开发、稠油油藏火驱和超稠油油藏有效开发等领域，形成的试验成果将及时转化为油田公司持续稳定发展的现实潜力，为实现新疆油田的持续稳定发展提供了资源基础。

1　油田开发概况

新疆油田位于准噶尔盆地，全盆地面积 $13 \times 10^4 km^2$，区域构造位置处于阿尔泰褶皱带、西准噶尔褶皱带和北天山褶皱带所挟持的三角地带，目前已发现的油气层主要分布在石炭系、二叠系、三叠系、侏罗系、白垩系和第三系共6套层系。

到2008年底，新疆油田已探明29个油气田，探明含油面积 $1974.77 km^2$，石油地质储

量 $206194.21 \times 10^4 t$。其中，稀油 $168553.97 \times 10^4 t$，稠油 $37640.24 \times 10^4 t$。

截至 2008 年底，已开发 27 个油气田，共动用含油面积 $1373.35 km^2$，石油地质储量 $152357.28 \times 10^4 t$，动用石油可采储量 $40404.11 \times 10^4 t$。

2008 年新疆油田拥有原油年生产能力 $1289.31 \times 10^4 t$，其中稀油 $842.17 \times 10^4 t$，稠油 $447.14 \times 10^4 t$，年产油量 $1220.7038 \times 10^4 t$，年产液量 $5123.5094 \times 10^4 t$。到 2008 年底，全油田共有生产井 25049 口，其中采油井 21227 口，注水（汽）井 3822 口，累计产油 $26163.26 \times 10^4 t$。采出程度 17.17%，可采储量采出程度 66.4%，综合含水 76.5%，采油速度 0.80%，年度油量自然递减率 19.21%，油量综合递减率 7.93%，年注水量 $5792.4243 \times 10^4 m^3$，累计注水（汽）$84884.2676 \times 10^4 m^3$，累计注采比 0.98。

2 油藏开发方案管理的主要做法

2.1 建体系、立制度，形成简洁、高效的管理体制

2.1.1 牢固树立"五种思想"，贯穿产能建设全过程

产能建设全系统牢固树立"评价产能一体化、创造性开展工作、优化方案就是降低成本、安全环保从设计抓起、精益求精做工作"五种思想，将"五种思想"贯穿产能建设全过程。

2.1.2 内部培养与外联合作相结合，充实产能建设研究力量

2006 年以来，研究院成立评价所、各采油单位成立产能建设方案室，进一步加强深化评价与产能一体化研究力量，全公司从事产能建设研究力量达到 150 人。同时与东方地球物理勘探公司、中国石油勘探开发研究院、石油院校、专业服务公司联合，依托专业化力量强化综合研究，依托先进理论深化油藏认识、依托技术优势、"短、平、快"服务于生产，以"寻找、探明更多的优质储量，安全高效优质地建设油田，努力形成勘探开发良性循环"为目标，以"推进新疆油田可持续发展"为责任，做到组织、目标、责任三落实。

2.1.3 制定阶段目标，建章立制，逐步提升管理水平

按照 2006 年"建体系、理思路"、2007 年"打基础、求规范"、2008 年"抓执行、上水平"、2009 年"抓质量、提效益"的工作思路，4 年来新制定、完善了《油藏评价及新区产能建设科技工程项目管理办法（试行）》、《油田产能建设油藏地质方案管理办法》、《新区原油产能建设周报制度》、《问题区块专题研讨会会议制度》、《新疆油田开发（评价）井射孔管理规定》、《新疆油田公司井控地层压力资料录取管理规范（试行）》等 6 项管理办法和规定；同时编制了《地质油藏专业开发方案编制交底内容要点》、《新疆油田浅层稠油油藏水平井开采技术规范》和《新疆油田稀油油藏水平井开采技术指导意见》等 3 项技术性指导性文件，覆盖产能建设全过程，管理水平和规范管理程度逐步提升。

2.1.4 健全组织，分工协作，形成简洁、高效的管理体系

根据新疆油田公司实际情况，建立健全了原油产能建设组织管理体系，在主管产能建设副总经理的统一领导下，分"组织管理、生产实施、技术支持"三个方面分工协作，形成了简洁、高效的产能建设组织管理体系（图1）。

新疆油田油藏评价处（以下简称评价处）、开发处分别是油田公司新、老区油藏地质方案的业务主管部门，主要负责组织协调油藏地质方案的立项、编制、审查、报批备案以及优

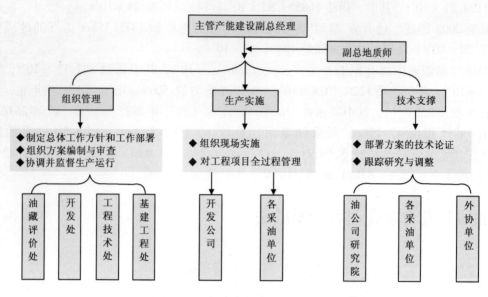

图1 新疆油田公司产能建设组织管理结构图

化调整。

勘探开发研究院及各采油单位研究所是方案编制的主要研究机构，负责对油藏进行开发可行性研究，编制开发方案；并负责对方案的实施进行跟踪研究，及时提出优化调整方案。

新疆油田开发公司（以下简称开发公司）是方案的执行单位，负责下达相关的设计委托书、组织方案的实施、现场跟踪研究及实施过程中的优化调整，及时提出方案调整意见和实施总结。

2.2 集思广益，效益优先，确保开发方案先进适用

2.2.1 注重基础，先进适用，确保效益优先

新疆油田公司方案编制工作要求注重基础资料和研究，采用先进适用的技术和开发方式；同时要做到效益优先，具体表现在以下5个方面：

（1）方案编制必须要从基础资料抓起，从单项的基础研究工作做起，基础研究工作必须扎实。方案编制者必须踏勘将要开发油田的现场，对开发现场要有深入的了解，方案编制必须符合油田实际。

（2）方案中对油藏地质的认识及概念必须表述清楚、准确，地质图表清晰、规范、整洁、美观；对储量资源的评价必须真实；对油藏工程的论证必须全面准确；对油田的开发方式和开发部署合理；方案模拟和预测的各项开发指标客观合理。

（3）方案编制必须遵循效益优先的原则，方案编制大力推广新技术，油藏开发方案要按照"水平井应用技术规范"的要求，论证水平井开发的可行性，论证水平井开发和直井开发最终采收率和经济效益的对比，合理选择开发方式，实现高效开发的目标。

（4）方案编制所引用的数据资料必须全面、客观、真实，是正式报告或报表中的数据，各数据来源单位的总地质师要对数据的资料真实性、准确性负责。

（5）方案编制所提出的实施要求必须切实可行、合理准确，取资料要合理够用，实施原则必须科学规范，有利于现场实施掌握。安全环保提示应满足"钻井井控管理规定"对

地质油藏方案的要求。

2.2.2 集体会审，专家把关，实行分级负责

开发方案是油田公司油田产能建设最重要的技术文件，是油田开发产能建设的依据，其质量直接影响油田建设的水平和效益，方案编制单位和编制人员及各级审查人员都必须以高度的责任心履行各自的职责。方案编制单位完成方案并通过本单位审核后，将审查稿在审查会议的3天前上报至主管职能处室，由主管处室发至方案审查专家。

油藏地质方案审查根据区块规模，分别规定如下：区块产能建设规模≥5×10^4t 或具有重要意义的方案，由评价处、开发处组织，油田公司主管副总经理、副总地质师、方案审查专家组进行会审；区块产能建设规模 <5×10^{-4}t 的方案，由评价处、开发处组织，油田公司副总地质师和方案审查专家组进行会审后报批。

参加产能建设钻井、采油、地面方案审查的机关相关部门及专家由评价处牵头组织，统一参加审查，同时负责通知审查专家组成员。

另外，为提高方案质量，采取了分级负责，层层把关的责任制：

（1）方案编制人必须保证对油藏地质认识准确，油藏工程论证充分，方案预测指标合理，基础数据准确无误，依据出处符合规范要求，文字数据与图表一致，语言表述符合汉语言规范，是方案基础数据的第一责任人。

（2）项目负责人（或主管所领导）既是方案编制的具体组织者、方案的一级审查人，也是方案编制的第一责任人，是基础数据准确性和原始数据应用的第一审查责任人。因此应首先准确核对基础数据、绘制的各种图幅，检查应用的资料是否准确规范，语言是否流畅，方案编写是否符合要求；同时，核查方案中油藏地质研究的结论是否准确，油藏工程论证是否全面，开发部署是否优化，方案各项预测指标是否合理。

（3）方案编制单位的主管业务领导是方案编制质量的总负责人，代表方案编制单位的水平，是方案的二级审查人，因此应对方案的结论是否准确和科学、方案部署依据是否充分、是否符合油藏特性、方案编制是否规范、方案是否经济和可实施等进行审查把关。

（4）评价处、开发处是油藏地质方案审查的三级责任单位，主管科室接到送审方案后，应对方案进行预审，核对报告中的基础数据是否矛盾，检查文字数据与图表是否一致，方案编制是否符合规范要求等。对于明显存在错误的方案，应责令方案编制单位整改，并编写预审意见交处主管领导审查。处主管领导应主要对方案中油藏地质认识的正确性，储量资源的落实程度，油藏工程论证是否科学合理，开发方式和开发部署是否优化，方案指标是否合理，方案的可实施性，是否体现了专家论证会的意见等进行审查。

（5）油田公司主管领导是油田公司层面对开发方案最终的审批者和方案实施的决策者，将从油田公司管理层面上总体把握方案编制和实施的原则。

2.3 "四结合"、"一统一"，实现油田效益开发

为实现油田开发投资最省、效益最优，新疆油田公司产能建设工作按照"四结合"、"一统一"的工作思路，扎实开展各项工作。

2.3.1 产能建设与油藏评价紧密结合

油藏评价方案部署井位要求先进行开发概念设计，在开发井网中优选评价井井位，提高评价井在开发方案中的利用率。对部分落实程度高的区块，油藏评价与开发相结合，在整体部署的基础上，在未探明区域优先部署控制井，分步实施，探明和开发方案同步，实现储量

当年控制、当年探明，探明和开发同步。

2.3.2 产能建设与重大开发试验相结合

新疆油田在后备资源不足的情况下，不断寻找战略接替技术，努力实现持续稳定发展。稠油油藏和砾岩油藏是新疆油田的两类主要油藏，动用地质储量超过了全油田的55%。因此，新疆油田针对砾岩和稠油两类主力油藏开展了提高采收率重大试验，5个重大开发试验涵盖了砾岩油藏二次开发和三次采油、稠油油藏火驱和超稠油油藏有效开发等领域，形成的试验成果将及时转化为油田公司持续稳定发展的现实潜力。5个重大开发试验中有3个是结合产能建设开展的。

（1）为改善克拉玛依砾岩油藏开发效果，对试验区—六中东区进行了"提高水驱采收率工业化试验"，目前开发效果明显改善，井网对主力砂体控制程度、水驱储量控制程度均超过了80%，剖面动用程度提高了30%，并建立了有效的水驱系统。

（2）为实现2008年后稠油年产油量保持在400×10^4t以上、风城油田超稠油年产量在2015年达到240×10^4t的稠油总体规划，新疆油田按照"先易后难，稳步推进，结合产能建设"的原则，分别在重32、重37、风重010、风重005设立了4个SAGD试验区。目前已建成重32SAGD试验区，并根据重32SAGD成熟工艺和经验，稳步推进重37SAGD试验，计划在2009年12月完成重37SAGD试验区主体工程建设。

（3）新疆油田稠油主体开发老区已进入后期，效果变差。火烧驱油效率达80%~90%，最终采收率高达70%，目前火驱作为蒸汽驱新的接替技术即将登上稠油开发舞台。新疆油田开展的"红浅1井区火驱先导试验"，目前已完成地质油藏工程方案、钻井工程、采油工艺、地面工程设计，预计在2009年10月完成现场注气，点火。

以上3个重大开发试验，其中前两项已取得阶段性成果，新疆油田将继续完善重大开发试验配套技术，丰富油田开发理论和实践，努力实现新疆油田的持续稳定发展，为中国石油的发展做出应有的贡献。

2.3.3 油藏地质与钻采地面工程相结合

制定了"地质油藏专业开发方案编制交底内容要点"，搭建了各专业交流、沟通的平台，使油藏地质方案与各工程方案的结合程序化、规范化，尽可能在方案研究与审查阶段暴露地质与工程的矛盾，并寻求较好的解决方案；在方案实施跟踪研究过程中同样采取多专业联合研究的形式，共同解决生产过程中暴露出来的工程、地质问题。2008年重32井区第一轮水平井注汽效果不理想，汽窜现象较普遍，直井、水平井抽油杆断脱现象较严重，油藏评价处、工程技术处多次召集地质、工程、现场生产管理部门进行措施会诊和技术研讨，制定了切实可行的技术措施，较好地解决了生产中暴露出来的问题，该区域后续投产井和第二轮注汽井均取得了良好的效果，单井产量均超过设计50%以上。

2.3.4 业务主管部门、实施、研究、生产单位相结合

方案实施与跟踪研究是方案管理的重要内容，新疆油田公司采取方案业务主管部门、实施单位、编制单位、生产管理单位"四位一体"的工作模式，实时跟踪方案实施情况，深入研究，及时调整，确保方案的有效实施。

业务主管部门专人负责方案实施与跟踪研究的管理；方案实施单位、编制单位和生产管理单位明确方案实施与跟踪研究具体责任人。

方案编制单位选派有较丰富经验的方案编制人员参与项目经理部的工作，在项目部统一领导下开展跟踪研究工作。

开发公司是方案现场实施的具体组织部门，也是方案跟踪研究的核心。具体要求如下：

（1）根据油田公司总体部署调配钻机，依据方案审批要求组织现场实施工作。

（2）组织井位测量工作，井位变动距离在井距的 10% 以内，变动井数和方向不影响方案的整体实施则现场决定，否则应责成方案单位编制调整意见报批。

（3）组织编制和审批钻井地质设计。

（4）上钻通知单必须经方案编制责任人签字后方可下达。

（5）遵循方案布井及实施原则优化上钻井位和完钻井深、检查资料录取质量、审查射孔井段、制定投产措施。

（6）严格按方案要求录取资料，如地质条件发生变化或有进一步的地质认识，需要变更资料录取井、录取的项目和内容，或增加资料的录取项目及内容，及时向主管业务处室递交报告，审批后执行。

（7）方案实施中出现地质异常、低效井、投产井生产异常变化等情况，应立即向业务主管部门汇报；同时组织方案编制单位、生产管理单位研究讨论分析原因、制定措施，调整实施方案，并报业务主管部门备案；出现第二口低效井或出现第一口空井时应立即上报业务主管部门，由业务主管部门组织专题研讨会制定调整实施意见。

（8）编制方案实施与跟踪研究周报，及时上报主管处室。

方案编制单位是开发方案实施与跟踪研究的主体。具体要求如下：

（1）方案论证前应与开发公司项目经理部一起踏勘现场布井区域的地形地貌和地理环境，在方案论证时提出定向井、平台丛式井布井方案。

（2）根据"新疆油田原油产能建设周报制度"编制原油产能建设周报，实时研究新井资料、跟踪研究相邻老井的生产动态，及时提出方案调整实施意见。

（3）监督、检查方案实施中资料录取情况，发现问题应下达书面整改要求；如需调整资料录取项目和内容，不需要增加投资，则与项目经理部或生产管理单位协商后现场决定，如需增加投资，则向主管业务处室递交书面报告，根据审批意见实施。

（4）根据"新疆油田公司开发（评价）井射孔审批工作管理办法（暂行）"提交新井射孔井段、射孔井段数据表、射孔信息提示表，并提出投产地质要求，及时编制开发射孔方案或井组开发射孔意见。

生产管理单位是开发方案实施与跟踪研究工作的重要部门。具体要求如下：

（1）按照方案要求及时准确录取新井投产后的各项资料。

（2）分析研究新井生产动态，根据"新疆油田原油产能建设周报制度"编制原油产能建设周报，提出异常井、低效井生产措施意见。

（3）实时跟踪分析新、老井生产动态，发现异常立即通知方案编制单位和方案编制人，并上报业务主管部门。

（4）严格按照方案确定的动态监测系统录取资料；同时根据新井和相邻老井的生产动态分析，需要调整动态监测井时及时通报方案编制单位，及时调整。

同时要求，开发公司和方案编制单位对方案实施低效井率和空井率负有同等责任。开发公司是方案实施过程中的安全、环保责任单位；方案编制单位、生产管理单位对所提供的资料的准确性和真实性负责，负有连带的安全责任。

方案实施过程中根据现场实施情况需要进行方案优化调整时，在方案审批的框架内调整，由开发公司组织方案编制单位和生产管理单位讨论方案的优化调整；需要对方案整体实施调整，则由评价处或开发处组织相关单位讨论研究；方案编制单位根据会议讨论结果完成方案调整意见，经本单位审查后报主管处室审核，公司主管副总地质师审批。

2.3.5 统一录取资料、建立数据共享平台

为实现油藏评价产能建设一体化、地质工程一体化，提高资料录取效率和质量，油藏评价处、开发处、工程技术处、基建工程处统一组织编制"油藏方案编制资料录取规范"，该规范对油藏评价阶段、方案实施阶段、方案编制阶段、调整阶段分别提出不同要求，在地震、钻井、测井、取心、岩心样品等方面的资料要求进行了详细的说明，统一录取资料、建立共享平台：避免资金重复投入，满足探明储量、产能建设和开发调整的需要。

自2005年新疆油田油藏评价业务重新划分、整合以来，产能建设系统致力于实现"数字化油田"，进行了一系列信息化建设，建立了数据共享平台，形成了统一的资料录取、维护、管理数据信息系统。

2.4 积极攻关、勇于实践，评价和储备产能建设工艺技术

2.4.1 以不下技术套管为主的钻井提速技术

通过加强领导、细化措施、强化管理、加强协作、推广成熟技术，实现了靠管理提速、靠技术提速，2008年与2007相比，平均机械钻速提高1.41m/h，平均钻机月速度357.16 m/（台·月），2009年继续推广应用钻井提速成果（表1）。

该项技术应用于莫109井区三工河组油藏开发，平均每口井缩短钻井周期18d，节约单位钻井成本926元/m。

表1 2008年与2007年开发钻井情况对比

年度	完钻（口）	进尺（10^4m）	平均机械钻速（m/h）	平均钻机月速度（m/（台·月））
2007	1612	184.84	8.53	2309.41
2008	2007	218.08	9.94	2666.57

2.4.2 以垂直钻井为主的防斜打快技术

三台地区属山前高陡构造上的高成本难采区块，先后评价了垂直钻井技术、有机盐等系列钻井液技术、系列钻具组合配套技术、个性化设计的牙轮钻头 + PDC 钻头，并成功试验了不下技术套管技术，初步形成了该区块的配套钻井工艺。北32井区缩短钻井周期12～18d；有机盐等系列钻井液技术节约钻井液费用为50～70万元/口井。

2.4.3 石炭系致密储层裸眼压裂技术

针对石炭系油藏储层致密、微裂缝发育，油井裸眼段长，滤失量大的特点。施工工艺采取：裸眼井段下部填砂，上部坐裸眼封隔器，调控施工井段；油管大排量注入（6.0～8.0m³/min），环空背压等配套措施，实现了石炭系致密储层裸眼压裂技术的突破。该技术在六、七、九区石炭系 BJ7168、BJ9308、BJ62923 口井得到成功应用，压后生产表明：油井自喷期长，初期产量高，产量递减慢。裸眼压裂技术的成功，使石炭系储层裸眼完井方式，成为一项实用技术。节约了钻井、射孔作业成本，发挥了油井真实产能。为该区储量的有效动用，储备了技术。

2.4.4 水敏储层压裂液技术

乌36井区百口泉组油藏具有水敏特征（水敏指数0.61），针对该油藏水敏和低渗特点，

130

加强压裂液体系配伍性研究；先后采用了混合原油、模拟地层水配置的特级胍胶及表面活性剂压裂液体系及配套压裂工艺，通过评价对比，在保护油层的前提下，探索出适合该油藏的水基压裂液工艺技术。

采用该技术，使确定地层产油时间由 20~30d，缩短为 5~10d，加快了评价速度；在提高施工安全的同时，与油基相比，可节约单井措施成本 30×10^4 元。

2.4.5 射孔、自喷、转抽一体化管柱技术

在高压力系数稠油油藏的评价和控制井中，成功试验了射孔、自喷、转抽一体化管柱技术。采取反馈泵下带射孔枪完井，上提抽油杆将活塞提出泵筒，压力引爆射孔，实现了射孔、自喷、注汽、抽油不动管柱连续生产，保障了油藏的快速、高效和安全评价及开发。采用该技术，单井、单层可缩短施工时间 2~3d，节约作业费用 1×10^4 元。

2.4.6 多级注入酸压闭合酸化技术

三台油田北 32 井区石炭系油藏发现于 1985 年，2005 年重新开展评价以来，逐步认识到该油藏裂缝不发育，孔隙虽发育但被酸溶蚀物充填或半充填，储层连通性差、渗透率低。

为解决以往储层改造见效差的难题，开展了酸压技术攻关，2007 年采取多级注入酸压闭合酸化技术和胶凝酸体系，对评价井北 403、北 404 井进行酸压施工，获得成功。北 403 井酸压后日产液 15.3t，日产油 15t。北 404 井进一步优化设计，加大施工规模，配酸量由 $9.5 m^3/m$ 提高到 $13.0 m^3/m$。施工后，5mm 油嘴生产，初期日产液 101.8t，日产油 91.6t；调整为 2mm 油嘴后，日产液 19.1t，日产油 18.3t，效果显著。

3 产能建设取得的成果

2006—2008 年，新疆油田公司原油产能建设共动用石油地质储量 $16243.74 \times 10^4 t$，可采储量 $4586.91 \times 10^4 t$，钻新井 4557 口，钻井进尺 $500.74 \times 10^4 m$，新建产能 $518.83 \times 10^4 t$（表 2）。

表 2 2006—2007 年原油产能建设计划及完成表

年度	动用地质储量 （$10^4 t$）	动用可采储量 （$10^4 t$）	新钻井数 （口）	进尺 （$10^4 m$）	建产能 （$10^4 t$）
2006	5084.02	1498.17	1412	146.34	155.43
2007	5730.05	1562.26	1388	166.48	176.02
2008	5429.67	1526.48	1757	187.79	187.38
合 计	16243.74	4586.91	4557	500.74	518.83

2006—2008 年，在优质整装油气藏较匮乏的情况下，采取择优开发的原则，配合实施滚动勘探开发策略，投入开发了一批像百重 7、六—九区、九 6 区等重点区块，产能建设、钻井等均超额完成了计划指标，有力支持了原油产量持续稳步增长。

4 几点体会

（1）建立健全产能建设组织管理体系，规范管理，用"评价产能一体化、创造性开展工作、优化方案就是降低成本、安全环保从设计抓起、精益求精做工作"等五种思想统一

认识，并贯穿于产能建设工作全过程，是做好产能建设工作的基础。

（2）在加强自身研究力量的同时，积极寻求外协力量，建立长期战略合作伙伴关系，不断提升油藏开发综合研究水平，是做好产能建设工作的技术保证。

（3）采取"四结合，一统一"的方法（即产能建设与油藏评价、重大开发试验相结合；油藏地质与钻采地面工程相结合；业务主管部门与实施、研究、生产单位相结合；统一录取资料、建立数据共享平台）和"整体部署，分步实施，择优开发，确保效益"的思路，是实现效益开发的有效途径。

（4）按照一体化思路，在研究开发井网的前提下进行评价井部署，使评价井得到充分利用；在此基础上及早进行开发控制井和试验井组部署，节省了评价井进尺，提高了钻井控制程度，加快了储量探明和产能建设步伐。

（5）在产能建设的同时，还应当特别注重评价、储备钻采工艺技术，形成产能建设适用的技术系列，使油藏得到有效动用和开发，加快了资源向产量的有效转化。

（6）针对不同的油藏特点，采取不同的方法、思路和技术进行开发；新疆油田在后备资源不足的情况下，不断寻找战略接替技术，结合产能建设开展重大开发试验，涵盖了砾岩油藏二次开发、稠油油藏火驱和超稠油油藏有效开发等领域，形成的试验成果将及时转化为油田公司持续稳定发展的现实潜力，为实现新疆油田的持续稳定发展提供了资源基础。

大兴砾岩体气藏评价及产能建设新技术应用及成效

王连山[1,3]　张　峰[2]　张崇军[3]　芦天明[2]　杨和义[3]　张　娥[4]

(1. 中国地质大学；2. 华北油田公司评价部；

3. 华北油田公司第四采油厂；4. 华北油田公司物探研究院)

摘要： 廊固凹陷沙三下段沉积时期发育的大兴断层下降盘砾岩体，具有分布广、潜力大、地质结构复杂、储层横向变化大的特点。针对砾岩体难以识别、裂缝预测等技术难点，系统引入储层预测等新技术、新方法，重建油气成藏模式，取得新的地质认识，为精确描述砾岩体分布范围及展布规律提供了依据，提高了天然气藏的钻探成效和产能建设效果，为断陷湖盆陡坡带边缘深层水下扇天然气勘探评价领域的突破起到示范作用。

关键词： 大兴砾岩　裂缝预测　储层预测　钻探成功　天然气勘探评价

1 概　况

大兴砾岩体位于冀中坳陷北部廊固凹陷西部固安—旧州构造带，是由一系列源自大兴凸起、平面上沿大兴断层呈北东向展布的砾岩水下扇群组成，勘探面积约 320km²，规模和资源潜力巨大，是廊固凹陷的主要油气接替区（图1）。

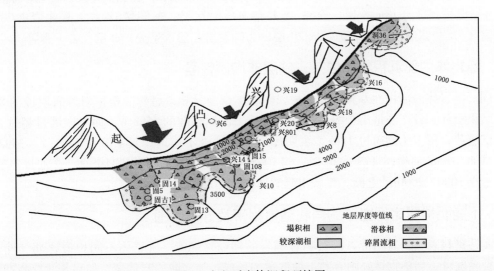

图1　大兴砾岩体沉积环境图

以往利用常规地震资料难以解释、具有低频强振幅、层速度高的砾岩体构造形态，对圈闭、控油因素及油气分布规律落实程度不够，故勘探开发效果不理想。2007 年以来创新思维，明确制约天然气评价及产能建设的主要因素，确定研究思路，充分利用新三维地震资料，对砾岩体进行精细标定，细分期次，有针对性地采用相干分析、Groprobe 地震属性体分析、EPS 测井约束反演及频谱成像等关键配套新技术开展研究，使储层预测工作贯穿在圈闭发现及落实、井位设计的全过程中。通过综合分析，解剖典型砾岩气藏成藏条件，建立成藏模式，研究资源潜力，取得了丰富研究成果，应用在兴 9 砾岩体气藏的评价工作中取得突出效果，成功部署钻井 9 口，平均钻遇砾岩厚度 188m，5 口井投产后平均单井日增油气当量 81t，整体新建天然气产能 $1.0 \times 10^8 m^3$、新增天然气地质储量 $30 \times 10^8 m^3$ 以上，为华北油田天然气稳产和产能建设的有续接替奠定了基础。

2　制约大兴砾岩体天然气评价及产能建设的主要因素分析

大兴断层下降盘砾岩体水下扇群每个砾岩水下扇是由多个同相异时的次级水下扇叠合而成。大兴砾岩体沿断层根部发育的特点决定了砾岩体圈闭的数量多，形态规模各异，滚动勘探难度大。

2.1　地震资料品质差，砾岩体波组特征不清楚

旧州断层上下盘构造面貌差异大，地层横向变化快，前期处理工作以复杂断块为主，尽可能提高地震资料的纵横向分辨率为主，对砾岩体没有进行目标处理。砾岩体波组特征不清楚，很难确定砾岩的尖灭点，给砾岩体期次划分、相带识别、构造形态、分布范围确定、储层预测等工作的开展带来困难，影响了研究进程。

2.2　砾岩储层横向变化很大，分布不稳定

从兴 9 砾岩体钻探的 6 口井（兴 9、兴 11、兴 18、兴 9 - 1、9 - 3、9 - 5）看，钻遇的砾岩厚度差异较大。兴 9 井钻遇砾岩 92m/12 层，兴 9 - 1 井钻遇厚层块状砾岩 263 m，兴 9 - 3 井钻遇块状砾岩 78m/8 层，而兴 11 井钻遇砾泥互层。东部兴 18 井大套泥岩夹砾岩组合。兴 9 - 5 井钻遇纯砾岩厚度 49m/20 层，为砾泥岩互层，见荧光显示，未下套管。

2.3　砾岩体内部沉积特征复杂，储层非均质性强

同一砾岩体内部物性差异较大，相邻砾岩体产液量相差悬殊。根据对砾岩层段的 81 次测试结果统计，日产液量小于 $5m^3$ 的测试层数占测试层数的 75.3%，而日产液量超过 $50m^3$ 的测试层数，所占比例超过 12%，表明砾岩体物性极不均匀。兴 4 井在 3571.1 ~ 3592.0m 井段试油，5mm 油嘴，日产油 26.2t，气 $10680m^3$，投入试采后不到两个月，产油量不足 2t，产气量在 1000 ~ $2000m^3$ 之间，反映出砾岩体内部储层连通性差的特点。

2.4　不能明确界定砾岩体的有利储集相带及分布范围

实钻资料表明砾岩相带直接影响着砾岩的储油气性能。砾岩体不同相带含油气性差异大，裂缝发育、储集物性好则有利于油气藏的形成，油气藏的产量高。如兴 8 井获高产工业油气流，而靠近大兴断层根部的兴 20 井基本为干层。但什么储集相带有利、其分布范围和分布特征难以搞清。

3 大兴砾岩体评价、产能建设思路及采用的关键技术及创新点

3.1 研究思路

（1）对大兴砾岩体进行目标处理，改善资料品质。

（2）深入分析砾岩体的地震、测井响应特征，建立地震、测井—岩性识别模式。

（3）研究影响砾岩体储层发育的主控因素及砾岩油气藏形成条件；并从地震相推断不同砾岩体是何种沉积相类型。

（4）利用有效手段开展砾岩储层预测敏感参数研究，选择合适的储层预测参数开展预测，确定有利储集相带分布。

（5）研究砾岩体油气藏成藏机理及油气富集规律，建立油气藏成藏模式，预测有利成藏区带。

（6）评价、建产相结合，努力实现滚动增储开发一体化。

3.2 关键技术和创新点

基于以上研究思路，在对大兴断层下降盘砾岩体的整体评价及产能建设中，主要采取了以下关键技术和创新做法。

（1）保幅高分辨率拓频目标处理技术。

为进一步提高地震资料品质，对地震资料进行了保幅高分辨率拓频目标处理，使砾岩体的内部反射结构更加清楚（图2），为下一步研究工作提供了更为可靠的资料依据。

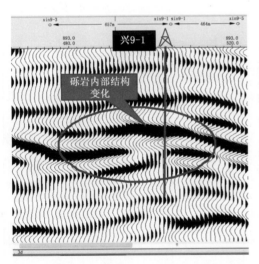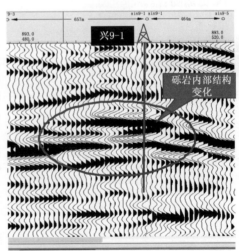

图2　兴9地震拓频前后剖面对比

（2）划分砾岩体期次，细化研究单元。

大兴砾岩体是由多期砾岩互相叠置而成，不同期次的砾岩含油性差异较大。为精细解剖砾岩体，对砾岩体期次进行了划分，从而使研究单元细化。

（3）加强沉积相研究，确定沉积相类型及储集相带。

沉积相类型及相带决定储层物性和含油性。因此加强了沉积相研究。根据岩心观察，地震剖面结构特征、砾岩的沉积特征结合古地貌分析，认为大兴断层下降盘砾岩体的沉积方式主要为重力作用下的块体搬运。砾岩体沉积相类型划分为岩崩—塌积相、滑移堆积相、碎屑流相和洪水浊流相。同时对砾岩相带与油气的关系进行分析，认为滑移相砾岩含油性最好，岩崩—塌积相次之，洪水浊流相和碎屑流堆积相最差。

（4）全三维构造精细解释技术。

针对复杂的地质条件和地震资料的具体状况，创新思路，充分利用该区纯波地震资料及其特殊处理的属性资料，对砾岩体顶底构造形态进行精细落实。对于不同的砾岩体采用不同的方式识别。

有井钻探的砾岩体：钻井与地震相结合识别砾岩体，并对各套砾岩体单井或多井精细标定，逐套追踪落实其顶底构造形态。

无井钻探的砾岩体：Geoprobe 振幅体扫描与地震相结合识别砾岩体，追踪落实其顶底包络面构造形态。

（5）多方法、多参数储层预测，综合分析，有效提高砾岩体储层预测符合率。

为精细刻画砾岩体分布范围以及厚度、储集物性的变化，提高预测精度，利用多方法、多参数进行了储层预测。

①伽马拟声波波阻抗反演技术。

通过岩石电性特征对比分析，声波曲线与岩性有较好的对应关系。但局部区域不能反映地层岩性及厚度变化，利用反映砾岩储层变化较为敏感的 GR 曲线构建具有声波量纲的新曲线，加上声波的低频信息，合并为一条拟声波曲线，使它既能反映地层速度和波阻抗的变化，又能反映砾岩储层的特征变化（图3）。通过伽马拟声波波阻抗反演，储层预测结果与实钻结果更加吻合。

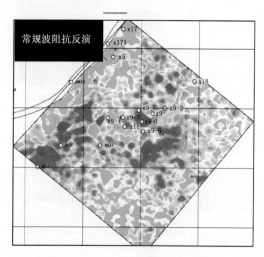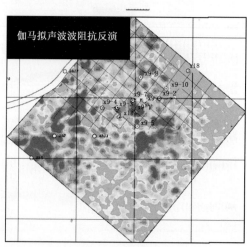

图3 常规波阻抗反演与拟声波波阻抗反演对比图

②频谱成像技术。

利用频谱成像技术将地震信息分解成一系列单一频率的能量谱，利用能量谱和相位谱可确定复杂岩石的层内薄层厚度变化。通过井合成记录的频谱成像与井旁道的频谱成像对比扫描可以看出，分频扫描结果和最大能量所得结果都较好地展示了目的层段内砾岩体的沉积分

136

布（图4）。

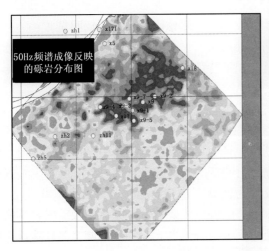 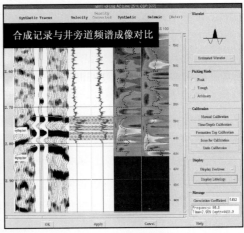

图4 兴9砾岩体时频分析成果图

③分频技术。

分频扫描结果和最大能量所得结果都较好地展示了目的层段内砾岩体的沉积分布。

④地震属性分析技术。

利用砾岩储层敏感属性（如振幅、能量、频率等），多方位、多角度预测砾岩的展布。

通过利用以上技术手段，克服单一储层预测方法存在的多解性，确定砾岩体的有效分布范围和厚度变化及有利储集相带，为钻探井位提供了可靠依据。

（6）评价与产能建设紧密结合，边评价边建产，提高钻探成效。

整体评价，分步实施；同时评价和产能建设相结合，利用产能井兼探新层系，边评价、边建产，提高了钻探成效，减少了钻探风险。加强新井随钻分析，指导开发井位、开发方案的制定，确保建产成效。

4 大兴砾岩体评价取得的认识

4.1 大兴断层下降盘砾岩体沉积以块体搬运为主，地层组合为上老下新，沉积相类型以岩崩—塌积相、滑移堆积相为主

根据岩心观察，地震剖面结构特征、砾岩的沉积特征结合古地貌分析，认为大兴断层下降盘砾岩体的沉积方式主要为重力作用下的块体搬运。岩屑及岩心薄片分析证明大兴砾岩体是由于大兴断层上升盘地层不断风化、淋滤剥蚀，在洪水重力作用下不断堆积的结果。大兴砾岩体沉积相类型主要为岩崩—塌积相、滑移堆积相。岩崩—塌积相是母岩受构造应力或雨水淋滤、风化裂解，沿陡峭斜坡以单个块体或碎屑做快速自由崩落，因此它是一套巨厚的单一成分、分选差、颗粒支撑、无规则结构的杂乱快速堆积在较深水湖中的岸边沉积。滑移堆积相指岩崩—塌积砾岩体在沉积过程中，沿近岸堆积到一定程度砾岩体前缘斜坡处于不稳定状态时，在重力、地震等各种因素的地质应力的诱发作用下，砾岩体前缘部分的砾岩以块体形式滑移、搬运至深湖区堆积而成。

4.2 砾岩体具有较明显的地质特征，较易识别

据地震剖面追踪，结合钻井剖面分析对比，大兴砾岩体总体地质特征较明显。

砾岩体储层特征：砾岩体为近源近岸不同期堆积的产物，夹持于大套泥岩中，是一套快速堆积在较深水湖中的近岸沉积物，其储层具有如下特征：

(1) 砾岩成分单一，以近源的碳酸盐岩砾石为主。

(2) 无分选、磨圆差、杂乱堆积、依级充填是其主要结构特征。

(3) 储集空间以各种裂缝为主，局部地区存在原生粒间孔。

砾岩体地震反射特征：薄层砾岩在地震剖面中呈中高频反射特征，中强振幅较连续，厚层块状砾岩呈低频，较连续或不连续的强振幅反射特征。块状砾岩顶部以上一般出现一组中—低频较连续强振幅相位，砾岩体内部地震反射为低频不连续的相位或无反射、杂乱反射。砾岩体前缘为一组中—高频连续强振幅相位，并与砾岩主体呈微角度关系接触。砾岩与围岩之间不是同期的一层层沉积，而是后期的岩层超覆于砾岩体之上。也就是说，部分砾岩体在时空上具有明显穿时现象。

砾岩体地震相特征：

(1) 变振幅杂乱块状相——分布在断陷湖盆陡岸，特点为纵向继承性好，厚度大，相单元外形为块状，内部为杂乱弱振幅反射结构，反映一套岩性粗较单一的高能快速沉积产物，代表了近岸扇根砾岩体的地震相特征（兴17为代表）。

(2) 水道充填（凸镜状）相——分布在杂乱块状相的前部。相单元外形为下凹上平的不规则 "V" 字形和两侧薄、中间厚的凸镜状，厚度为 20 ~ 150m 左右。内部为各种充填结构，主要有平行充填、斜交充填结构。代表强水流条件下的粗碎屑沉积，属扇中微相的地震反射特征（兴9、桐43）。

(3) 强振幅连续板状相——主要分布在水道充填（凸镜状）相的前部，这里的水动力条件明显减弱，泥岩夹层增多。相单元外形为板状，内部亚平行，中高频，连续性较好，代表一套薄层状砾岩与泥岩互层的扇端地震反射特征（兴9 - 5、桐28 等）。

4.3 砾岩体油气藏的形成受油源、沉积相带、构造背景、圈闭形成时间与油气大规模生成运移时间配置等多种因素控制

综合分析，大兴砾岩体油气藏形成得益于以下有利条件：砾岩夹持于大套泥岩中，具有充足油源和良好的盖层；沉积相带是砾岩油气藏形成的重要条件，裂缝发育、储集物性好则有利于油气藏的形成，油气产量高。滑移相砾岩含油性最好，岩崩—塌积相次之，洪水浊流相和碎屑流堆积相最差；背斜和鼻状形态的构造岩性复合圈闭，为沙三下段砾岩油气藏形成创造了条件；砾岩圈闭形成时间与油气大规模生成运移良好配置，有利于油气藏的形成。

4.4 砾岩体储层物性受埋深影响较小

统计表明砾岩体中等和好储层全部集中在埋深大于 3500m 的范围内，即并没有因埋藏深度加大而物性变差。主要原因为大兴断层形成于新生代初期，早期活动并不强烈，所控制的廊固凹陷沉积速度只有 0.06 ~ 0.6mm/年，沙三段沉积初期大兴断层剧烈活动，廊固凹陷沉积速度达 2.2mm/年，是廊固凹陷构造演化史上沉降速度最快时期。经长期风化剥蚀的砾岩从凸起进入凹陷快速堆积，其后又被巨厚深湖相泥岩所覆盖，从而保留了原始状态下较好

的储集物性。因此对于该区埋藏较深的砾岩来说也具有评价价值。

4.5 砾岩体单层厚度大于40m储集物性好，小于40m储集物性较差

试油统计结果表明，日产液量大于 $5m^3$ 时，其单层厚度均大于 40m，厚度小于 40m 的砾岩层试油表现为干层特征，厚度在 100m 以上，储集物性更好。这主要是由于厚度小于 40m 的砾岩层属于砾岩冲积扇的扇端，砾岩与泥岩层频繁互层，其泥质含量高，而厚度大于 40m 的砾岩层多位于扇中，内部偶有泥岩夹层，泥岩厚度也很薄，其泥质含量较低。巨厚块状砾岩体多靠近大兴断面，为典型的扇根沉积，所以好的砾岩储层多位于砾岩扇体的扇中部位。

4.6 小断层对砾岩储层有明显改善作用

在地震剖面上，大兴断层与旧州断层之间沙三下段反射同相轴连续性好，没有明显的大断层，个别测线上仅有小断层可以辨认。小断层影响产生的裂缝对砾岩储层有明显改善作用。最典型的是兴9井，在其附近有8条小断层，断距多在 20~40m 之间，同样兴10井在 4270.3~4274.5m 取出的岩心中发育一组高角度裂缝，横切面裂缝密度8条/10cm，正因如此两口井试油均获得了高产液量。

5 大兴砾岩体气藏评价及产能建设成效

2007 年以来，分层次、有重点地开展大兴砾岩体区带评价，重点研究兴9气藏。打破长期以来砾岩体构造低部位不能成藏的认识禁锢，探索提出了"滑移扇扇中聚油"的成藏新模式，转变了过去找高点和构造圈闭的惯性思维，形成了一套评价砾岩体气藏的新思路、新方法。在兴9砾岩体气藏先后批准井位9口，投产6口，使兴9气藏日产天然气由 $8 \times 10^4 m^3$ 上升到 $30 \times 10^4 m^3$，日产油由 30t 上升到 110t。新建天然气产能 $1.0 \times 10^8 m^3$，新建凝析油产能 $2.7 \times 10^4 t$，探明增加天然气储量 $30 \times 10^8 m^3$ 以上。借鉴兴9砾岩体气藏评价模式，对兴8、兴10砾岩体结合地质特征、油气富集规律，重点解决制约砾岩体储层空间展布和有利含油气相带预测的技术难题。利用新采集的三维地震资料，引入拓频处理、时频分析和频谱成像等新技术手段，结合井间的对应关系，开展反演预测研究及地震相基础上的沉积微相研究，剖析成藏因素，取得了新认识。采取上下兼探、滚动扩边的策略，在逐步扩大上部砾岩体含油气范围同时，评价下部砾岩体进行评价钻探，滚动扩展部署兴8-1、兴10-1两口评价井。目前两口井试油均获成功。

6 结 论

近两年基于新思路、结合新技术新方法取得的新认识，有效地指导了大兴砾岩体天然气藏评价及产能井位的部署，取得显著的钻探成效。大兴断层下降盘砾岩体油气藏滚动评价的成功，转变了过去找高点和构造圈闭的惯性思维，拓展建立起一套针对砾岩体识别的技术手段和在砾岩体扇中部位寻找厚度较大的块状砾岩评价开发的技术思路，采取上下兼探、滚动扩边的策略逐步扩大砾岩体勘探范围。在大兴砾岩体的各油气藏相继取得的突破，不仅提高了天然气建产能力，夯实了华北油田公司天然气评价开发科学发展的基础，而且为断陷湖盆陡坡带边缘深层水下扇天然气勘探评价领域的突破起到了示范作用。

千米桥潜山灰岩气藏评价技术与效果

李建东　马小明　池永红　邢立平　鞠海英　杨玉生

（大港油田勘探开发研究院）

摘要： 通过应用新处理的地震资料和构造解释、深化气藏规律认识、应用水平井及大强度酸压改造储层等评价技术，综合分析表明，千米桥潜山气藏资源是可靠落实的，只是由于以前构造认识不清晰和地层认识不足，以及酸压改造不彻底，而使这些井处于低效状态。加强构造精细研究、精细地质综合分析和有效的针对性酸压是解决千米桥潜山开发难的有效途径。

关键词： 千米桥潜山　奥陶系　灰岩

前　言

1999 年板深 7 井的钻探成功发现了千米桥潜山凝析气藏，随后的开发评价井虽然多数井试油均获得高产凝析油气流，但后来的开采实践向我们展示了千米桥气田存在严重的非均质性。通过地震资料的重新处理和解释、岩心观察、岩心分析化验、测井资料、试油试采等大量静动态资料的分析，在断层特征、储层特征、产层分布发育规律等研究的基础上，对千米桥潜山气藏开展评价，本文试图从评价的效果揭示千米桥潜山奥陶系油气田产能富集区，以指导油气田的扩边挖潜及开发调整等工作。

1　千米桥潜山基本情况

千米桥潜山地面位于天津市大港区千米桥地区。工区东侧跨过潮间带进入极浅海，北部主要为大港电厂、长芦盐厂卤池、结晶池所覆盖，独流碱河自西向东穿越工区中部，南部则分布有北大港水库、大港油田的主要工业设施、生活基地等均分布其间，地面条件复杂。

千米桥潜山构造位置处于黄骅坳陷中区北大港潜山构造带东北倾没端，夹持于大张坨和滨海断层之间，东南临歧口凹陷，西北接板桥凹陷，主力含气层系为奥陶系上马家沟组，潜山顶面宏观表现为一北倾的大型半背斜圈闭。千米桥奥陶系潜山由潜山主体区、西潜山、东潜山 3 座潜山组成。

千米桥潜山气藏从 1999 年发现到目前大致经历了以下几个阶段：

勘探发现阶段（1999—2000 年）：板深 7、8 获高产，发现潜山；落实储量、编制评价方案。

早期评价阶段（2001—2006 年）：钻井效果喜忧参半，评价陷入低谷期，停滞。

深化评价阶段（2006.6—目前）：加强综合研究、实施钻井评价，初见成效。

截止 2008 年 6 月底，千米桥奥陶系潜山主体区共完钻 16 口井，其中获得高产及工业油气流井 9 口，另有 5 口井见到少量油气，没有见到油气显示的井有 2 口。

2 评价技术与效果

2.1 高精度三维连片采集处理，奠定地质研究资料的基础

近年开展了新三维资料采集处理，应用"叠前深度偏移"地震资料处理技术，重新开展潜山 $300km^2$ 的地震资料处理。通过处理工作，提高了奥陶系潜山顶界面的成像精度，潜山构造形态清晰；改善了潜山内幕的成像效果，地震反射波组特征明显、断点清晰；提高了信噪比和分辨率，满足了非均质储层预测的要求。

2.2 开展精细构造解释，落实潜山断裂结构

以新处理的 $300km^2$ 地震资料为依托，以地质理论为指导，以区域应力场为依据，建立构造地质模式，指导构造解释。利用 Landmark 人机联作解释系统对千米桥潜山开展精细构造解释。利用垂直剖面、时间切片和相干数据体解释断层，利用三维可视化显示修正断层解释方案，通过多种手段的综合运用，搞清了该区的断裂展布规律、断裂演化以及断裂的控制作用，明确了该区的构造样式、特征。与前期的构造解释成果对比来看，潜山构造形态、高点基本没有变化，内部断层组合上有新的认识，潜山内发育多条晚期正断层，对潜山的评价起到较为关键的作用。

千 10-20 井潜山目的层深度与高产井板深 8 井产气层基本相同，但试油后的结论让人非常失望。设计井时（2000 年底）的老地震资料解释成果显示，该井正常钻入潜山内（见图 1b）。而新地震资料解释成果表明，千 10-20 井附近发育一条大的正断层，潜山形态发生变化，本井只在潜山顶部地层钻进，未进入潜山主体内，最后钻出正断层，进入邻块的中生界地层，所以底部见泥岩（见图 1a）。构造解释的差异是造成该井失利的主要原因，如果该井能侧钻进入潜山内部，可望获得成功。

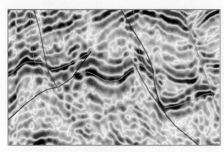 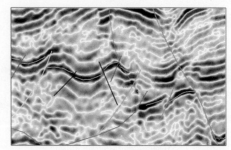

a. 新资料　　　　　　　　　　　　　　b. 老资料

图 1　千米桥潜山新、老地震资料剖面对比（过千 10-20 井主测线）

2.3 利用多信息融合技术，建立潜山储层裂缝建模

根据千米桥潜山油藏裂缝特点，利用 SVI 象素分析手段进行了大尺度裂缝的识别，对 11 口成像测井进行小尺度裂缝的统计和分析，用地震曲率等属性作约束建立了三维裂缝类型体模型；在裂缝发育规律分析的基础上，由裂缝类型相和地震几何属性作约束建立了裂缝

密度和裂缝渗透率体模型，对裂缝发育的密度、渗透率进行了定量预测。利用地震相干等属性识别大尺度裂缝，并在 Fraca 中采用分形模拟的算法模拟大尺度裂缝，总结大尺度裂缝的发育规律及平面特征，小尺度裂缝的发育特征、受控因素与大尺度裂缝之间的关系，定量地确定小尺度裂缝的分类（根据密度、开度、角度等因素）以及各类小尺度裂缝的分布特征和发育区带；并分析不同期裂缝的发育规律。

由裂缝密度体可以看出，裂缝密集区域总体上受大尺度裂缝的控制（图 2），大尺度裂缝把裂缝密度高值区域分割成彼此相对独立的几个区域，分别为板深 703 井南区、板深 8 - 千 12 - 18 井西区、千 16 - 16 - 18 - 18 - 千 18 - 19H 井北区、千 10 - 20 - 板深 7 井、板深 4 井南区以及靠近大张坨断层的北部地区等裂缝密度值区带，区带之间由较小密度值或密度值几乎为零值的区带相隔。结合该地区奥陶系顶界面构造图可以看出，裂缝密度高值区不受现今构造高点的控制，多分布在现今构造高部位的斜坡区。

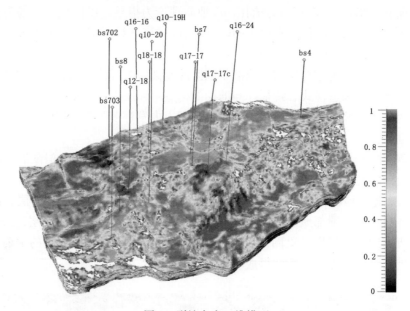

图 2　裂缝密度三维模型

2.4　首次在潜山应用水平井，技术优势得到充分体现

千米桥潜山储层经取心和成像测井证实多发育高角度裂缝，大斜度井（水平井）可横向沟通多个裂缝体；80 ~ 140m 的风化壳厚度需要立体控制，尽可能多钻穿孤立的发育体；潜山纵向具有连通性，需加强横向沟通；经老井探边测试表明，封闭性边界距离约为 300m，因此钻遇两个以上储集体需要的水平段长度应不少于 600m，在此基础上，建立了水平井设计思路：

（1）深度：风化壳顶下 50 ~ 120m 为最发育储层段。

（2）长度：钻遇 2 个发育体，长度约 700m 以上。

（3）方位：垂直或斜交裂缝，增加裂缝渗滤带。

（4）构造部位：构造高部位、保持原始状态。

（5）完井方式：裸眼完井，维护最大自然产能；或者射孔完井，便于后期治理。

（6）增产措施：酸压后投产。

在重新落实构造、精细研究裂缝储层、系统总结高产油气富集规律的基础上，进行评价井的优选，实施了 2 口水平井：千 16 – 16 大斜度井和千 18 – 19H 水平井，效果较好。

2.5 老井评价获突破性认识，油气分布规律更加清晰

随着千米桥潜山地区技术与认识的不断提高，通过应用新资料和新认识，对老井进行了全面复查，内容有：地质复查、试油复查、测井复查、地震复查、工程复查、生产试采复查等。老井复查获得突破性认识，基本查清大部分老井的失利原因，进一步证实和坚定了资源的可靠性。下面以千 12 – 18 井和板深 22 井说明。

1. 地质上精细复查、查明出水原因

千 12 – 18 井与板深 8 井处于相同地层、相同高程内，板深 8 井高产稳，而千 12 – 18 井却气水同出且高部位出水多，这一问题长期困扰着潜山的开发。

通过复查岩屑，千 12 – 18 井奥陶系顶部井段中发育中生界紫红色泥岩，因此，原分层有误。千 12 – 18 井在奥陶系潜山试油井段中将中生界水层射开。这样就形成一种地质上不应出现的地质现象：处于同一储层内的气藏上部为水层且水量大，而下部为油气层的油水倒置现象。

2. 储层有效改造是正确认识气藏的保证

千 16 – 16 井大排量、高注酸强度的改造模式，确保了储层压开造缝，保证了千 16 – 16 井的高产、稳产，同时正确认识了气藏。与此相反，如果储层得不到有效改造，则不能正确认识气藏，以板深 22 井为例。

板深 22 试油酸化求产，获折日产气 $11 \times 10^4 \text{m}^3$ 的高产，得到非常好的油气显示，但未能正式投产。本井注酸强度仅为 $1.95 \text{m}^3/\text{m}$，未压开储层，没有沟通远处油气层，未能达到认识气藏真实性的目的。

3 结 论

（1）大面积高精度三维地震资料采集和叠前深度偏移处理提高了研究成果质量，水平井保证更多的钻遇裂缝发育体，储层有效改造等技术的应用是实现评价效果的关键，是正确认识潜山真实含油气性的有效手段。

（2）千米桥潜山资源可靠、潜力大。

通过对 16 口老井的综合分析，发现完全无油气显示的井只有 2 口，以及新评价井千 16 – 16 井和千 18 – 19H 井的钻探证实：千米桥潜山资源可靠、生产能力较高，具有较强的评价开发潜力。

参 考 文 献

[1] 吴永平，杨池银，付立新，等. 渤海湾盆地千米桥凝析油气田的勘探与发现 ［J］. 海相油气地质，2007，12（3）

[2] 杨池银. 千米桥潜山凝析气藏成藏期次研究 ［J］. 天然气地球科学，. 2003，14（3）

[3] 卢鸿，王铁冠，王春江，等. 黄骅坳陷千米桥古潜山构造凝析油气藏的油源研究 ［J］. 石油勘探与开发，2001，28（4）

[4] 何炳振，王振升，苏俊青. 千米桥潜山凝析气藏成因探索 ［J］. 特种油气藏，2003，10（4）

［5］于学敏，苏俊青，王振升．千米桥潜山油气藏基本地质特征［J］．石油勘探与开发，1999，26（6）

［6］李建英，卢刚臣，孔凡东，等．千米桥潜山奥陶系储层特征及孔隙演化［J］．石油与天然气地质，2001，22（4）

［7］姜 平，王建华．大港地区千米桥潜山奥陶系古岩溶研究［J］．成都理工大学学报（自然科学版），2005，32（1）

［8］陈恭洋，何 鲜，陶自强，等．千米桥潜山碳酸盐岩古岩溶特征及储层评价［J］．天然气地球科学，2003，14（5）

［9］杨池银，武站国．千米桥潜山奥陶系碳酸盐岩储层成岩作用与孔隙演化［J］．石油与天然气地质，2004，25（3）

属性分析技术在新疆油田油气预测中的应用

黄小平　杨荣荣　齐洪岩　张吉辉　李　岩

（新疆油田公司勘探开发研究院）

摘要： 随着地震及其他相关学科的发展与进步，地震属性分析技术已大量应用于科研生产研究中，通过各种分析方法，从地震数据中拾取与岩性及含油性等地质信息有关的多种属性；同时结合钻井、测井、试油等资料进行储层流体预测，进而直接指导油气勘探与开发。文章以准噶尔盆地西北缘车排子地区新近系沙湾组油藏地震属性分析应用为例，充分利用振幅、波形分类、分频、能量等地震属性分析并结合沉积、构造等，对该地区的岩性、构造和含油气性进行研究，地震属性很好地反映了油藏特征，研究结果已在实际生产中得以证实。

关键词： 构造　岩性　属性分析　油气预测

引　言

车排子地区位于准噶尔盆地西北缘，构造上属于准噶尔盆地西部隆起的红车断裂带中断及车排子凸起西北部。红车断裂带由于受多期构造运动作用，形成多条南北向大型逆冲断裂和自东向西抬起的断阶带，是一个构造较复杂的断块区。该区的油气勘探始于 20 世纪 50 年代，2000 年以前勘探以白垩系以下地层为主要目的层，相继发现了石炭系、二叠系、侏罗系油气藏。但该区浅层油气勘探一直未获突破。2006 年在车排子地区浅层新近系油气勘探取得了重大突破。在新近系沙湾组沙二段顶部砂层发现车 84 井断层—岩性圈闭和车 87 井东断层—岩性圈闭，相继钻探的车 89 井、车 95 井均获高产工业油流。为进一步落实该区沙湾组油藏规模，扩大该区沙湾组勘探成果，对新采集的车 89 井区精细三维地震资料进行了更为精细的研究。

1　地层特征

该区地层自上而下发育第四系、新近系、古近系、白垩系、侏罗系、三叠系、二叠系和石炭系。由于车排子凸起从石炭纪到侏罗纪末期一直位于构造高部位，且不断抬升，凸起上大部分缺失二叠系、三叠系、侏罗系地层，白垩系、第三系超覆沉积于基岩顶面。

新近系沙湾组自下而上划分为沙一段、沙二段和沙三段。新近系沙湾组早、中期沉积为辫状河三角洲相，岩性以砂岩为主，晚期以浅湖—滨浅湖相沉积为主，岩性以灰色泥岩为主夹滩坝相砂岩。沙湾组顶部（沙三段）砂体不发育，以滨浅湖—浅湖沉积的泥岩为主，是该区沙湾组油藏的有效区域性盖层；沙一段、沙二段砂层比较发育，以三角洲沉积的河道砂、河口坝砂体为主，平面上分布稳定，厚度变化不大，其中沙二段是主要的产油层。

2　地震精细研究

2.1　地震相响应特征

该区新近系沙湾组油藏主要受断裂—岩性控制，为滨浅湖滩坝相砂体成藏，纵向组合表现为"泥包砂"特征，油层段在地震剖面上表现为大套泥岩层空白（弱）反射的底部出现短轴状强振幅反射相位，且为强波峰、强波谷这种强强组合的双强反射特征，在横向上双强特征突然中断（图1）。总体来说，含油砂体在地震上表现为三大明显的特征：一是短轴状强振幅突然中断；二是亮点特征明显；三是速度、频率降低。

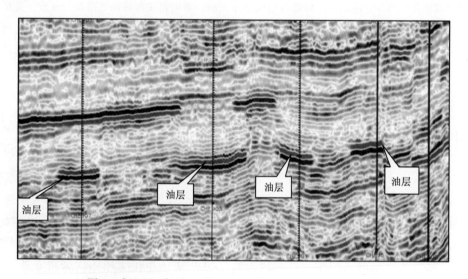

图1　车907—车903—车901—车95—车902 井连井剖面

根据标定对该区沙湾组油层顶进行精细解释，浅层地层均为发育一系列"Y"字型的正断裂，这些断裂为油气的运移和遮挡成藏提供了条件。为进一步落实构造断裂展布及油藏分布与断裂之间的关系，对沙湾组油层段进行相干分析、倾角扫描和断裂检测研究。

相干属性反映了大断裂在平面的表现特征；倾角扫面属性则反映了地层裂缝和断裂的发育情况及断层体系的识别和描述，刻画断层在空间的展布。沙湾组油层顶界断裂检测和沿层相干等属性（图2）清晰地反应了该层断裂在平面上的展布特征，落实了该层的构造情况：该油层顶部构造总体为东南倾的单斜，发育有近东西向正断层数十条（断裂发育），其中车95 井、车89 井高部位均有断裂遮挡，形成有效的圈闭遮挡。车905、车908 侧翼断裂控制条件差，没有起到封闭条件，岩性—构造匹配条件不好，没有形成有效的圈闭。为了进一步研究油藏的控制因素和分布特征，对该区进行了多属性分析。

2.2　地震属性特征

对车89-95 井区内井合成地震记录标定结果，反映出该区油层段在地震资料上具有明显的强振幅特征，在含油砂体和含水砂体的变化部位，振幅也具有明显变化，主要表现为进入含水砂体后，反射振幅明显减弱。如高部位车89 井含油砂体强振幅特征明显，低部位车

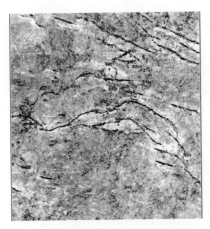
(a)沙湾组油层沿层相干图

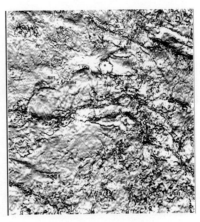
(b)沿层倾角扫描

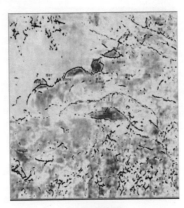
(c)断裂检测

图2 沙湾组油层顶界断裂检测和沿层相干属性

84井的含水砂体,强振幅突然消失。利用反射系数、波形分类和均方根振幅等属性特征成功钻探了评价井车901、车903,但车905井失利(图3)。处于高部位的车95井与低部位的车905井进行对比,地震剖面上均表现为强振幅突变,均为强波峰、强波谷组合的双强特征;平面上反射系数、波形、振幅等属性特征相似,但车95井砂体为含油砂体而车905井砂体为含水砂体。可见强振幅属性并不是有效识别油层和水层的手段,必须综合运用多种技术手段,综合分析,流体检测才能达到满意的预测结果,减少单一属性产生的多解性。

2.3 流体响应特征

综合利用各种地球物理参数对出油井和未出油井进行单井对比分析,发现频谱、振幅、最大能量、能量百分比以及高频能量衰减等方面差异较大,这为下一步的流体识别提供了思路和依据(图4)。

分频处理后用RGB三原色来表示不同的频率,油层在低频到高频都表现明显,红色表示15Hz、绿色表示72Hz、蓝色表示123Hz。在不同频率上都具有强振幅的区域叠加后显示为白色,图5中清析的反映了亮点的强振幅分布,指示了可能油气藏的存在。车89、车95、车903、车901、车907井具有明显的半弧形亮点特征,与实钻油藏的吻合程度较高。

147

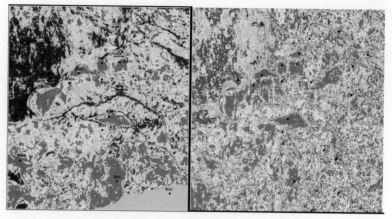

(a)反射系数   (b)波形分类

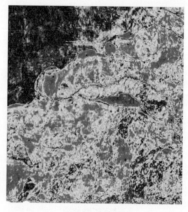

(c)均方根振幅

图3　反射系数、波形分类和均方根振幅特征属性

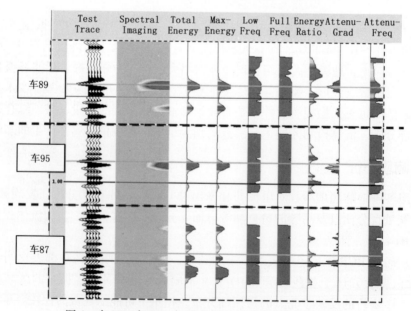

图4　车89、车95、车87井单井地球物理参数分析图

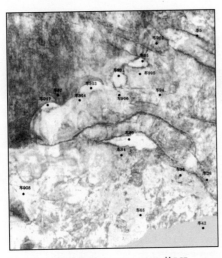
(a)分频检测15、75、123Hz的RGB

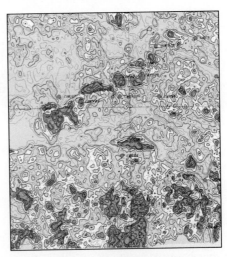
(b)沿油层顶界能量衰减梯度图

图5 亮点的强振幅分布

综合分析上述各类参数，根据地震反射波的振幅、频率、能量、波形等地震信息，结合测井、钻井、地质等资料对储层的岩性、物性进行预测，确定岩性体的分布范围。车905井在能量属性上与车95井的反映特征差异较明显，说明车95含油砂体和车905含水砂体之间具有油水边界，这种油水边界在振幅和频率特征上表现的不明显，但在能量、能量衰减梯度属性上具有明显的差异。各类参数综合研究，识别出强振幅砂体的展布特征，砂体总体上呈北东向展布，高部位具有弧形边界，这些弧形边界与地层配合，形成较有利的油气聚集场所。

3 结论与认识

（1）根据目前地震、地质及钻试等研究分析来看，该区砂体普遍较薄，一般小于10m，构造与岩性精细的匹配程度分析是刻画圈闭形态的关键。

（2）地球物理属性对该区流体响应特征的综合分析是我们发现油藏的重要手段。强振幅特征在该区的反映特征明显，但为了减少单一属性造成的多解性，减少失利，多属性综合分析技术是目前在车排子地区油气检测中应用的有效手段。

（3）精细解释工作是基础，精确标定是关键。该区采用的研究思路和技术手段是比较成功的，个别失利井带给我们深深的反思，对于成功井的各项分析是否透彻？采用的技术手段不够综合全面？这也是我们今后努力的方向。

埕海一区产能建设开发方案优化及实施中新技术的应用

刘建锋　王建富　董树政　赵连水

张卫江　姚玉华　李志军　张　莉

（大港油田滩海开发公司）

摘要： 产能建设过程中单井地质设计及现场实施方案的正确与否，决定了这口井的成败与否，而开发方案优化的成功与否，则直接关系到产能建设工作的成败。本文从埕海一区产能建设过程中影响建产效果的几个主要问题入手，详细介绍了在方案优化及实施工作中成功解决这几项问题的方法和手段，希望能够为其他相似油田的产能建设提供帮助。

关键词： 产能建设　方案优化　水平井

前　言

大港油田埕海一区是中国石油第一个海上整装建产区块，在建产初期面临着地下地质条件复杂、地面工程实施难度大、井位设计平面位移大（大于2000m）、水垂比高（大于2）、实施风险大等诸多难题，这些问题给产能建设工作带来了巨大的困难与挑战。经过两年多时间的井位设计与现场实施方案的多轮优化工作，我们摸索出了解决相应问题的方法，形成了一套成熟的技术系列，埕海一区的产能建设也因此取得了阶段性成果。

1　工区概况

大港油田埕海一区地理位置位于河北省黄骅市关家堡村以东的滩涂—海域水深4m的极浅海地区，构造上位于埕北断阶区埕宁隆起向歧口凹陷过渡的斜坡部位，由北向南主要发育5条近东西走向主干断层，受其控制发育张东、张东东、赵东、关家堡及埕海等5个局部构造。关家堡构造位于该断阶区中南部、羊二庄断层上升盘，宏观上为一被断层复杂化的背斜圈闭（见图1）。

埕海一区2001年勘探发现庄海4X1断鼻，2003年发现主体区庄海8背斜，2004年上报探明石油地质储量1885×10⁴t，含油层系为沙河街、馆陶及明化镇。2006年2月14日该区开发方案通过股份公司评审，2006年5月29日得到股份公司的批复。埕海一区自2006年12月分3个层系，4个开发单元开始产能建设，截止目前已累计钻井32口，其中油井28口，水井4口，累建产能44.22×10⁴t，2008年已实现原油产量18×10⁴t。

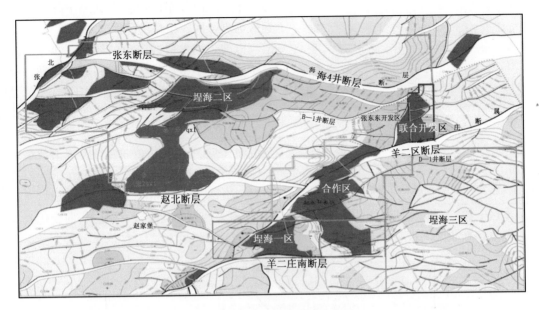

图1　埕海油田构造单元分布图

2　开发方案优化及实施中的主要难点

2.1　构造破碎、井控程度低、地层对比及全区统层难

关家堡构造带宏观表现为被断层复杂化的背斜圈闭。受断层切割形成多个局部背斜、断鼻、断块圈闭。工区内主要断层以北东—近东西走向为主,掉向北西—北,次级断层北东、北西、东西向都有发育,羊二庄断层为主控断层,该区还发育一些仅在早期或晚期活动的次级断层,其纵向切割范围不大,早期断层主要在下第三系和前第三系活动,馆陶组活动性很弱甚至不活动;晚期断层切割深度不大,往往不能切穿上第三系明化镇组底部。这些断层断距为5~70m,对断块的切割划分作用较小,但使构造复杂化。加上主力油组明化镇及沙河街组储层变化大,使整个区块的地层对比及统层工作十分困难。

2.2　多沉积类型、多种岩性组合、储层横向变化大、精细刻画难

关家堡地区处在新生代沉积盆地—黄骅坳陷歧口凹陷的东南缘,是埕宁隆起向歧口凹陷过渡的断裂阶地。在开始接受新生代沉积物之前,该地区为长期遭受剥蚀的地区,前中生代地层遭受了明显的褶皱变形,出露地表的上部地层被削截,剥蚀下来的物质成为沉积区的物源。从地震剖面可以看出,关家堡地区自新生代开始接受沉积以来,古地形一直保持南高北低的大趋势。因此,南部埕宁隆起始终是该区沉积的主要物源。

主力层沙一段地层沉积总体为高位体系域沉积,沉积范围广,变化大。该套地层为典型的水进型正旋回层序,随着水体变化,沙一段地层超覆在盆地边缘前中生界地层之上(见图2)。沙一下段在羊二庄断层以北的下降盘以及庄海401井附近的陡坡带为浅湖相碳酸盐岩沉积区,该区以南到羊二庄南断层附近为滨湖相,主要沉积物为泥岩,局部发育少量滩坝

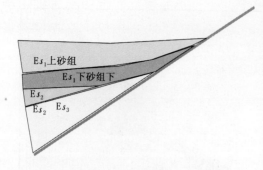

图2 关家堡地区沙河街组沉积模式

砂。羊二庄南断层以南一直到埕宁隆起的广大地区为剥蚀区,也是物源区(见图3)。滨湖的滩坝砂就是湖水侵蚀岸边的结果;沙一上段发育了一系列小型河流三角洲和扇三角洲,三角洲的主体——三角洲前缘在羊二庄断层和羊二庄南断层之间,部分前缘砂体延伸到羊二庄断层以北地区,向西北方向过渡为前三角洲泥和浅湖沉积(见图4)。三角洲发育表现出数量多而个体小的特征,但砂体薄,横向变化大,给储层的刻画带来很大的困难。

本区上第三系明化镇组为曲流河沉积,由于河道来回摆动及决口,储层横向变化大,河道刻画也存在很大困难。

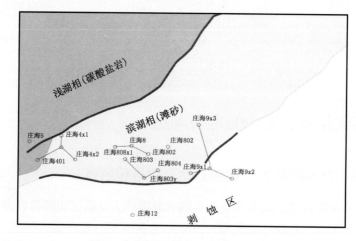

图3 关家堡地区沙一下段沉积相图

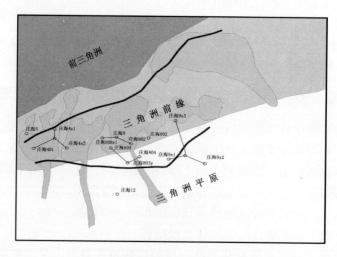

图4 关家堡地区沙一上段沉积相图

2.3 庄海 8 沙河街及明化镇储层薄、横向变化大，油藏复杂；并且由于端岛式开发使得水平井的水平位移大，水垂比大，水平井的轨迹优化及现场实施存在很大难度

该区主力油层的主力砂体厚度一般在 3～8m，并且横向变化大，油藏受构造和岩性双重控制，加上地震资料分辨率有限，水平段的优化存在很大困难。由于采用端岛式开发，单井平面位移大（大于 2000m），水垂比大（大于 2），水平井轨迹优化及现场控制难。

3 开发方案优化及实施中应用的主要技术及效果

3.1 应用的主要技术

（1）针对构造破碎、井控程度低、地层对比及全区统层难的问题，主要有以下做法。

①标志层选取技术。

利用层序地层学的理论，寻找不整合面、层序转换面等作为对比的依据；通过对泥岩颜色、生物化石、测井曲线标志层、沉积旋回等各种资料进行综合分析，选取在全区具有代表性的标志层。

②统层及地震解释技术。

井震结合，反复验证分层的合理性。依托 2004 年新采集的高精度三维地震资料，利用庄海 8 井的 VSP 资料进行了精细的层位标定，并制作了工区内 14 口井的人工合成记录，以沙一段底界（Es_1）为标志层，用联井剖面进行立体层位标定，应用相干体水平切片技术，确定断层平面组合，同时将相干数据体和三维可视化解释技术结合，在三维空间修正不合理的断层组合，提高断裂的解释精度，在此基础上反复优化地层对比方案，完成全区构造精细解释及统层工作。

（2）针对多沉积类型、多种岩性组合、横向变化大、储层精细刻画难的问题，我们主要应用了几种方法来实现对储层空间展布的刻画：

①对沙河街扇三角洲的储层刻画，主要应用了地震属性分析技术、基于模型测井资料约束反演技术及建模相结合的办法来实现对储层的刻画。

在目的层精细解释的基础上，我们利用 LandMark 软件的 PostStack/PAL 模块沿层提取多种属性，结合沉积微相、老井钻遇及生产资料进行分析，然后应用反演结果加以验证，最后用建模软件来实现深度域的储层在三维空间构型上的展布，达到储层精细刻画的目的。

②针对明化镇曲流河河道砂体的刻画，主要应用了沿层地震属性分析技术、测井约束反演技术、三维可视化追踪技术及分频处理与解释技术。

在地震精细解释的基础上，我们利用 LandMark 软件的 PostStack/PAL 模块沿层提取多种属性，在 Geoprobe 模块中对原始地震体进行基于目标的处理，然后结合老井钻遇及生产资料应用体透视和体雕刻技术对目标砂体进行刻画；同时应用 SpecDecomp 模块进行分频处理及解释，最后结合储层反演结果确定河道的最终形态。

（3）针对大位移、高水垂比水平井轨迹优化和现场实施难的问题我们采取以下几种方法：

① 井轨迹优化方面，在依托于精细储层研究结果的基础上，地质设计与工程设计并行，

做到及时设计的及时优化，这样不但减少了由于工程防碰及井身结构不合理而造成地质设计不能达到预期目的的情况发生，而且也大大提高了工作效率，降低了操作成本。

②在水平井及人斜度井的现场实施阶段，我们主要采取了以下几项做法：

现场依据钻遇情况实时优化轨迹，根据邻井资料、地震剖面及实际钻遇情况确认地层倾角。

全面掌握国内外各个服务商的随钻导向仪器的结构及各种导向参数，随时判断钻进过程中的异常现象。

开展基于模型的实时随钻跟踪，确保水平井成功入窗及水平段的高油层钻遇率。

使用 Petrel 建模软件的实时跟踪及预测功能，钻前及钻进过程中预测目的层段岩性、孔渗、泥质含量等储层参数，建立新井的岩性、物性剖面，预测可能钻遇的储层及其物性，为现场地质导向提供依据。

根据钻井现场实际需求，研发了集地质模型预测、钻井轨迹控制、计算机软件决策为主要功能的监测系统，并及时跟踪平台钻井进程，对实钻轨迹做出评估。

抓好三个关键，做到一个及时。

"三个关键"：一是入窗点的深度，通过层位标定，利用已知井深度推断设计井深度；二是地层倾角的大小，利用油藏剖面、地震剖面及随钻深度计算后预判；三是储层横向变化，利用地震剖面的显示方式、测井反演等技术方法实现。

"一个及时"：加强现场随钻预测，根据钻遇情况并结合地层倾角及时控制井眼轨迹。

3.2 应用效果

（1）完成了埕海一区所有井的统层工作及构造解释。

（2）储层刻画取得了阶段性成果，预测与实钻吻合程度高，水平井入窗成功率一直保持在 100%，总结摸索出了不同沉积环境下储层研究的技术系列及方法体系，形成了埕海一区薄砂层预测的工作流程与技术思路。

（3）水平井轨迹优化与现场实施获得了全面成功，平均水平段长度 564.43m，平均钻遇油层 476.11m，油层钻遇率 85%，创造了中国石油单井水垂比 3.92 及水平段长度 949m 的新纪录。到目前为止已经成功实施 18 口水平井，投产后日产油 100t 以上的 6 口，日产油 50~80t 以上的 7 口，整体达到方案设计指标（见表 1）。

表 1 埕海一区水平井钻遇情况统计表

序号	井号	设计 (m)	实际 (m)	目的层油层 (m)	层数	钻遇率 (%)	水垂比	初期日产 (t)
1	庄海 8Ng – H1	702	829.4	829.4	1	100.00	2.74	350
2	庄海 8Ng – H2	600	545.5	455	2	83.40	2.42	110
3	庄海 8Ng – H3	426	562.1	515	1	91.62	2.6	130
4	庄海 8Es – H1	921	890.4	821.2	3	92.23	2.39	300
5	庄海 8Es – H3	814	982.4	924.2	4	94.08	2.499	300
6	庄海 8Es – H4	401	510	358.5	3	70.29	1.96	80
7	庄海 8Nm – H3	273	334.8	241.8	1	72.22	3.92	5

序号	井号	设计 (m)	实际 (m)	目的层油层 (m)	层数	钻遇率 (%)	水垂比	初期日产 (t)
8	庄海 8Es – H6	450	430	410	2	90.13	2.38	70
9	庄海 8Es – H2	485	338.7	312.7	1	92.32	2.04	110
10	庄海 8Ng – H4	400	320	215	3	80.20	2.26	50
11	庄海 8Es – H5	525	728	610.2	3	83.82	3.15	80
12	庄海 8Nm – H2	525	526	442.6	2	84.14	2.86	80
13	庄海 8Nm – H1	264	170.9	120.2	2	70.33	1.92	25
14	庄海 8Ng – H8	673	746.2	720.8	4	96.60	2.57	50
15	庄海 8Nm – H3K	310.43	134	93	2	69.40	3.83	15
16	庄海 8Nm – H4	195	279.9	192	5	68.60	1.71	10
17	庄海 8Ng – H5	434	463.3	386.4	3	83.40	2.22	50

4 结 论

（1）产能建设方案中地层对比是一切工作的基础，各项井资料与地震资料相结合是解决地层对比中存在问题的有效方法。

（2）储层预测是实现油田高效开发的关键，针对不同沉积体系选用不同的储层研究方法组合是储层预测成功的唯一途径。

（3）水平井的轨迹优化及现场实施过程中的卡层工作是水平井成功与否的先决条件，依据地层倾角及钻进过程中的显示进行随钻轨迹的实时调整是保证水平井油层钻遇率的唯一手段。

埕海一区产能建设已历时两年多，从开发方案开始概念设计一直到今天，开发方案的优化工作从未间断，各个部门、各项技术之间的合理有效匹配使我们的方案优化工作效率更高、优化结果更加真实可行，而且最重要的是形成了一套成熟的产能建设开发方案优化及实施的技术系列，这将为我们其他产能建设区块的方案优化与实施提供重要帮助。

中央凹陷低阻储层油水层识别方法研究

盛　利[1]　王振军[1]　高　巍[2]　葛世坤[2]
边晨旭[2]　臧世伟[3]　潘云生[4]
（1. 吉林油田公司勘探开发研究院；2. 吉林油田公司开发事业部；
3. 吉林油田公司天然气事业部；4. 吉林油田公司松原采气厂）

摘要： 随着吉林油田近几年的高速发展，制约勘探开发的问题逐年增多，针对近几年来勘探对象的复杂、疑难问题的增多，尤其是低阻油层的识别与评价，给油水层识别、储量计算，油田开发带来了很大困难。目前，已经研究出几种较好的识别低阻油层的方法，在实际应用中取得了良好的应用效果。

关键词： 低阻　薄互层　束缚水饱和度　神经网络　核磁差谱移谱

前　言

通过对优选出的松辽盆地南部中央坳陷区 4 个有代表性地区（大老爷府、大情字井、海坨子、四方坨子地区）的低电阻率油层的岩心进行实验和分析，充分利用高分辨率的成像测井资料，对低分辨率的数控测井资料进行薄互层校正，通过测井精细解释提高识别和定量评价低阻油层的能力。通过对大情字井和四方坨子两个地区进行低阻油层识别和评价，取得良好的应用效果。低阻油水层的识别方法一般有孔隙度—电阻率识别法、束缚水饱和度—含水饱和度交绘图分析法、神经网络模式识别法和核磁差谱移谱（即差分谱和位移谱）检测法。

1　孔隙度—电阻率识别法

1.1　常规电性图版识别法

电性图版，即地层孔隙度 ϕ（通常用一种孔隙度测井值，如声波时差 Δt）与地层真电阻率 R_t（通常用深探测的电阻率测井值，如深侧向 R_{LLD}、深感应 R_{ILD}）的交会图，是阿尔奇（Archie）含水饱和度公式的一种图解形式。它被广泛地用于定性识别油水层。应当注意的是只有在电性主要反映地层孔隙流体的情况下，电性图版法才能得到好的应用效果。如图 1 是四方坨子地区低阻储层的电性图版。

图 1 中的地层电阻率未经泥质校正。在一个地区，对岩性基本相同、孔隙结构相似、地层水矿化度变化不大的地层，除地层水饱和度因素外，泥质含量是影响地层电阻率的主要因素。我们用"纯砂岩"地层的电阻率代替深探测电阻率测井值作电性图版来识别孔隙流体性质。为便于区分，我们把这种方法称为"改进的电性图版识别法"。

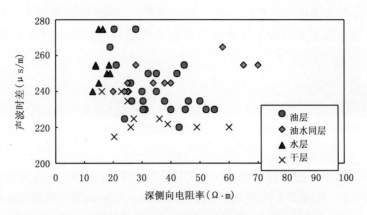

图1 四方坨子地区低阻储层电性图版（未经校正）

1.2 深侧向电阻率泥质校正方法

通过观察中央坳陷区大量的低阻储层钻井取心岩样，我们发现大部分泥质砂岩储层是由许多砂岩和泥岩纹层组成的。在不考虑钻井液侵入的情况下，深侧向测量的电阻率 R_{LLD} 为 R'_t。R'_t 可看成是单位长度的上述砂岩、泥岩纹层并联而成的等效电阻。即：

$$\frac{1}{R'_t} = \sum_{i=1}^{N} \frac{1}{r_i^t} + \sum_{j=1}^{M} \frac{1}{r_j^{sh}} \tag{1}$$

又

$$r_i^t = R_t \frac{1}{S_i^t} \tag{2}$$

$$r_j^{sh} = R_{sh} \frac{1}{S_j^{sh}} \tag{3}$$

将（2）式、（3）式代入（1）式，得：

$$\frac{1}{R'_t} = \frac{1}{R_t} \sum_{i=1}^{N} S_i^t + \frac{1}{R_{sh}} \sum_{j=1}^{M} S_j^{sh} \tag{4}$$

由给定的条件可得泥质含量 $V_{sh} = \sum_{j=1}^{M} S_j^{sh}$，则（4）式可写为：

$$\frac{1}{R'_t} = \frac{1 - V_{sh}}{R_t} + \frac{V_{sh}}{R_{sh}} \tag{5}$$

即：

$$R_t = \frac{(1 - V_{sh})R'_t R_{sh}}{R_{sh} - V_{sh}R'_t} = \frac{(1 - V_{sh})R_{LLD}R_{sh}}{R_{sh} - V_{sh}R_{LLD}} \tag{6}$$

1.3 四方坨子地区低阻储层改进电性图版的建立

对四方坨子地区的低阻储层，尽管处在不同的层位，但岩性基本一致，均为粉砂岩，且

157

孔隙结构、流体分布大体相近，地层水矿化度变化不大。因此，除地层水饱和度外，泥质含量是影响地层电阻率的主要因素。在建立改进的电性图版时，泥质含量由自然伽马测井计算：

$$V_{sh} = \frac{2^{C \cdot \Delta GR} - 1}{2^C - 1} \qquad (C = 3.7) \tag{7}$$

$$\Delta GR = \frac{GR - GR_{min}}{GR_{max} - GR_{min}} \tag{8}$$

R_{sh}取泥岩平均电阻率测井值，由（6）式计算经泥质校正后的地层电阻率R_t，建立改进的电性图版如图2。比较图1和图2，经泥质校正后，油层和油水同层的电阻率增大明显，而水层的电阻率只有小幅度的增大。因此，在改进的电性图版上，油层和油水同层区与水层更好区分，有利油水层的识别。

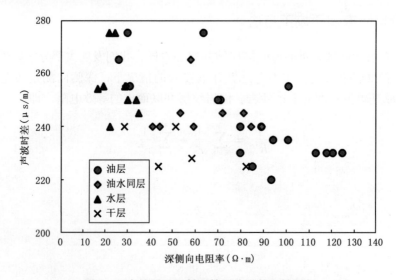

图2　四方坨子地区低阻储层改进的电性图版

从图1、图2可以看出，四方坨子地区水层的电阻率一般小于40Ω·m；当油层深电阻率大于50Ω·m时，油水层才能容易分开，但油层与油水同层还无法分开。

2　束缚水饱和度—含水饱和度交会图分析法

2.1　识别原理

由油、气、水两相或三相流体在地层孔隙中的渗流理论，地层含水饱和度和地层束缚水饱和度S_{wi}可用来判别地层产油或产水（图3）。

（1）当$S_w = S_{wi}$，地层只产油，即为油层。实际应用中，S_w与S_{wi}相近；对厚度大、含油饱和度高的油气层，往往会出现$S_w < S_{wi}$的情况。

（2）当$S_w > S_{wi}$明显时，地层只产水，即为水层。

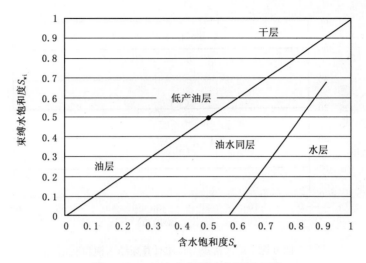

图3 S_w—S_{wi}交会判别油水层原理图

2.2 实例分析

根据上述原理和方法，对四方坨子地区18口井70层进行了处理和识别，识别符合率较高，为83%。

从四方坨子地区低阻储层 S_w—S_{wi} 交会油水判别结果（图4）可以看出，根据含水饱和度和束缚水饱和度可以把低阻储层有效划分为油层、含水油层、油水同层、水层及干层5种类型，该区识别效果不符合的层主要是含水油层和油水同层之间，特别是在含水饱和度35%左右时，这可能是含水油层和油水同层之间形成电性特征较大差异的临界值。

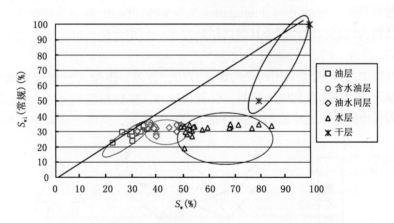

图4 四方坨子地区低阻储层 S_w—S_{wi} 交会油水判别结果

应用核磁资料计算的束缚水饱和度与含水饱和度交会进行油水判别，其敏感性明显强于常规方法计算参数的判别结果（图5），油水同层与水层，油层与油水同层拉开距离增大，识别难度降低，这说明应用核磁测井资料判别油水层的准确度要高于常规资料，但核磁测井资料的获得成本较高，资料较少，大量的判别还得依赖常规测井资料来完成。

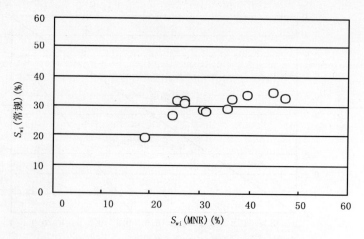

图 5　四方坨子地区常规与核磁计算束缚水饱和度相关图

3　人工神经网络识别方法

3.1　人工神经网络方法概要

人工神经网络（ANN）是由大量称为神经处理单元的自律要素以及这些自律要素相互作用形成的网络。人工神经网络具有学习、自适应、自组织等功能。

3.2　误差反向传播算法（BP算法）

误差后传播算法（Error Back Propagation Network），即 BP 算法，是在 20 世纪 70 年代发展起来的，已得到广泛应用。因为其网络结构简单，使用方便，可以解决大多数神经网络所面临的问题。

在训练过程中，BP 网络采用两步的训练方法。首先，将输入数据输入网络输入层，如图 6 所示。输入层单元接收到输入信号，计算权值和，然后根据单元的传递函数将信号传送给中间层，同样中间层单元将输出传送给输出层。第二步，网络的实际输出与应有的输出相

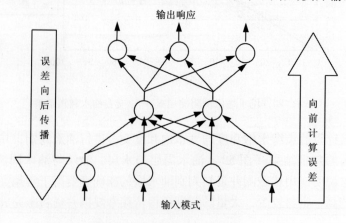

图 6　BP 算法原理示意图

160

比较。如果误差超过给定值，则将误差反向传播，也就是从输出层到输入层。在误差向后传播的过程中，相应地修改单元之间的连接权值。

BP算法具体步骤如下（图7）：

（1）将全部权值预制为（0，1）之间的随机值；

（2）加载输入与输出（表征与输入相对应的模式类的输出结点期望值为1，其余为0）；

（3）计算实际输出 Y_1，Y_2，…，Y_m（m为输出结点数）；

（4）计算系统误差 E 和 ΔW_{ji}；

（5）若 E 达到一定精度不再继续下降，则调用检验样本，输出结果，转入步骤（6）；否则返回步骤2；

（6）以当前状态权值作为初始值，并调算法，输出结果，结束。

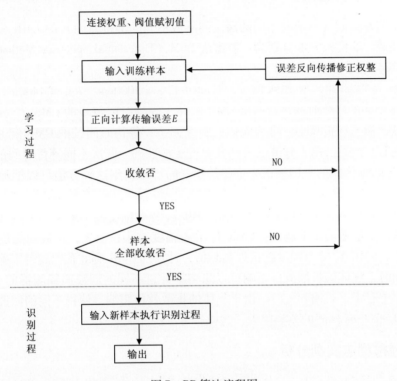

图7　BP算法流程图

3.3　人工神经网络方法的实现

网络输入层选7个特征参数，分别是：自然电位、自然伽马、深侧向电阻率、声波时差、密度测井、中子测井和油气显示级别。综合这些参数可以反映地层的岩性、物性、含油性。为了网络的收敛性，网络的输入参数必须归一化，即将所有输入曲线值转换成 0 ~ 1之间。

输出层选4个状态：油层；油—水同层；水层；干层。

学习样本的选择：在一个地区，选择有试油结论的样本，且样本的特征参数分布较均匀。人工神经网络的关键在于学习或训练。学习过程要花费大量的时间，通过运算，选定合适的网络参数，使算法收敛快、误差为全局极小。网络训练好之后，就可以用来识别待识别

161

的样本，输出目的层的含油性结果。

3.4 应用效果分析

通过和试油结果比较，在四方坨子地区 58 个识别层中有 53 层识别正确，符合率为 91.4%。大情字井地区低阻储层的识别结果符合率达 75% 以上。因此，我们可以看出应用人工神经网络识别低阻油层是可行的、有效的。

4 差分谱位移谱烃检测法

4.1 核磁烃检测方法原理

两次不同测井参数（一般分不同的回波间隔或不同的等待时间）的 CMR 分布的差异可以用来识别轻烃。这两种方法分别为：差谱法 DSM（Differential Spectrum Method）和位移谱法 SSM（Shifted Spectrum Method）。

差谱方法是根据油、气和水的 T_1 不同（$T_{1油}$ = 5000ms，$T_{1气}$ = 4400ms，$T_{1水}$ = 1 ~ 500ms），采用不同的等待时间进行两次 CMR 测井。等待时间较短的 CMR T_2 分布谱主要是地层水的贡献，油、气贡献小，可动流体孔隙度偏小；等待时间长的 CMR 测井 CMR T_2 分布谱是油、气和水总的贡献，计算的可动孔隙度更加准确。两次不同等待时间的 CMR T_2 分布谱在 200 ~ 700ms 区间的差谱被认为主要是油气的贡献，用这种方法可以把油气水区分开来。

位移谱方法是根据天然气的扩散效应使 CMR T_2 分布幅度减小来识别天然气。回波间隔越长，天然气的扩散效应影响越大，CMR T_2 分布幅度越小；反之，回波间隔越短，天然气扩散影响越小，CMR T_2 分布幅度越接近实际值，计算的 CMR 有效孔隙度越准确。当孔隙中只有水和石油时，气体的扩散效应影响可以忽略不计，不同的回波间隔测得的 T_2 分布基本相同；当孔隙中有水、石油和气时，由于气体的扩散效应影响，使得不同的回波间隔测得的 T_2 分布在 200 ~ 700ms 区间的差异很大，这样，可以探测天然气。

4.2 核磁烃检测法实例分析

黑 74 井青二段 2144 ~ 2151m 井段长回波间隔 T_2 谱比短回波间隔 T_2 谱明显后移，说明孔隙中含烃，而试油结果与此完全符合，2144.2 ~ 2151.0m 井段 31、32、33 小层，和 37 号小层合试，日产油 12.04t，日产水 1.89t。又如该井泉四段 2334 ~ 2340m 也是如此，试油结果 2331.0 ~ 2340.4m 泉四段 41 号小层日产油 1.88t，说明核磁烃检测法是可行的，但离定量识别还有一定的差距。

5 结 论

测井新方法应用于低阻储层评价效果良好。利用核磁共振测井资料，建立的基于 $T_{2CUTOFF}$ 已知条件下的储层参数评价模型；与毛管压力分析资料相结合，建立的基于 $T_{2CUTOFF}$ 未知条件下的储层参数评价模型，成功地避免了因实际的 T_2 截止值波动而引起的解释误差大的问题。

参 考 文 献

［1］ 欧阳健，等．测井地质分析与油气层定量评价．北京：石油工业出版社，1999

［2］ 曾文冲．油气藏储层测井评价技术．北京：石油工业出版社，1991

［3］ 吴迪祥．油层物理．北京：石油工业出版社，1994

［4］ 张庚骥．电法测井（上）．北京：石油工业出版社，1984

［5］ 曾文冲．对低电阻率油气层的认识．石油学报，1981（2））

［6］ 曾文冲．低电阻率油气层的类型、成因及评价方法．地球物理测井，1991（1）

［7］ 曾文冲．低电阻率油气层的类型、成因及评价方法．地球物理测井，1991（2）

［8］ 曾文冲，低电阻率油气层的类型、成因及评价方法，地球物理测井，1991（3）

最佳时窗法河道砂体预测与油藏评价技术

陶庆学

（大港油田油气藏评价事业部）

摘要： 创新开发的最佳时窗法河道砂体预测与油藏评价技术是一种以略大于河道砂体厚度对应的时窗的三维地震时窗属性研究河道砂体空间形态、砂岩厚度、渗透砂岩厚度、泥质含量、储层物性、流体性质的综合评价新技术。本文介绍了最佳时窗法的原理、流程、方法和应用实例。本方法实现了三个进步：由预测厚度 14 m 提高到 4m，由形态预测提高到定量描述，由砂体描述提高到综合评价。本方法可用于厚度小于 1/8 波长的超薄层河道单砂体的油藏综合评价，也可推广到其他沉积相储层的油藏综合评价。

关键词： 三维地震 属性 最佳时窗 超薄层 河道砂体 预测 描述 评价

前 言

河流（水道）相油藏占我国石油储量产量一半以上，三维地震河道砂体预测评价的方法很多，厚度小于 1/8 波长的超薄河道砂体的预测评价是普遍面临的难题。最佳时窗法河道砂体油藏综合评价技术是一种可以适应超薄层河道砂体油藏的河道砂体空间形态、砂岩厚度、渗透砂岩厚度、泥质含量、储层物性、流体性质的新型综合评价技术。下面以港西油田为例进行介绍。

1 最佳时窗法的概念

1.1 河道砂体油藏及其现有研究方法的特点

河流相包括辫状河、曲流河、网状河等。河流相的共同特点是：第一，绝大多数砂体局限于河道之内，以河道外形约束成带状分布，本文称之为河道砂体，仅决口扇脱离河道，但其外形特征，极易识别；第二，河道砂体与河漫、泥坪泥岩突变接触，岩性、物性、电性、含油性及其相应的地球物理性质系统突变；第三，河道砂体四周一般为泥岩，油藏受构造和河道砂体双重控制，油气分布于与油源沟通的各个单砂体的高部位。

地震反演是利用地震资料，以已知地质规律和钻井、测井资料为约束，对地下岩层空间结构和物理性质进行成像（求解）的过程。利用三维地震资料研究河道砂体的反演方法很多，包括递推反演、模型反演、随机反演、多参数反演等。如井约束波阻抗反演、模型控制波阻抗反演、岩性随机模拟波阻抗反演、曲线重构波阻抗反演、有色反演、分频反演等波阻抗（拟波阻抗）反演，以及各种三维地震属性反演。各种方法各有特点，各有利弊，应用效果主要取决于操作人员的理解和具体操作，共同弱点是对薄互层不够理想。

河道砂体特别适合用三维地震属性进行可视化解释。三维可视化解释主要是快速扫描、透视、雕刻波谷或者波峰，基本以地震剖面上的能量减弱点、波形变化点及极性反转点作为砂体的边界。优点是快速、直观，缺点是种子点自动追踪容易串层，同时厚度预测精度偏低。

不同级别的波形聚类、调谐频率、分频、相干等的多体结合解释不失为一种有效的研究方法。

1.2 河道砂体与地震分辨率关系

物探界通常把三维地震纵向分辨率限制在大于 1/4 ~ 1/8 波长，把横向分辨率限制在菲涅耳带。普遍认为在砂泥岩频繁互层环境下预测厚度小于 1/8 波长的超薄河道砂体，在理论和实践上都是不可能的。

作者研究认为，菲涅耳带确定的横向分辨率并非实际的横向分辨率，实际的地震横向分辨率远高于通常所谓"横向分辨率"。超薄地质体纵向分辨率不能满足，横向分辨率可以弥补。河道砂体清晰、规则的形态特征，使超薄层河道单砂体和宽度远小于地震横向分辨率的河道单砂体在三维数据体中均有清晰的显示。事实上，众多厚度远小于 1/4 波长且宽度远小于横向分辨率的小河道砂体在地震体中有良好的显示。

原因是地质体不管大小，在其范围内部、边缘和外部都有不同的地震波响应，即内部有反射、边缘有绕射、外部是透射；根据一维正演模型，2 ~ 3 个子波范围内的各个反射界面对目的层对应时间点均有贡献，且本层贡献最大，去砂试验、离散合成记录、井震结合相分析和河道砂体扫描研究也同样表明本层波阻抗界面地震响应贡献最大；根据二维模型正演，在上下地层变化不大的背景下，本层地质体的边界可以有良好的响应；在横切河道的方向上，河道砂体反射面元少，响应不易识别（但仍可追溯），在沿河道方向相当于是一个稳定地层，其响应相应稳定；目的层上下相邻近的各个河道砂体与目的河道砂体展布方向各不相同，在平面上的重叠范围极其有限，且具随机性，在平面上表现为随机干扰（过度杂乱的背景和相对稳定的背景对于目的层的影响没有本质区别）；在沿层切片中只有本层河道砂体才有稳定的形态，因此，河道砂体形态可以在平面（沿层切片）上检测出来。

1.3 最佳时窗法的概念

最佳时窗法是一种三维地震属性地质综合研究技术。

地震属性包含了丰富的地质信息。地震属性是地震资料包含的地震波几何形态、运动学特征和统计特征，主要包括时间、振幅、频率和衰减等类，按照提取方法可分为瞬时属性、单道属性、多道属性、面属性、时窗属性、体属性等。

最佳时窗法使用最多的是时窗属性，就是根据最佳时窗的时窗属性与地质信息的关系推测河道砂体储层平面形态、纵向厚度、储层物性和油气分布。

时窗小容易损失本层信息，属性不稳定，时窗大则邻层干扰重，容易有假象。最佳时窗是指包含了目的层主要属性特征，围岩干扰最小的时窗。

研究表明，在准确解释目的层层位基础上，沿层每 1 ~ 2ms 间隔扫描，以有目标河道显示的范围确定的时窗为最佳时窗。最佳时窗的范围略大于目的砂体的时间厚度。

如果说地震属性研究的重点在 20 世纪 60 年代是薄层——振幅关系；70 年代是亮点、暗点、平点找油气；80 年代是确定断层、地震相、岩性；90 年代是研究岩性、物性、流体，那么 21 世纪的重点就是定量描述油气层。

最佳时窗法正是一种向油气层的定量描述发展的技术。在最佳时窗中可以进行更精细的超薄河道单砂体预测、描述和评价。用最佳时窗法实现了三个进步：由预测厚度 14 m 提高到 4m，由形态预测提高到定量描述，由砂体描述提高到综合评价。

2 最佳时窗法河道砂体油藏综合评价技术流程

最佳时窗法是一种特别适用于河道砂体的新型三维地震属性地质研究技术，最好以井控提高分辨率处理和分频反演等高质量数据体为基础。下面是最佳时窗法河道砂体油藏综合评价技术流程。

2.1 精细层位标定

超薄砂体难以准确标定，极易追错目标砂体。通过方波化、非方波化、常规层位标定、多段离散合成地震记录标定、波阻抗反演层位标定、相关关系层位标定等不同的层位标定方法标定对比，去砂试验验证，三维可视化扫描，以及理论探讨，研究表明目的砂体可以对应于地震轴的任何位置；同时，本层对地震轴的贡献最大。

河道砂体因不同沉积微相，岩性、物性、含油气性等差异，目的砂体可以表现为强的相对低波阻抗一直到强的相对高波阻抗。图 1 是不同波阻抗岩性替换试验图，岩性替换试验结果表明，随着砂体阻抗的变化（代表不同相带的砂体变化），地震反射也随之变化。

作者认为层位标定只能确定目的层位或目标砂体在三维地震剖面上的相对位置，而不能有效确定地震同相轴的地质意义：第一，地震数据体是地震波在不同反射界面与子波响应的

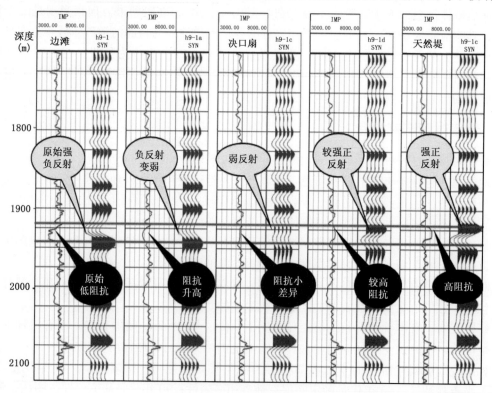

图 1　不同波阻抗岩性替换试验图

叠加，每一个地质体都只有部分贡献，对砂泥岩频繁互层的河流相环境，通常难以确定地震同相轴的确切地质意义；第二，地震同相轴的出现位置是随处理方法、参数、相位变化的，因此，即使是单一反射界面，同相轴的地质意义也不是确切的；第三，层位标定所用的合成记录是随合成方法、合成参数变化的。不同岩性、含油性的地层在地震剖面上可以有完全一致的特征，而相同岩性、含油性的储层在地震剖面上可以有完全不同的特征。因此，没有必要过分追究同相轴的地质意义。

离散合成记录可以较好地反映目的砂体贡献对同相轴的影响。

去砂试验表明薄砂体的响应可使振幅增加。震幅的增加量反映砂体的厚度。砂体的终止，往往表现为地震同相轴振幅强弱的变化，而不是相位的中断。

2.2 井震结合相控精细地层对比

明化镇组曲流河沉积，缺少稳定标准层，小层对比困难。层序对比难度大，工作量大，技术要求高。

可在目的层精细标定基础上，以测井相、地震相、沉积相综合控制，结合油藏，进行井震结合的精细油层对比。纵向上精细到小层和每一个油层砂体，横向上精细到工区的每一口单井，结合上精细到三维的连井剖面、沿层平面、任意曲面。要求剖面追踪不窜层，平面河道形态合理，曲面分层关系一致，空间油藏关系协调。通过不断调整井点分层，保证油层对比合理。

2.3 目的层附近解释标准层

复杂断块油藏，断层和岩性变化同时影响地震连续性，因此资料多解性强。

对应的断层解释办法：以变化点在纵横向上是否比较稳定分辨是断层还是岩性变化；以各种属性切片结合应用确定断层解释和断层组合；用三维可视化检查断层合理性。

对应的层位解释办法：井控解释层位，在目的层附近找一个或几个横向分布比较稳定的同相轴，按照整体趋势，而不是某个同相轴产状，进行构造解释，得到全区的一个连续层面。

可进行逐线精细解释和全三维检验。只有层位解释准确的情况下不同断块之间的河道砂体展布关系才可能协调。河道砂体的展布不协调则应以层拉平后的相干关系、砂体展布的连续性、油气藏的合理性检验以及调整层位来解释。

2.4 沿层扫描确定最佳时窗

以标准层为基础上（下）推目的层，以 1~2ms 间隔沿层扫描，确定目标河道有显示的时窗为最佳时窗。按照最佳时窗范围从三维数据体中沿层切出一个子体。

2.5 对目的层子体进行透视扫描

对目的层子体通过调节透明度进行透视，调节振幅区间或者频率区间和显示贡献进行扫描，看子体中的砂体反映在空间的分布特征的变化情况是否符合区域沉积特征（本区为是否有曲流河特征），再看与该层位其他井的关系是否协调，直到比较满意。对于厚度差异大的河道砂体可以进行分频扫描。

2.6 对透视出的地质体进行追踪

给定目的层种子点，根据透视时选定的振幅值区间，利用自动追踪功能进行追踪，形成一个满足条件的点集。该点集反映了砂体在平面的变化情况，同时它在时间方向上也是多值的（有一定的延续时间），反映了该砂体的时间厚度变化。

2.7 对透视出的砂体做可视化检查

以任意方向连井线与透视数据体结合，检查砂体追踪是否合理，油藏关系是否合理，必要时对前期工作进行调整。

2.8 计算河道砂体时间等厚图

分别提取追踪出的砂体点集的顶面和底面，它们分别对应于砂体的顶面和底面，将砂体顶面和砂体底面相减，得到砂体的时间等厚图。

2.9 计算地质体砂体等厚图

用层速度把砂体的时间等厚图换算为砂体等厚图。
用井点渗透砂岩厚度控制，用外漂克里金插值技术转换为渗透砂岩等厚图。

2.10 转换砂体顶、底面构造图

将砂体顶、底面进行时深转换，得到砂体顶、底面构造图。

2.11 储层物性评价

采用分频反演等技术可以由测井重构约束确定砂体的泥质含量、孔隙度等参数。

2.12 含油气检测

根据河道砂体与油源断层的关系等可以推断目的砂体含油可能性。油气层通常表现为低频强振幅。

利用小波变换对地震资料的低频部分和高频部分的频率变化进行检测，可以作为储层含油气性的指示信息，储层含油气后可有高频吸收和低频谐振。

计算地震资料频谱的瞬时有效带宽可进行油气检测，储层含油气后瞬时带宽较低。

2.13 产能预测

产能可用下式预测：
预测产能 = 平均米采油指数 × 平均生产压差 × 砂岩厚度 × 孔隙度/平均孔隙度

3 最佳时窗法的优点及适用范围

最佳时窗法可以适用于河道砂体的各种三维地震数据体研究。可用于三维地震常规数据体，也可用于提高分辨率数据体、分频数据体、属性数据体、反演数据体等，可以进行多属性研究，可以描述河道砂体的岩性、泥质含量、孔隙度、流体性质等变化。

提高分辨率数据体更有利于薄河道砂体的综合评价。每一个地质体都有自己的最佳成像频率，因此，小波变换分频数据体更有利于对不同厚度的河道砂体的综合评价。

最佳时窗法可以评价对应于地震同相轴任意位置的河道砂体。对于 0 相位正极性剖面，砂岩与泥岩间的上界面通常正对波峰，通过地震资料相位角旋转砂体中心就可以正对波峰。事实上，对于频繁互层的情况，通过旋转适当的相位角，目的砂体也可以调整到对应于波峰或者波谷。

最佳时窗法与常规种子点追踪的区别：最佳时窗法可以避免同时期相邻河道间的串层。

对于厚度变化很大的河道砂体，可以进行分层评价，结果叠加，也可进行分属性范围评价，结果叠加。神经网络、波形聚类等技术也可用于最佳时窗法综合评价。最佳时窗最适合曲流河砂体综合评价，也可用于其他沉积相砂体综合评价，关键是细致的精细层位标定、层位解释等基础工作。

4 最佳时窗的应用效果

预测砂岩深度厚度已经被新钻评价井西 46 - 20 等新井钻井证实。西 46 - 20 Nm Ⅱ 5、Nm Ⅱ 6 油层的河道边缘清晰，流向明确，决口扇形态完整，油气检测异常清楚，Nm Ⅱ 6 已获工业油流。港 145X1 Nm Ⅱ 6 宽河道北部预测含油范围也被新井西 48 - 18L 钻井证实。西 46 - 20 井区 Nm Ⅱ 下部预测 8 条河道，目前基本是单井控制，预计新增探明储量 379 × 10^4 t，正在整体部署实施开发。

本方法实现了三个进步：由预测厚度 14m 提高到 4m，由形态预测提高到定量描述，由砂体描述提高到综合评价。本方法可用于厚度小于 1/8 波长的超薄层河道单砂体的油藏综合评价，已经在大港的港东、港西、唐家河、羊二庄、羊三木等油田广泛应用。至目前，预测目标河道砂体的常规井和水平井钻遇率达到了 100%，钻井成功率在 90% 以上，经济效益显著。

5 结 论

最佳时窗法河道砂体预测与油藏评价技术是河道砂体预测评价的新型实用技术，经受了实践检验，主要用于河道特征突出的曲流河、网状河河道砂体预测与评价，也可用于其他沉积相储层综合评价，具有较大的推广价值。本方法可以用提高分辨率数据体和各种反演数据体，注意反演数据体有时会因层位标定不准确或者模型不合理而偏离实际情况。该方法应用成功与否的关键在于准确的层位标定和精细的目的层解释，具体应用中需针对遇到的具体问题不断完善。

参 考 文 献

[1] 刘震，等. 储层地震地层学 [M]. 北京：地质出版社，1997

[2] 蔡希玲，等. 砂泥岩薄互层分辨率的理论分析 [J]. 石油物探，2004（3）

[3] 陶庆学，等. 港浅 8 - 6 井区河道砂体储层预测的综合研究 [J]. 石油物探，2006（4）

[4] 曾忠，等. 地震属性的分类及应用研究 [J]. 石油地球物理勘探（东部会议专刊）2004

[5] 于建国，等. 分频反演方法及应用 [J]. 石油地球物理勘探，2006（2）

新立油田新 229 区块开发效果
评价及调整方案研究

王振军[1]　盛　利[1]　边晨旭[2]　高　巍[2]　赵殿彪[2]
葛世坤[2]　臧世伟[3]　潘云生[4]

(1. 吉林油田勘探开发研究院；2. 吉林油田开发事业部；
3. 吉林油田天然气事业部；4. 吉林油田松原采气厂)

摘要： 新 229 区块储层平面分布不连续、纵向上呈透镜体状分布，具有低孔、低渗特征，且地层压力低、采出程度低，区块整体开发效果较差。本文依据精细油藏描述技术、数值模拟方法，分析区块开发效果，找出解决问题途径。通过井网调整，完善注采关系、建立合理的注采压力系统，达到了改善和提高开发效果的目的。

关键词： 精细油藏描述　数值模拟　井网密度

1　油田概况

新立油田地处吉林省松原市前郭县新庙乡境内，区域构造位置位于松辽盆地南部中央坳陷区扶新油气聚集带新立构造上（图 1）。

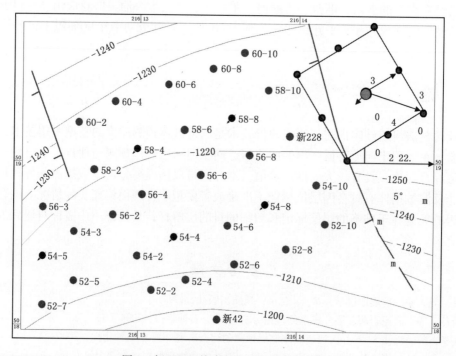

图 1　新 229 区块泉四段顶面构造井位图

2 新229区块油藏地质概况

2.1 构造特征

新229区块位于新立油田穹隆背斜的西北部,呈单斜构造向北、西北倾没,地层倾角2°~2.5°。区块断层相对于构造主体部位不发育,仅在区块的东部和西部有断层发育。

2.2 储层特征

新229区块开发的目的层为扶杨油层,油层埋藏深度1350~1540m。区块内砂岩以细砂岩为主,胶结类型为再生胶结、再生孔隙胶结、孔隙胶结。平均孔隙度为12.88%,平均渗透率为$1.23 \times 10^{-3} \mu m^2$,主力层为2号、6号、8号、13号小层(图2)。

区块主要为三角洲平原相沉积,沉积微相类型主要有:分流河道微相、废弃河道、决口扇、天然堤。河道的展布方向为南西—北东向。

全区平均砂岩厚度40.2m,平均有效厚度6.1m,储层平面上分布不稳定,变化大,纵向上多呈透镜体状。

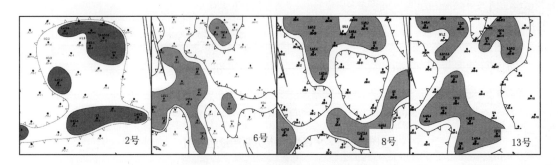

图2 新229区块主力层油砂体图

2.3 油藏类型及油水分布特征

油藏主要受岩性控制,但总体上仍受构造影响,属构造背景下的砂岩上倾尖灭油藏和透镜体油藏。

区内没有夹层气、夹层水。沿构造下倾方向由南向北油水界面变低。

2.4 油层压力、温度

新229区块属于正常压力系统,原始地层压力为12.2MPa,饱和压力9.6MPa,油层温度约70℃。

2.5 流体性质

地层原油密度为0.795g/cm³,原油粘度为6.7mPa·s,地层水矿化度为6115mg/L,水型以$NaHCO_3$为主。

3 开发效果评价

3.1 开发现状

新 229 区块于 1992—1993 年以 300m 井距正方形反九点面积注水方式投入开发，初期单井平均日产液 3.7t，不含水。一年后递减到单井平均日产液 2.0t，日产油 1.9t，产量递减较快（图 3）。

截至 2008 年底，全区共有油水井 25 口，其中油井 21 口，区块日产液 39t，日产油 26t，综合含水 33.39%。区块有 4 口水井，分注率 75%（一口井因落物未实现分注）。

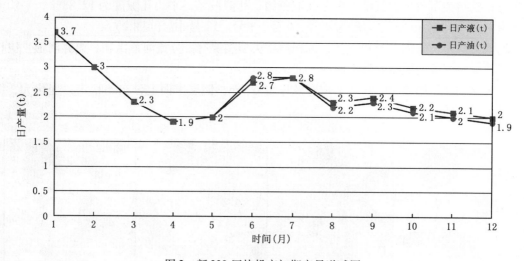

图 3　新 229 区块投产初期产量递减图

3.2 开采特征

区块累计产油 $14.1 \times 10^4 t$，采出程度为 8.86%，综合含水 33.39%，平均单井日产液 2.1t，日产油 1.4t，采油速度 0.53%，月注采比 1.73，累计注采比 2.23，2008 年区块自然递减 -4.12%，综合递减 -4.12%。区块注入压力平均为 10.0MPa。

3.3 存水率特征

从采出程度和存水率关系反映出，目前采出程度 8.86%，存水率 0.955，排水率仅为 0.045，而采出程度不到 10%，说明最多只有 4.5% 的注入水参与了对采出程度的贡献，整体开发的水驱效率非常低。

3.4 注水井注入状况

区块的 4 口水井能够完成宏观配注要求，日注水 80m³，注入压力 10.0MPa，年注水 $3.01 \times 10^4 m^3$，累计注水 $51.31 \times 10^4 m^3$，月注采比 1.73，累计注采比 2.23。

从宏观上看，东西向及多向受效的油井注水见效好，而南北向及角井注水受效差。

从微观含水特征看，区块内与注水井连通好的东西向油井主力层水驱程度高，小层含水相对较高；区块边部采油井各小层水驱程度低，小层含水很低，有的小层几乎不含水。

3.5 压力状况

区块的水驱控制程度较低，只有 61.8%，从历史上看，区块的注入压力呈逐年上升的趋势，而日注水平与"十五"期间相比下调了 $50m^3/d$，注入压力上升的趋势仍未缓解。

3.6 井网适应性分析

统计全区正常开抽的 17 口油井见水见效情况，区块注水见效比较迟缓，尤其是注水井南北向井注水见效更差，多为单向受效；尽管油田不断调整注采关系，区块油井见效情况仍没有得到很好的改善。

分析认为注水不见效的原因，主要是储层连续性差，油水井排间距过大，井网密度小，注入水波及不到采油井，致使注水效果差，影响区块潜力的更好发挥。

通过以上分析，认为新 229 区块存在以下问题：

（1）初期产量高、递减快。

（2）区块在平面上储层变化大，连通性较差，导致现有井网下的注水见效差，水驱控制程度较低，只有 61.8%；注采关系没有有效建立起来，能量得不到有效补充，导致地层压力水平低，恢复速度慢，影响区块整体开发效果。

（3）油井见效特征为水井排方向油井及多向受效注水受效好，角井受效差，井网不适应，采出程度较低，仅为 8.86%，具有一定潜力。

通过井网调整，完善注采井网、建立合理的注采压力系统，改善注水状况，提高地层压力，可以达到改善和提高开发效果的目的。

4 加密调整方案论证

4.1 井网调整可行性分析

（1）目前单井控制的地质储量大，具有调整的物质基础，平均单井控制地质储量为 $4.47 \times 10^4 t$，采出程度较低为 8.86%。

（2）井网水驱控制程度较低，为 63.4%。为了充分利用地下石油资源，提高井网的水驱动用程度，有必要进行加密调整，提高最终采收率。

（3）井网进一步加密采收率会有较大的提高。从老区井网密度与采收率关系看，井网密度在 20 口/km^2 以下，采收率随着井网密度的增加而增加的幅度较大（图 4）。目前 229 区块的井网密度仅为 11 口/km^2。

4.2 井网调整方案的选择

方案1：油井排 150m 加密，水井排油井转注形成线状注水方式，设计加密油井 12 口，转注油井 6 口，调后油水井数比 2.7:1。

方案2：排距 95m，每网格加 1 口井，设计加密油井 12 口，水井 6 口，转抽 2 口老水井，转注油井 5 口，调后油水井数比 2.7:1。

方案3：排距 134m，每网格加 1.5 口井，设计加密油井 16 口，水井 8 口，转注油井 7

口，调后油水井数比 1.6:1。

具体参见图 5。

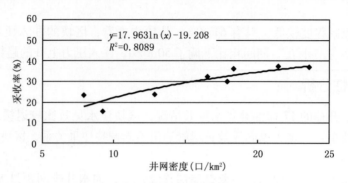

图 4　新立油田采收率与井网密度关系图

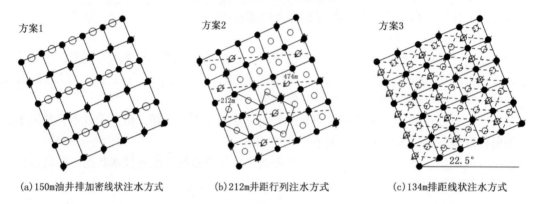

(a)150m油井排加密线状注水方式　　(b)212m井距行列注水方式　　(c)134m排距线状注水方式

图 5　新 229 区块井网调整方案模式图

运用谢尔卡乔夫公式得到本区块井网密度与采收率的关系式为：

$$E_R = 0.40e^{-6.82/A}$$

式中，A 为井网密度，单位为口／km^2。

利用上式计算 1、2、3 方案采收率，方案 3 加密后最终采收率可达 28%，较未加密水驱特征曲线标定的 19.9%，提高了 8.1%，可增加可采储量 $9.07 \times 10^4 t$。

经过以上评价和分析，认为方案 3 较好，采出程度和最终采收率提高幅度较大，因此 229 区块可由原 300m 正方形反九点面积注水方式，转为油井井距 224m、油水井排距 134m、水井井距 335m 的线状井网开发方式进行加密调整。

4.3　区块井网调整部署

按照确定井网调整方式在区块有利部位共设计部署加密调整新井 47 口，其中油井 35 口，水井 12 口，转注 5 口井。预计钻遇砂岩厚度 1926.2m，钻遇有效厚度 252.6m。

4.4　单井产能确定

根据加密区资料，利用加密井相邻的老井初期产量（平均单井日产油 3.1t）及目前生产动态（平均单井日产油 1.4t），通过加密调整，可进一步提高地层能量，老井产量也会得到提高。新井选择含水较低、储层较好的层位进行投产，确定加密井平均单井日产油为 2.8t，则可新建年产能 2.94×10^4 t。

5 实施效果分析

目前本区已完钻 24 口井，其中油井 17 口，水井 7 口；从完钻井钻遇情况看，平均钻遇砂岩厚度 42.57m，有效厚度 6.8m，储层多以弱水洗为主，占 42.8%。

投产 16 口井生产两个月单井平均日产液 5.4t，日产油 3.6t，含水 33.3%。根据目前投产新井动态反映看，本区块井网调整取得了较好的效果。

6 结 论

（1）新 229 区块经过 15 年的开发，取得了一定的开发效果，但同时也暴露出一些问题，本文运用沉积微相成果、精细油藏描述技术，结合数值模拟方法，重新认识地下结构，找出了剩余油富集区域。

（2）通过井网调整，完善注采井网，建立合理的注采压力系统，达到了改善和提高开发效果的目的。

（3）本文研究成果为其他低渗透油田及本油田外围区块提高采收率研究起到了借鉴作用。

参 考 文 献

[1] 冈秦麟. 特殊低渗透油气田开采技术. 北京：石油工业出版社，1999
[2] 李道品. 低渗透砂岩油田开发. 北京：石油工业出版社，1997
[3] 何更生. 油层物理. 北京：石油工业出版社，1993
[4] 伍友佳. 石油矿场地质学. 北京：石油工业出版社，2004
[5] 张厚福. 石油地质学. 北京：石油工业出版社，2005

大港埕海油田一区滚动开发潜力研究

王春仲　董树政　刘建峰　金荟苓

李艳玲　张艳军　张莉

（大港油田滩海开发公司）

摘　要： 埕海油田是大港滩海自营区产能建设的第一个整装油田，主体区即埕海一区产能建设基本完成。为提高埕海一区储量动用程度，改善开发效果，针对埕海一区油层开展潜力研究，在地质综合研究基础上，优选有利目标，部署产能接替及滚动评价方案。

关键词： 埕海油田　滩海　潜力　接替

1　概　况

埕海一区（关家堡）构造位于大港油田滩海区南部埕北断阶区，地理位置位于河北省黄骅市关家堡村以东的滩涂—海域水深4m的极浅海地区。该区东部邻赵东油田，西接羊二庄油田；南起埕宁隆起北缘，北至赵北及羊二庄断层一线。由北向南主要发育近北东向的羊二庄、赵北、羊二庄南等3条主干断层，受其控制发育庄海5断块、庄海4×1断鼻、庄海8背斜构造及庄海9×3井断块群，除庄海5井断块外，其余均位于羊二庄断层的上升盘，庄海8背斜、4×1断鼻位于羊二庄南断层与D1井断层之间的地堑里（见图1）。

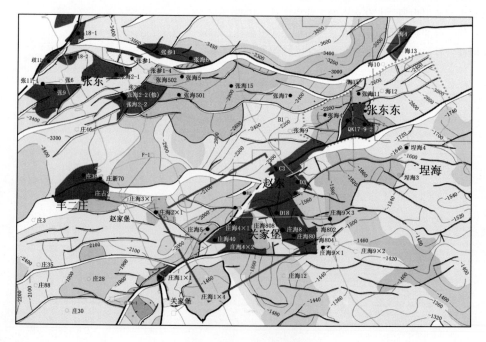

图1　埕海一区位置图

自 2001 年勘探发现以来，本区共完钻井 51 口，其中探井 8 口，评价井 5 口，其余为水平井及生产井，在 Nm、Ng、Ed、Es 见油气显示，发现庄海 4×1、庄海 8 等区块并先后投入开发，累计上报地质储量 1885×10^{4}t。

2 地层对比与划分

2.1 区域地质特征

钻井资料分析，依据沉积旋回及岩电组合特征，地层自上而下分为：第四系平原组、新近系的明化镇组和馆陶组、古近系东营组和沙河街组，以及中生界和古生界地层。主要含油目的层位明化镇组、馆陶组和沙河街组，在羊二庄断层的下降盘东营组局部地区含油。羊二庄断层的上升盘普遍缺失古近系的沙二段和东营组地层（见图 2）。

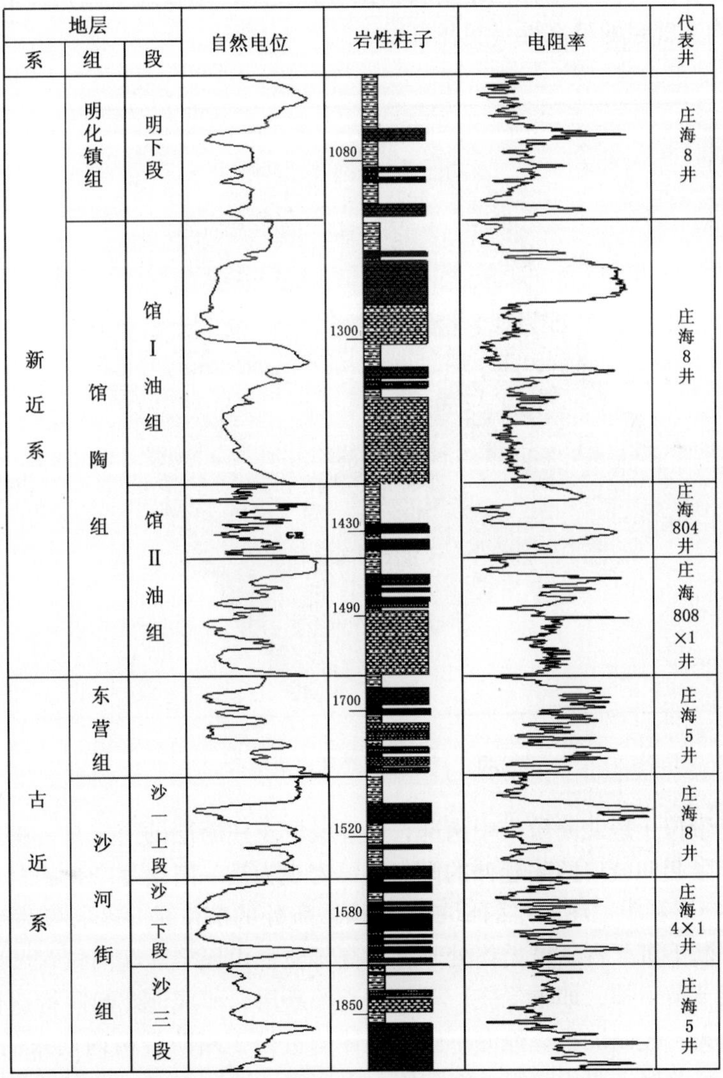

图 2　埋海一区综合柱状图

2.2 地层对比与划分

埋海油田一区储层具有多旋回、多油层、储层薄、横向变化大等特点，除庄海5井沙一段底部有白云质灰岩外，基本上以砂泥岩互层为沉积特点，纵向上具有稳定的多极次的沉积旋回特征，电性曲线基本上能够比较清晰地反映出各次一级旋回或韵律的变化。

主力层分层对比结果，馆陶组分为Ⅰ、Ⅱ油组，每个油组又细分为3个小层。沙河街组一段分为沙一上砂层组和沙一下砂层组，沙一上砂层组分为3个小层，沙一下砂层组分为7个小层，本区缺失1、2、3、4小层，仅保留了5、6、7三个小层。

3 三维地震资料精细解释

在解释过程中充分利用三维可视化技术、相干体分析技术、时间切片技术、沿层信息拾取技术、多窗口显示功能等多种三维资料精细解释技术，细致地刻画构造形态，从而保证了断层、微幅度构造解释的可靠性（见图3）。

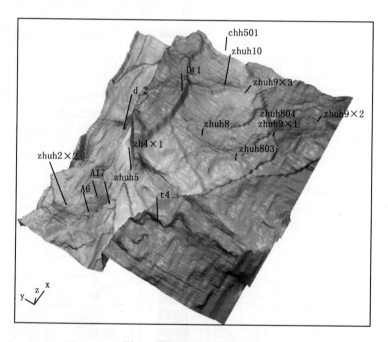

图3 沙一底界立体显示图

关家堡构造带位于埋北断阶带中南部，赵北及羊二庄断层的上升盘，南边以羊二庄南断层为界，即埋宁隆起向岐口凹陷延伸的倾末端，宏观为被一断层复杂化的背斜圈闭，构造的主体位于D1井断层和羊二庄断层的地堑里。构造所处的部位是一个长期发育的古斜坡，随着岐口凹陷的不断下沉，古斜坡始终处于相对高部位。由埋宁隆起向岐口凹陷有一系列北东或近东西向断层节节下掉，如羊二庄、羊二庄南等断层，形成埋北断阶构造带。这些断层活动时间长、断距大，控制沉积。埋海一区的主体构造处于断阶带由西向东的第一个台阶上。通过三维地震资料解释，明化镇组、馆陶组、东营组、沙河街组一段底界落实构造4个，总的圈闭面积37.83km²。

埕海一区主要受古隆起的影响，形成以庄海 4×1 断鼻和庄海 8 背斜为主的构造组成，受北东（东西）方向的几条Ⅱ级断层控制；顶部有近东西、南北方向的分支断层切割成断块，断层的发育具有多方向性、多期性的特点，并对局部构造的发育、地层的沉积及油气藏的分布具有重要控制作用。

4 井约束地震反演处理

三维测井约束反演是一种基于模型的波组抗反演技术，它以三维地震资料的解释层位为依据，把测井资料求得的声阻抗沿层位横向外推，在多井约束时，井间可以进行测井曲线的距离加权内插，以此作为约束反演的初始模型，并选取合适的地震子波，通过不断更新初始模型，使得模型的合成记录逼近于实际的地震记录。测井约束反演的主要流程是从测井资料和地震资料出发，通过子波提取，层位解释，速度模型制作到反演处理等一系列过程，最终实现地震剖面向地层剖面的转换。

从反演的波阻抗庄海 5 井—庄海 9×3 井连井剖面上看，在常规地震剖面中很难解释出的砂体，而在波阻抗剖面中可明确分辨，反演处理能够客观地反映地下砂体的分布，从反演剖面上识别预测出的砂岩厚度与钻井情况基本相符。

5 储层特征

5.1 沉积特征

沙三段时期沉积了一套不完整的正旋回粗碎屑沉积物，岩性为含粒不等粒岩屑长石沉积，为盆地边缘粗碎屑岩相，该时期本区和渤海湾其他坳陷，具有一样的沉积特征，属滨浅湖相。受湖平面升降影响，沙三段沉积只有在羊二庄断层下降盘及断裂斜坡上的两边发育，羊儿庄断层南 D1 井断层与羊二庄南断层的地堑里没有沙三段地层的沉积物。

沙二段沉积时期为湖盆扩张早期，埕海一区为剥蚀区，未接受沙二段沉积。

沙一段地层沉积时总体为高位体系区域沉积，沉积范围广，变化大。该套地层为典型的水进型正旋回沉积，随着水体变化，沙一段地层超覆在盆地边缘中生界地层之上。沙一下沉积时，羊二庄断层持续活动，是一个明显的生长断层。羊二庄断层下降盘形成浅湖相碳酸盐岩沉积，南侧（上升盘）为滨湖相，储层以滩砂沉积为主。沙一上段发育了一系列小型河流三角洲，羊儿庄南断层以南的广大地区仍然是沙一段的主要物源区。由于物源近，河流延伸长度不大，砂岩成熟度不高，砂岩颗粒相对较粗，为一套含粒不等粒岩屑长石砂岩。三角洲主体—前缘在羊二庄南断层和羊二庄断层之间，羊儿庄南断层以南应为三角洲平原沉积为主，部分前缘三角洲延伸到羊二庄断层的西北地区，再向西北过渡为前三角洲泥和浅湖沉积。

馆陶组Ⅰ油组的沉积相为辫状河沉积。地层、砂层分布比较稳定，河网密布，多期辫状河叠加连片。形成了 3 套广泛分布的厚砂层。平面上分布较为连续。砂层厚度大，最大的单砂体可达 40m。从地震属性特征看，辫状河的流向大致呈西南东北方向。

5.2 储层物性特征

（1）沙河街组。

$Es_1^{\pm}1$ 小层油层电测解释孔隙度最高 30.4%，最低 27.9%，平均 29%；渗透率最大 $1145.1 \times 10^{-3}\mu m^2$，最小 $549.5 \times 10^{-3}\mu m^2$，平均 $808.6 \times 10^{-3}\mu m^2$，属于高孔高渗储层。$Es_1^{\pm}$ 3 小层油层电测解释孔隙度最高 29.2%，最低 18.7%，平均 25.7%；渗透率最大 $746.3 \times 10^{-3}\mu m^2$，最小 $116.1 \times 10^{-3}\mu m^2$，平均 $498.9 \times 10^{-3}\mu m^2$，属于高孔中高渗储层。$Es_1^{\mp}$ 6 小层油层电测解释孔隙度最高 24.3%，最低 17.8%，平均 21.5%；渗透率最大 $315.0 \times 10^{-3}\mu m^2$，最小 $35.0 \times 10^{-3}\mu m^2$，平均 $193.4 \times 10^{-3}\mu m^2$，属于中孔中渗储层。

纵向上对比，随着储层埋藏深度的增加，孔、渗减少，物性变差，由高孔高渗变成中孔中渗，从储层的分类对比看，油层物性最好，水层次之，干层最差。

（2）馆陶组。

庄海 8 井区 $Ng\,I$ 油层电测解释孔隙度最高 32.2%，最低 24.2%，平均 28%；渗透率最大 $1020.9 \times 10^{-3}\mu m^2$，最小 $407.0 \times 10^{-3}\mu m^2$，平均 $731.5 \times 10^{-3}\mu m^2$，属于高孔高渗储层，水层的物性略好于油层。

6 油藏特点

6.1 温压系统

庄海 4×1 断鼻 Es 组压力系数 0.98～1.03，静温 66℃，地温梯度 3.5℃/100m。庄海 8 井 Es 静压 14.9MPa，压力系数 0.98，静温 62.3℃，地温梯度 3.4℃/100m。平均温度梯度 3.445℃/100m，压力系数接近于 1，为正常温、压系统油藏。

6.2 油气成藏类型

庄海 4×1 断鼻沙河街组油藏储层受古地形控制，为一依附于羊二庄断层上升盘的断鼻圈闭，受岩性与构造的双重控制，为岩性—构造油气藏。

庄海 8 背斜沙河街组油藏储层变化大，油藏类型复杂，构造低部位的庄海 808×1 井电测解释为水层。庄海 803 井在 1、3、6 小层揭示多个油水层，具有多个油水界面，而在更高部位的庄海 9×1 井沙河街组相变为泥岩，属岩性—构造油气藏，具有多套油水系统。

东营组庄海 5 井受构造控制，油水界面 1708m 为构造底水油藏。

馆陶组油藏，储层发育受辫状河道沉积控制，庄海 8 井 $Ng\,I$ 1 小层 1286.2m 揭示油水界面，属岩性—构造底水油藏。庄海 808×1 井 $Ng\,II$ 2 油藏受岩性控制较为明显，于 1630.9m 以下解释为水层，属岩性—构造底水油藏。

明化镇组油藏受岩性和构造双重因素控制，油藏埋深较浅（1041～1065m），油层单层厚在 2.1～5.1m，主力油层分布稳定，庄 8 井 $Nm\,III$ 2 小层（1068～1072.8m）为油层，庄海 808×2 井（1164.5～1167.4m）对该套储层相变为干层，庄海 801 井对应该套储层相变为泥岩，低部位庄海 802 井揭示油水界面 1065m，油藏为构造—岩性油藏。

7 有利目标评价

7.1 主体区外围区块

（1）庄海5井断块。

东营组油层顶面，高点埋深1640m，圈闭幅度95m，圈闭面积0.62km²。沙一段6小层油层顶面，高点埋深1770m，圈闭幅度150m，圈闭面积0.8km²。

在构造斜坡部位的庄海5井，见良好的油气显示，东营组电测解释油层两层8.6m，试油日产50.8t，不含水。具有良好的勘探开发潜力。沙一下段6小层电测解释三层油层7.7m，试油日产26.07t。储层的物性较好，东营组孔隙度19.83%～22.71%，渗透率（147.7～235.2）×10⁻³μm²；沙一下段孔隙度9.71%～14.08%，渗透率（24.70～48.10）×10⁻³μm²；沙三段孔隙度16.87%，渗透率66.9×10⁻³μm²，属中孔、中渗储集层。

优选钻探的主要目的层为东营组和沙一段下油组6小层，在主测线1528与联络线1581交点部署一口评价井位。预计探明含油面积1.42km²，地质储量91×104t。

（2）庄海4×1北断块。

东营组油层顶面高点埋深1565m，圈闭幅度185m，圈闭面积1.89km²。沙一段6小层油层顶面高点埋深1675m，圈闭幅度120m，圈闭面积1.6km²。

目前该断块无钻井资料，与庄海5断块具有同样地质条件，庄海5井已见油气显示，该断块可为近期的主要滚动评价目标之一。

优选钻探的主要目的层为东营组和沙河街组，井位设计在主测线1600和联络线1584的交点处，设计井深1860m。预计探明含油面积3.49km²，地质储量314.8×10⁴t。

（3）庄海9×3断块。

沙一上段油组3小层油层顶面高点埋深1450m，圈闭幅度10～45m，圈闭面积1.19km²。

该断块群，仅有庄海9×3一口井，断块较多，而且落实程度高，构造具有继承性发育，面积适中，应为近期主要的滚动评价目标之一。

庄海9×3断块处在羊二庄断层上升盘的D1井与羊二庄南断层之间的地堑里，处在埕宁隆起向岐口凹陷过渡的古斜坡上，具有同庄海8背斜同样的地质条件和同样的成藏条件，北面同样面临羊二庄供油断层，为油气的聚集提供了有利的场所。

庄海9×3井具有较好的物性特征，已知含油层段的孔隙度较好，为27.9%，渗透率为526.3×10⁻³μm²，砂层较纯，泥质含量仅为9.8%，属中孔中渗较好的储集层。

庄海9×3断块群，断块比较多，通过优选可对3个断块进行钻探，主要目的层为沙河街组油气藏。预计探明含油面积2.09km²，地质储量120.7×10⁴t。

7.2 主力区块

（1）庄海8背斜。

庄海8背斜是埕海一区油田的主要产油构造，已分别对明化镇Ⅲ油组2小层，馆陶组馆Ⅰ1油组，以及沙一上的1、3小层等主力油层进行了开发。

从沙一段底界构造上可以看出庄海801井处在构造的最高部位，向东、西、北倾没，南翼有断层遮挡，而断层的下降盘是向南倾的斜坡，构造位置较为有利。再从沙一下6小层油层顶面微构造中可以看出油层顶面埋深 1530m，圈闭面积 1.26km²，闭合幅度 45m。

砂体对比表明 6 小层砂体比较厚，分布相对稳定，测井约束地震反演剖面和砂层对比图基本吻合，在庄海 801 井南有一个较厚的滩砂存在，最厚的庄海 803 井原达 12.6m，储层物性好，孔隙度 16.58% ~ 24.03%，渗透率（67.6 ~ 315.4）×10⁻³ μm²，具有进一步开发潜力。建议部署井位设计在主测线 1692 与联络线 1478 的交点处，设计井深 1560m。

（2）庄海 4×1 断鼻。

庄海 4×1 断鼻依附于羊二庄断层上升盘，与庄海 8 背斜为一个浅鞍部相接在它的西边。该断鼻上有探井 3 口，大斜度生产井 13 口，分别对沙一段 2 小层和 3 小层油层投入开发，生产效果比较好，是埕海开发区建产能的主力区块。

沙一下段 6 小层油层顶面埋深 1540m，圈闭面积 2.12km²，闭合幅度 120m。7 小层油层顶面埋深 1550m，圈闭面积 2.05km²，闭合幅度 110m。在主测线 1576 与联络线 1550 的交点处可部署一口开发调整井。

8 结 论

（1）埕海一区构造处在埕宁隆起向岐口凹陷羊二庄断层上升盘延伸的倾没端，宏观上为一被断层复杂化的背斜圈闭，东西为沟隆相间。

（2）沙一下段羊二庄断层以北主要为浅湖相碳酸盐岩沉积，羊二庄南断层下降盘主要为滨浅湖相的滩坝砂，沙一上段发育了一系列小型河流三角洲，主体为三角洲前缘。馆陶组为辫状河沉积，河道和心滩发育。

（3）埕海一区主力产油层为新近系，明化镇组、馆陶组、古近系东营组、沙一段。油藏类型发育有构造、岩性—构造、构造—岩性油气藏及岩性—构造边底水油藏。

（4）综合地质研究认为，羊二庄断层下降盘，庄海 9×3 断块及庄海 8 南构造，可作为有利滚动评价目标区，已开发的庄海 8 背斜、庄海 4×1 断鼻可作为加密调整潜力区。

利用时间推移测井确定最佳测井环境方法

林学春[1]　丁娱娇[2]　邵维志[2]　王海中[2]　卢　琦[2]　姜崇波[2]

（1. 大港油田公司滩海开发公司；2. 渤海钻探工程有限公司测井分公司）

摘要： 钻井液侵入对储层电性的影响往往会导致错误的解释结论，甚至丢掉油层。搞清钻井液侵入对电性的影响规律非常必要。本次研究从现场试验出发，设计并采集了一系列不同测量时间、不同钻井液侵入环境下电阻率时间推移测井资料；综合分析了储层物性、浸泡时间、钻井液滤液与地层水矿化度差异等因素对储层电性变化的影响程度，得到了不同钻井液侵入环境下储层的电性变化规律。根据测量环境对测井响应特征的影响程度，给出了采集有效测井资料的钻井液矿化度优化配置范围及最佳测井时间。

关键词： 钻井液侵入　电性变化　时间推移测井　钻井液矿化度　最佳测井时间

前　言

在钻井过程中，由于钻井液的压力大于地层流体压力，钻井液滤液在渗透压差作用下，驱赶走井壁周围地层孔隙中的原生流体而进入地层，从而改变井壁附近地层流体的径向分布，造成地层电阻率的径向变化。这个变化与钻井液特性、钻井压差、浸泡时间和地层物性、储层流体性质等因素有关。井眼条件下由钻井液侵入带来的储层电性变化会对测井仪器的响应产生较大影响，进而影响测井解释工作者对油气的评价结果。因此认识和掌握钻井液侵入对储层电性的影响程度，对于优化钻井液矿化度配置、确定最佳测井时间有着极为重要的意义。

为获取能够反映钻井液侵入环境下储层电性变化规律的有效基础资料，本次研究选取了地层电阻率变化范围在 $1 \sim 100\Omega \cdot m$ 之间，储层孔隙度变化范围在 $5\% \sim 33\%$ 之间，钻井液与地层水电阻率比值 R_{mf}/R_w 变化范围在 $0.17 \sim 4.65$ 之间，钻井液浸泡时间变化范围在 $2 \sim 68d$ 之间，同时包含有油层、水层的测量环境；进行了一系列的测井现场试验方案设计，并完成了 34 口井的测井现场试验资料采集工作；结合试油、试采资料，利用时间推移测井综合分析了钻井液与地层水矿化度差异、储层物性、流体性质、浸泡时间等因素对储层电性变化的影响程度，得到了不同钻井液侵入环境下储层的电性变化规律，为钻井液侵入环境下有效的测井资料采集和储层综合评价提供参考依据。

1　现场试验的时间推移测井系列及测井时间优选

本次研究计划利用现场实际测井资料来分析测量环境对测井响应特征及油水层评价效果的影响程度。在现场试验过程中，有必要同时知道原状地层测井响应特征和钻井液侵入后储层测井响应特征，才能够正确分析测量环境对测井响应特征的影响程度。为此，本次研究设计了一系列不同测量环境下，高分辨率阵列感应与双感应、双侧向、随钻电阻率测井的对比试验，分析各种测井系列在不同浸泡时间下对原状地层测量信息反映的可靠程度，得到一种能够满足以上设计需要的现场试验方案。

图1是一个在不同浸泡时间阶段，高分辨率阵列感应、双侧向、斯伦贝谢随钻电阻率测井对比试验的实例，该井钻井所使用的钻井液类型为麦克巴钻井液（水基），钻井液比重为 $1.43g/cm^3$，粘度为60s、18℃时钻井液电阻率为 $0.16\Omega \cdot m$，地层温度环境下钻井液电阻率为 $0.021\Omega \cdot m$。其中随钻电阻率测井是在钻头揭开地层的同时进行实时测量，高分辨率阵列感应、双侧向测井在完钻时进行测量。由于随钻电阻率测量是在揭开地层的同时进行的实时测量，可以用于描述原状地层的信息；而双侧向、高分辨率阵列感应测量是在钻井液浸泡一定阶段后进行的测量，可以用于描述钻井液侵入后储层的信息。由图1不同井段高分辨率阵列感应不同径向探测深度电阻率曲线差异程度可知，受钻井液滤液侵入的储层，其电性将会发生改变；钻井液侵入影响储层电性变化的程度主要受储层物性和钻井液浸泡时间的影响，储层物性越好、浸泡时间越长，影响程度越大。通过对比不同测井系列的深探测电阻率数值高低发现，当钻井液浸泡时间为4d时，高分辨率阵列感应的深探测电阻率数值明显高于随钻电阻率和深侧向数值，深侧向与随钻电阻率基本一致。当钻井液浸泡时间达到6d后，深侧向数值明显低于高分辨率阵列感应深探测电阻率和随钻电阻率测井的数值，表明双侧向测量信息已经明显受到了钻井液侵入的影响；在岩性非常纯、物性相对较好的储层段，高分辨率阵列感应深探测电阻率数值也稍有降低的趋势，在岩性、物性稍微差一些的储层段，其数值与随钻电阻率基本一致。当储层浸泡时间达到11d后，在物性相对较差的井段，高分辨率阵列感应深探测电阻率、深侧向与随钻电阻率基本一致，在好物性储层段表现为深侧向电阻率数值低于高分辨率阵列感应深探测电阻率，高分辨率阵列感应深探测电阻率数值低于随钻电阻率；不同电阻率测井系列的差异程度比浸泡6d时更为明显。

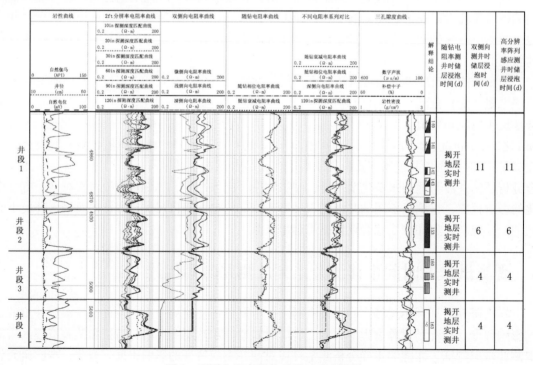

图1　不同电阻率测井系列对比成果图

由图1的对比分析可知，高分辨率阵列感应测井在同时反映储层原状地层电阻率和侵入带地层电阻率的变化方面具有明显优势。因此，在后续现场测井试验中均采用高分辨率阵列感应测井技术来获得储层的电性资料。由不同浸泡阶段各种电阻率测井系列对比可知：浸泡时间在4d以内，高分辨率阵列感应测井深探测电阻率曲线能够反映原状地层信息；随着浸泡时间的增加，高分辨率阵列感应测井深探测电阻率曲线逐渐受到钻井液侵入的影响。故本次现场试验采取时间推移测井来获得原状地层测量信息和侵入环境下地层测量信息。其中第一次测井时间设置在揭开目的层以后6d之内进行测井，把此次高分辨率阵列感应测井深探测电阻率作为原状地层电阻率响应特征，其他不同径向探测深度电阻率作为钻井液浸泡后，储层不同径向深度的电阻率响应特征；后续其他次测井时间根据试验目的具体设计，所获得的所有不同径向探测深度电阻率均作为钻井液侵入后储层不同径向深度的电阻率响应特征。根据原状地层电阻率和侵入后储层电阻率变化可以来分析测量环境对测井响应特征的影响程度。

2 测量环境对测井响应特征影响程度分析

在同时采集到原状地层测井信息和侵入环境下的测井信息后，就可以利用不同环境下测井信息的差异程度进行测量环境对测井响应特征影响的分析。在现场采集的基础上，本次研究采取利用高分辨率阵列感应时间推移测井资料进行测量环境对测井响应特征影响程度分析，数据分析时将第一次高分辨率阵列感应测井的2ft纵向分辨率、120in径向探测深度电阻率曲线数值作为不受环境影响的原状地层测井响应特征，第一次测井其他径向探测深度电阻率曲线和后续时间推移测井获得的不同径向探测深度的电阻率曲线作为储层距井眼不同深度处受环境影响后的测井响应特征；二者之间的比值即可以反映测量环境对距井眼不同深度处储层的一个影响程度。本次研究重点分析储层物性、钻井液矿化度和浸泡时间对不同流体性质储层的测井响应特征影响程度；其中代表油层的数据点来源于试油为油层的储层，代表水层的数据点来源于典型水层和试油为水层的储层。

2.1 钻井液侵入环境下储层物性对测井响应影响程度分析

为研究储层物性对侵入的影响，选出浸泡时间为20d以上，基本达到侵入中后期阶段的不同孔隙度油层，按不同的钻井液滤液与地层水电阻率比值（R_{mf}/R_w）范围，建立了孔隙度与距井眼不同径向深度处储层电性变化关系图（见图2）。图中横坐标为储层孔隙度，纵

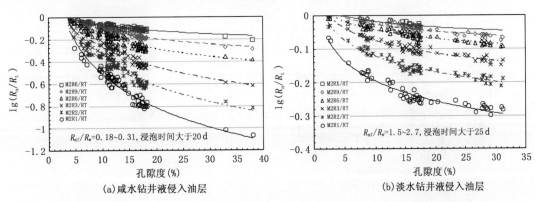

图2　储层孔隙度与电性变化关系图

坐标为高分辨率阵列感应不同径向探测深度电阻率曲线与原状地层电阻率比值取对数，不同符号代表不同径向探测深度数值点，不同线性曲线代表不同径向探测深度趋势线。图2（a）所示井眼浸泡时间大于20d，R_{mf}/R_w 在 0.18~0.31 之间，反映淡水钻井液侵入环境下，距井眼不同径向深度处储层电阻率随孔隙度的变化程度；图2（b）所示井眼浸泡时间大于25d，R_{mf}/R_w 在 1.5~2.7 之间，反映咸水钻井液侵入环境下，距井眼不同径向深度处储层电阻率随孔隙度的变化程度。由图可以得到几点认识：（1）无论是淡水钻井液还是咸水钻井液，在其侵入油层的过程中，孔隙度起到了主要的控制作用，孔隙度越大，在相同的浸泡时间下，电阻率降低越多；在相同的孔隙条件下，浅探测电阻率比深探测降低得更快。（2）在油层，钻井液性能不同，在相同孔隙条件下，对不同径向探测深度的电阻率降低的程度不同。咸水钻井液侵入对油层电阻率降低明显大于淡水钻井液侵入。

2.2 钻井液浸泡时间对测井响应影响程度分析

为研究浸泡时间对储层电性的影响，选出孔隙度在 15%~25% 之间的储层，按 R_{mf}/R_w 不同范围分别建立了油层、水层浸泡时间与储层电性变化关系图，见图3。图中横坐标为浸泡时间，纵坐标为阵列感应不同探测深度电阻率曲线与原状地层电阻率比值取对数。图3（a）、（b）所选 R_{mf}/R_w 值在 0.18~0.31 之间，图3（c）、（d）所选 R_{mf}/R_w 值在 1.5~2.7 之间，分别代表咸水钻井液、淡水钻井液侵入情况下，水层、油层在相同孔隙度下，随不同浸泡时间在离井眼不同径向深度处储层电性变化特征。由图可以得到以下几点认识：（1）无论油层还是水层，无论淡水还是咸水钻井液，电阻率在不同浸泡阶段变化规律不同，钻井液侵入初期阶段（浸泡时间在 3~4d 之内），近井眼地层（30in 之内）受钻井液侵入影响电性变化剧烈，远井眼地层（90in 之外）受侵入影响较少，基本上能够反映原状地层的信息；钻井液侵入中期阶段（浸泡时间达到 20~25d），仪器探测深度内（120in 之内）地层均受

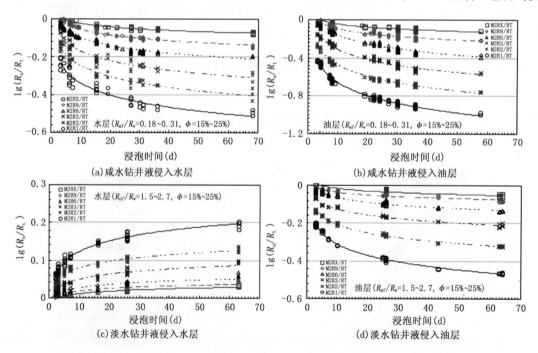

图3 浸泡时间与储层电性变化关系图

186

钻井液侵入影响，但探测深度越深电性变化越慢；钻井液侵入后期阶段（浸泡时间大于 25d）侵入带电性变化程度明显趋于平缓，经过一段时间（浸泡时间大于 55~60d）达到稳定状态，储层电性不再发生明显变化，无论深、浅探测深度都测不到原状地层电阻率。由此可见，当储层浸泡时间超过 20d 时，即使阵列感应测井 120in 探测深度的曲线也不能反映原状地层电阻率。（2）咸水钻井液侵入下，油层、水层浸泡时间相同时，油层某一侵入深度处的电阻率下降比值大约是水层的 1.8~2 倍左右。（3）不同 R_{mf}/R_w 值下，电性随浸泡时间的变化规律不同，由图 3（b）、（d）对比可见，同为油层，相同浸泡时间下，R_{mf}/R_w 在 0.18~0.31 之间（咸水侵入）时，同一侵入深度处电阻率下降比值大约是 R_{mf}/R_w 在 1.5~2.7 之间（淡水侵入）的 2~2.8 倍左右。

2.3 不同矿化度钻井液侵入对测井响应影响程度分析

为研究不同矿化度钻井液侵入对储层电性的影响，选出孔隙度在 15%~25% 之间，浸泡时间大于 15d 的储层，分油、水层建立钻井液滤液电阻率与储层电性变化关系图（见图 4）；图中横坐标为钻井液滤液电阻率与地层水电阻率比值取对数，纵坐标为阵列感应不同探测深度电阻率曲线与原状地层电阻率比值取对数。其中图 4（a）为水层关系图，图 4（b）为油层关系图，由图可以得到以下几点认识：（1）钻井液滤液与地层水矿化度差异共同影响储层电性变化程度。（2）在相同 R_{mf}/R_w 比值下，储层流体性质不同，电性变化程度不同。对于水层，当 R_{mf}/R_w 小于 1 时，钻井液侵入使储层电性降低，当 R_{mf}/R_w 大于 1 时，钻井液侵入使储层电性升高。对于油层，当 R_{mf}/R_w 小于 3.2 时，钻井液侵入使储层电性降低，当 R_{mf}/R_w 大于 3.2 时，侵入达到稳定后，钻井液侵入使储层电性升高。油层、水层均为低侵时，油层电性变化程度大于水层。油层、水层均为高侵时，水层的变化程度大于油层。

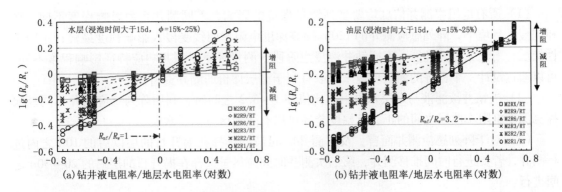

图 4 钻井液滤液电阻率与储层电性变化关系图

3 依据时间推移测井确定最佳测井环境

由以上分析可知，只要储层存在孔隙，有可渗流能力，侵入环境下储层的电性分布必将受到影响，从而改变测井响应特征。影响测井响应特征改变的两个主要测量环境因素是浸泡时间和钻井液电阻率与地层水电阻率比值，而这两个因素是可以调整的。为获取有效的、有利于油气层评价的测井资料，可依据上述时间推移测井分析结果进行最佳测井环境设计。

3.1 最佳钻井液矿化度设计

由不同矿化度钻井液侵入环境下测井响应特征分析可知，当 R_{mf}/R_w 大于 1 时，水层不同径向探测深度电阻率曲线之间呈现为负差异；当 R_{mf}/R_w 小于 3.2 时，油层不同径向探测深度电阻率曲线之间呈现为正差异。此时根据不同探测深度电阻率曲线之间的正、负差异特征能够直观有效地识别油、水层。故最佳的钻井液滤液与地层水电阻率比值范围在 1~3.2 之间。

3.2 最佳测井时间设计

由钻井液浸泡时间对测井响应影响程度分析可知，在钻井液浸泡 3~4d 之内，高分辨率阵列感应的 90~120in 探测深度的电阻率曲线基本能够反映原状地层电阻率信息，在 10d 以内，120in 探测深度电阻率曲线受侵入影响较少。因此，为尽量获取原状地层测井信息时，建议最好在揭开目的层后的 10d 以内进行及时测井。如果要进行时间推移测井，建议第一次测井时间在揭开目的层以后 10d 之内进行测井，第二次测井时间建议在揭开目的层后 20~30d 之间进行，这样有助于观测不同浸泡时间段储层电性变化程度。与此同时由前文分析可知，钻井液侵入储层的快慢程度与储层物性关系密切，物性越好的储层，储层受钻井液侵入影响的时间出现得越早，因此最佳测井时间应根据储层物性情况做出适当的调整。

4 结 论

通过对现场时间推移测井试验基础资料的分析，可以得到如下结论：

（1）所有电阻率测井信息均要受到测量环境的影响，不同测井系列影响程度不同。在相同侵入环境下，阵列感应测井的 120in 探测深度电阻率曲线受侵入影响程度最轻；不同物性储层、不同钻井液性能、不同钻井液浸泡阶段，测量环境对测井响应特征影响程度不同；可以通过设计一个良好的测量环境来获取有利于储层评价的测井资料。

（2）当钻井液滤液与地层水电阻率比值在 1~3.2 之间时，利用阵列感应测井不同径向探测深度电阻率曲线之间的正、负幅度差异可以有效地区分油、水层。

（3）对于阵列感应测井而言，及时测井时间最好选择在揭开目的层以后的 10d 之内进行测井，若要进行时间推移测井，第二次测井时间应尽量选择在揭开目的层后的 20~30d 之间进行。

参 考 文 献

张开洪，等．泥浆滤液侵入对岩石物性及电性影响的实验研究．西南石油学院学报，1994（4）

随钻测井资料在埕海油田中的应用

常静春[1]　林学春[2]　丁娱娇[1]

(1. 渤海钻探工程公司测井分公司；2. 大港油田滩海开发公司)

摘要： 埕海油田作为大港油田增储上产的重点区块，2007 年已投入开发。由于该区块多采用随钻测井系列，且测井资料比较少，如何利用有限的测井信息对储层的流体性质进行分析是困扰测井解释人员的一个难题。通过对该区随钻测井资料与常规测井资料的对比分析，建立了相应的测井解释标准。利用该方法对该油田储层流体性质进行分析，取得了很好的应用效果。

关键词： 随钻测井　衰减电阻率　解释标准　储层评价　应用效果

前　言

埕海油田埕海一区位于埕宁隆起向歧口凹陷过渡的斜坡部位，主要目的层包括明化镇组、馆陶组，沙河街组一段。储层岩性以砂泥岩为主。埕海二区位于埕北断阶区，主要目的层为沙一段和沙二段。其中沙一下段储层岩性主要为白云质灰岩为主，沙二段主要以砂岩、粉砂岩为主。

从埕海油田完钻井井型和测井系列统计上看，该区大部分井为大斜度井、水平井，测井系列主要以随钻电阻率和自然伽马测井资料为主。而该油田具有岩性比较复杂、储层类型多样的特点，如何利用有限的测井资料对储层流体性质进行有效评价是测井解释人员需要解决的一个问题。

1　随钻测井资料与常规测井资料的对比和分析

1.1　自然伽马测井资料对比分析

从随钻测井资料与常规测井资料的自然伽马曲线对比上来看，二者形态一致，二者自然伽马数值接近，说明随钻测井和常规测井资料都能很好地反应储层的岩性变化（见图1）。

1.2　补偿中子和补偿密度测井资料对比分析

图 2 为随钻测井与常规电缆测井资料的补偿密度与补偿中子数值对比图，在井眼状况较好时，随钻与常规电缆测井补偿中子和补偿密度数值基本一致；当井眼扩径比较明显时，随钻测井资料所测得的补偿密度明显偏小，补偿中子数值明显偏大，从而使得计算的储层孔隙度明显偏大，造成对储层物性的错误认识。而 5700 电缆测井资料相对于随钻测井资料而言，在井眼不好处资料的可信度要明显增加。

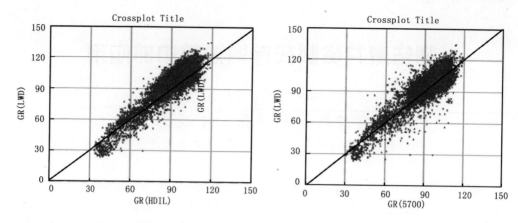

图 1   电缆测井（HDIL＋RD）与随钻测井自然伽马资料交会图

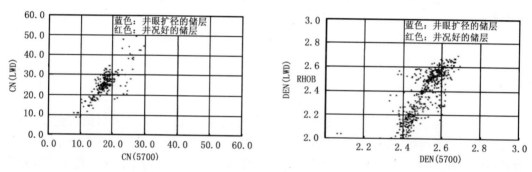

图 2（a）   随钻测井与电缆测井补偿中子对比图　　图 2（b）   随钻测井与电缆测井补偿密度对比图

1.3　电阻率曲线对比

随钻电阻率曲线与常规电阻率测井曲线相比具有一定的优势。图 3（a）为埕海地区随钻电阻率与深侧向电阻率数值对比图，从图中可以看出深侧向电阻率较随钻电阻率明显偏低，且电阻率越大，二者差异也越大。这主要是由于双侧向电阻率曲线数值受钻井液侵入影响比较严重造成的；图 3（b）为 2ft 120in 高分辨率阵列感应与随钻电阻率对比图，M2RX与随钻电阻率数值均匀分布于 45°对角线上，说明二者基本上反映了原状地层电阻率数值。

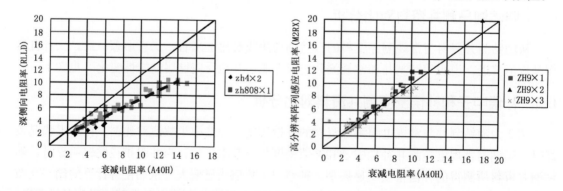

图 3（a）   衰减电阻率与深侧向电阻率交会图　　图 3（b）   衰减电阻率与阵列感应电阻率交会图

但因随钻电阻率测井仪纵向分辨率小（衰减电阻率纵向分辨率为6ft），且电阻率数值受多种因素影响，不能定性判断储层渗透性。而高分辨阵列感应可以提供10in、20in、30in、60in、90in、120in6种不同探测深度的电阻率曲线，能反映地层的侵入特征，并可定性判断储层的渗透性。

2　不同随钻测井系列测井资料对比分析

从测井系列统计可以看出，埕海油田完钻井所采取的随钻测井系列共3类，包括斯伦贝谢、贝克休斯公司、威德福公司。为了更好利用随钻测井资料开展解释评价，针对埕海地区沙一段标志泥岩层，开展了这几类随钻测井资料与常规测井资料响应特征对比分析，图4为张海A井（威德福测井）、张海B井（贝克休斯）、张海C井（斯伦贝谢）、张海D（常规电缆）井泥岩段自然伽马与深电阻率直方图，这几口井泥岩段GR值分布在100~105API附近，衰减电阻率在3.5~4Ω·m左右，与区域上泥岩的特征基本一致。

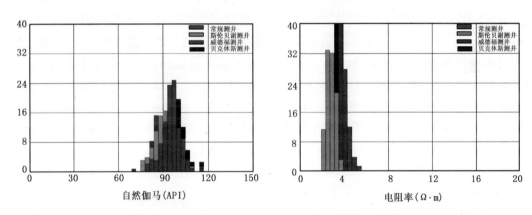

图4　不同随钻测井系列自然伽马和电阻率直方图

3　随钻测井资料影响因素分析

通过对埕海油田大斜度井、水平井随钻测井资料的分析可以看出：在同一储层段随钻测井资料相位电阻率明显大于衰减电阻率、明显大于该区常规电缆电阻率数值，且这种情况在埕海地区大斜度、水平井中普遍存在。分析造成这种现象的主要原因是随钻测井资料受到多种因素影响造成的，主要包括围岩、各向异性、介电常数以及井眼尺寸和钻井液性能、仪器偏心影响等多种因素。因此对该区随钻测井资料进行分析时应考虑到上述因素的影响。

4　随钻测井在埕海油田的储层综合评价

4.1　储层划分

根据埕海油田完钻井测井系列采集现状，储层划分主要是结合测井和录井资料。其中测井资料包括自然伽马、电阻率、孔隙度测井资料；录井资料主要为岩屑录井等。

4.2　解释标准的确定

根据埕海油田一区和二区多口井试油资料情况分别建立了油、水层测井解释标准，由于大部分井都没有进行孔隙度资料的录取，所以只建立了自然伽马相对值与衰减电阻率的解释图版，并确定了相应的解释标准（见表1）。

表1　埕海一区沙一段油水层解释标准

储层类型	自然伽马相对值	A40H
油层	>0.3	>7
水层	<0.3	<5.5
	>0.3	<5

4.3　储层流体性质评价

通过以上分析，利用随钻测井资料对埕海油田开展综合评价，取得了很好的应用效果。张海 E 井（图5）只进行了随钻电阻率和自然伽马测井资料录取。测井资料反映 20－21 和 22－29 号层为两套底粗上细的砂体。其中 20、21 号层自然伽马值低，电阻率数值高，反映储层具有电性高、岩性纯的特点，具有典型的油层特点。26、28、29 号层测井资料反映储层特征与 20、21 号层类似，反映储层含油特征比较饱满，但 22－25 号层电性降低，自然伽马曲线反映储层岩性较细，分析电阻率低的原因是储层岩性变细造成的。同时这几个层位于沙二段解释图版的油层区域，因此解释为油层。对该井 22－26、28 号层进行试油，日产油 30.2m³，日产气 15480m³，水 0.62m³，含水 2%。

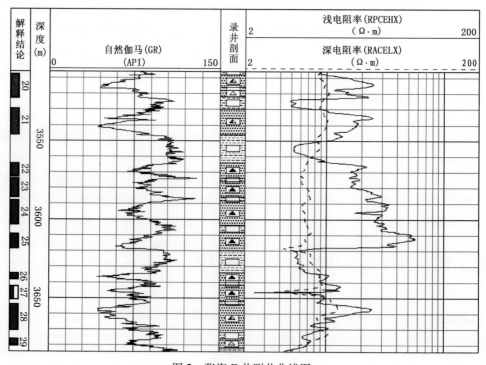

图5　张海 E 井测井曲线图

5 测井解释与试油不符合层分析

2008年埕海油田完钻的新井测井解释符合率为93%。其中不符合的原因主要是由于测井解释结论偏高造成的，如庄海F井（见图6）17号层根据测井曲线特征，可以分成4部分：A段（4394.2~4480m）自然伽马数值较低，探测深度较深的衰减电阻率为6~7Ω·m；B段（4480~4535m）自然伽马数值较高，反映岩性变细，探测深度较深的衰减电阻率（A40H）为5Ω·m左右；C段（4535~4602.5m）岩性较纯，电性较高，具有明显的油层特征；D段（4602.5~4636m）岩性相对较细，电性降低。17号层试油，日产油4.26m³，气2128m³，水189.24m³，试油结论为含油水层。结合井斜数据可以看出：D段岩性较细，电性较低可能是受到围岩影响造成的；C段储层岩性纯，电性高，具有明显的油层特征；A、B段处于构造较低部位，岩性较纯，电性较低，反映该段储层含水的可能性较大，分析造成该井试油出水的主要层段应该是A段和B段。由于该区砂体变化比较快、该井水平段较长、测井系列不全造成测井解释结论偏高。

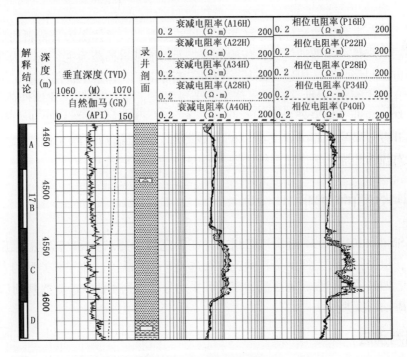

图6　庄海×井测井曲线图

6 结 论

埕海油田勘探开发证实该区储层发育，含油特征明显。随钻测井资料高效开发中取得很好的应用效果。但该区地质条件复杂，砂体变化比较快，对比困难，油水关系复杂，仅仅依靠自然伽马和电阻率测井系列无法对储层的流体性质进行有效分析，应在有条件的情况下进行物性资料的采集，为准确识别储层的流体性质提供依据。

埕海油田张海5构造沙二上油气地球化学特征及油气藏类型研究

董树政　李良峰　李艳玲　张艳军

（大港油田公司滩海开发公司）

摘要：本文应用油气地球化学特征化验分析，采用多种方法对比分析张海5构造沙二上油气藏类型，初步确定了该区油气藏的类型。

关键词：油气藏　凝析气　相态

前　言

张海5构造位于大港滩海埕海二区张东断层的上升盘，整体上为一背斜构造，属于中低孔、中低渗层状岩性—构造油气藏，该构造沙二上以细砂岩油藏为主，局部为含砾砂岩。油气藏的分类方法很多，常按构造（断块、背斜、断鼻等）、储层（高孔高渗、中孔中渗、中孔低渗、低孔低渗等）、岩性（砂岩、砾岩、生物灰岩、白云岩等）、流体性质（高粘稠油、中质油、低粘轻质油、挥发性油藏、湿气藏、干气藏、凝析气藏等）等进行分类。开发上一般按影响开发效果的主要因素来确定油气藏类型，为了搞清张海5构造沙二上油气藏类型，本次针对流体地球化学特征进行了深入研究。

1　油气藏类型的判断

根据《SY/T 6101—1994 凝析气藏相态特征确定技术要求》和《天然气工程》的油气藏分类标准，根据张东开发区的资料情况，筛选出5种判断该区油气藏类型的方法，分别为相图判别法、四参数判别法、地层流体密度和平均分子量判别法、φ参数判别法和地面生产气油比和油罐油密度判别法。

1.1　相图判别法

根据相图的形态和储层温度等温降压线所处的位置进行判别。黑油油藏原始地层压力高于临界压力，地层温度低于临界温度。挥发性油藏原始地层压力和地层温度在临界点附近。凝析气藏原始地层压力高于临界压力，地层温度高于临界温度、低于临界凝析温度，原始状态下为气藏，随着地层压力的降低，地层中有凝析油析出，残留在地层中，造成凝析油的损失。湿气藏原始地层压力高于临界压力、地层温度高于临界凝析温度，地层条件下为气藏，地面条件下有少量液态烃析出。干气藏以甲烷为主，C_{5+}含量很少，相图很窄，地面条件下没有液态烃，始终为气相（图1）。

依据张海5构造的张海501井相图判断，张海501Es2s2.3储层温度处于临界温度和最大凝析温度之间，而在凝析气藏衰竭开采时储层中存在反凝析现象，地面分离器中有凝析油析出，属于凝析气藏（典型相图见图2）。

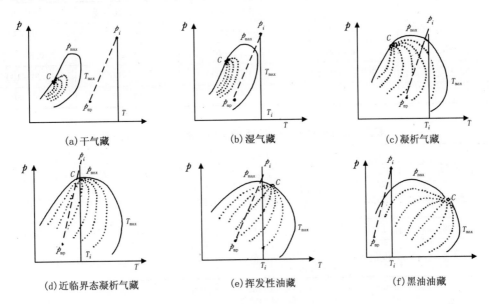

(a)干气藏　　　　　　　(b)湿气藏　　　　　　　(c)凝析气藏

(d)近临界态凝析气藏　　　(e)挥发性油藏　　　　　(f)黑油油藏

图1　各类油气藏在相图上的位置形态

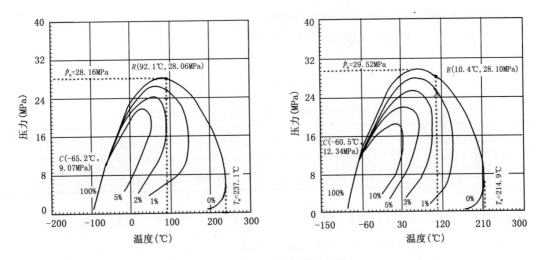

图2　张海5构造典型相图

1.2　四参数判别法（方框图判别法）

利用储层流体的天然气、凝析气或溶解气的组成分析资料，计算四个参数，即 C_{2+}（%），C_2/C_3，$100[C_2/(C_3+C_4)]$，$100(C_{2+}/C_1)$。按表1给出的范围进行油气藏类型的划分。

按照该方法计算对该区的 PVT 样品进行了分析（见表2），张海501Es2s2.3 的 C_{2+} 在 15.1%～18.9%之间，C_2/C_3 在 1.89～2.82 之间，$100[C_2/(C_3+C_4)]$ 在 122.9～184.6 之间，$100(C_{2+}/C_1)$ 在 18.3～23.9 之间，均符合带油环凝析气藏标准；张海5Es2s4 的样品分析值为油藏和带油环凝析气藏过度带，结合其他方法分析认为该层应为黑油油藏。

表 1　四参数判别法分类标准

参数名	气　藏	无油环凝析气藏	带油环凝析气藏	油　藏
C_{2+}（％）	0.1~5	5~15	10~30	20~70
C_2/C_3	4~160	2.2~6	1~3	0.5~1.3
$100 [C_2/(C_3+C_4)]$	300~1000 以上	170~400	50~200	20~100
$100 (C_{2+}/C_1)$	0.1~5	5~15	10~40	30~600

表 2　张海 5 断块和张海 15 断块四参数法判别结果汇总

井号	井段（m）	层位	取样条件	C_{2+}（％）	C_2/C_3	$100 [C_2/(C_3+C_4)]$	$100(C_{2+}/C_1)$	类型
张海 5	2790~2800.7	Es2s4	4mm 油嘴地面配样	51.87	1.69	100.44	111.74	黑油油藏
张海 501	2826.5	Es2s2	MDT	15.13	2.82	184.63	18.28	带油环凝析气藏
	2813.7~2847.7	Es2s2.3	6.35mm 油嘴地面配样	18.85	1.89	122.91	23.93	带油环凝析气藏

1.3　地层流体密度和平均分子量判别法

用地层流体密度和平均相对分子质量判断油气藏类型的方法将油气藏类型分为 5 种，见表 3。表 3 中的平均相对分子质量由加和原则求得。即

$$\overline{M} = \sum_{i=1}^{n} M_i Z_i$$

表 3　地层流体密度和平均分子量判别法分类标准

油气藏类型	气藏	凝析气藏	挥发性油藏	普通黑油油藏	重质油藏
地下流体密度（g/cm^3）	<0.225~0.250	0.225~0.45	0.425~0.65	0.625~0.900	>0.875
平均分子量	<20	20~40	35~80	75~275	>225

地层条件下的流体密度 ρ 由取样测得，若无实测资料，可用下列经验公式计算：

当 $\overline{M}<20$ 时：$\rho = (\overline{M}-16)/13.3$

当 $20<\overline{M}<250$ 时：$\rho = (\lg\overline{M}-0.74)/1.842$

张海 501Es2sMDT 样品测得地层油密度 0.33057 g/cm^3，分子量 22.33；地面配制样品测得地层原油密度 0.358829 g/cm^3，分子量 25.17，均符合凝析气藏标准。张海 5Es2s4 地面配制样品测得地层原油密度 0.6532 g/cm^3，分子量 233，符合普通的黑油油藏标准（见表 4）。

表 4　张海 5 构造地层流体密度和平均分子量判别法结果汇总

井号	井段（m）	层位	取样条件	地层油密度（g/cm^3）	地层油分子量	类型
张海 5	2790~2800.7	Es2s4	4mm 油嘴地面配样	0.6532	233	普通黑油油藏
张海 501	2826.5	Es2s2	MDT	0.33057	22.33	凝析气藏
	2813.7~2847.7	Es2s2.3	6.35mm 油嘴地面配样	0.358829	25.17	凝析气藏

1.4 ϕ 参数判别法

根据样品组分，计算 ϕ 参数，该方法依据 102 个油气藏检验，符合率85% ：

$$\phi = \frac{C_2}{C_3} + \frac{C_1 + C_2 + C_3 + C_4}{C_{5+}}$$

从气藏到油藏，轻烃含量降低，ϕ 参数越来越小，见表5。

表5 ϕ 参数判别法分类标准

油气藏类型	ϕ	油气藏类型	ϕ
气藏	>450	凝析气顶油藏	7~15
无油环凝析气藏	80~450	凝析气藏中的含油层	3.7~7
带小油环凝析气藏	60~80	挥发性油藏	2.5~7
带较大油环凝析气藏	15~60	普通黑油油藏	1~2.5
		高粘重质油藏	<1

张海 501Es2s 样品的 ϕ 值18.6~30.1，为具有较大油环凝析气藏；张海 5Es2s4 样品 ϕ 值3.3，显示为挥发性油藏特征（见表6）。

表6 张海5断块和张海15断块 ϕ 参数判别法结果汇总

井号	井段（m）	层位	取样条件	ϕ	类型
张海5	2790~2800.7	Es2s4	4mm 油嘴地面配样	3.3	挥发性油藏
张海501	2826.5	Es2s2	MDT	30.1	带较大油环凝析气藏
	2813.7~2847.7	Es2s2.3	6.35mm 油嘴地面配样	18.6	带较大油环凝析气藏

1.5 地面生产气油比和油罐油密度判别法

根据大量不同类型油气藏地面样品的统计对比分析，得到地面油密度和生产气油比的统计规律，见表7。

表7 地面生产气油比和油罐油密度判别法分类标准

油气藏类型	气油比（m³/m³）	油罐油密度（g/cm³）
低含凝析油凝析气藏—湿气气藏	>10686	<0.739
凝析气藏	1425~12467	<0.780
凝析气藏与挥发性油藏过渡带	625~1425	0.760~0.802
挥发性油藏	350~625	0.760~0.802
挥发性油藏与黑油油藏过渡带	125~350	0.802~0.825
普通黑油油藏	35~125	0.825~0.966
重质油藏	<35	>0.966

张海 501Es2s 地面原油密度在 0.773~0.7783g/m³ 之间，生产气油比 2690m³/m³，符合凝析气藏特征；张海 5Es2s4 地面油密度 0.8577g/m³，符合黑油油藏标准，生产气油比 365.52m³/m³，符合挥发性油藏标准，综合其他判别方法该层应为黑油油藏（见表8）。

表8 张海5断块和张海15断块地面生产气油比和油罐油密度判别法结果汇总

井号	井段（m）	层位	取样条件	油罐油密度（g/cm³）	气油比（m³/m³）	类型
张海5	2790~2800.7	Es2s4	4mm油嘴地面配样	0.8577	365.52	黑油油藏
张海501	2826.5	Es2s2	MDT	0.773	—	—
	2813.7~2847.7	Es2s2.3	6.35mm油嘴地面配样	0.7783	2690	凝析气藏

按照上述5种方法，结合测井和MDT测试等资料，主要利用张海501Es2s2.3和张海5 Es2s4样品分析认为，张海5构造Es2s1-3为凝析气藏，Es2s4为黑油油藏。

2 凝析气藏是否带油环的判断

判断油气藏类型为凝析气藏后，就需要判断凝析气藏是否带油环，以及油环的大小。一般地，凝析气藏油环大小的评价采用经验统计判别方法进行评价。结合张东地区实际情况，其油环的评价可以通过下述经验判别法进行判别。

2.1 C_{5+} 含量判别法

凝析气中 C_{5+} 含量 <1.75%，为无油环凝析气藏；C_{5+} 含量 >1.75%，为带油环凝析气藏。张海501Es2s凝析气藏MDT取样 C_{5+} 含量为3.46%，分离器取样 C_{5+} 含量为5.52%，大于1.75%的标准，为带油环凝析气藏（见表10）。该方法根据100个凝析气藏检验，符合率为86%。

2.2 C_1/C_{5+} 比值判别法

凝析气中 C_1/C_{5+} >52，为无油环凝析气藏；C_1/C_{5+} <52，为带油环凝析气藏。张海501Es2sMDT样品 C_1/C_{5+} 的值为23.9，地面配制样品的 C_1/C_{5+} 值为3.34，均符合带油环凝析气藏标准（见表10）。

2.3 按等级分类判别法

根据烃类组成计算4个特征参数，分为6个等级（见表9），各特征参数的等级号累加，<9为无油环凝析气藏，9~11具有油气过渡带，>11为带油环为带油环凝析气藏。张海501Es2s凝析气藏的等级号之和：MDT样品为18，地面配制样品为17，均大于11，为带油环凝析气藏（见表10）。

表9 油气藏类型判别等级号

特征参数	等级号 R_{xi}					
	5	4	3	2	1	0
$F_1 = C_1/C_{5+}$	0~25	25~50	50~75	75~100	100~125	>125
$F_2 = (C_2+C_3+C_4)/C_{5+}$	0~2	2~4	4~6	6~8	7~10	>10
F3 = C_2/C_3	1~2	2~3	3~4	4~5	5~6	>6
F4 = C_{5+}	0.1~1.3	1.3~2.3	2.3~3.3	3.3~4.3	4.3~5.3	>5.3

表 10 张海 5 构造 C_{5+} 含量判别法结果汇总

井号	井段（m）	层位	取样条件	C_{5+}含量（%）	C_1/C_{5+}	ϕ（%）	类型
张海 501	2826.5	Es2s2	MDT	3.46	23.9	18	带油环
	2813.7 ~ 2847.7	Es2s2.3	6.35mm 油嘴地面配样	5.52	14.3	17	带油环

2.4 Z 因子判别法

根据烃类组成，按下述关系式计算 Z_1、Z_2 值，按表 11 的分类标准进行判断：

$$Z_1 = \frac{0.88C_{5+} + 0.99C_1/C_{5+} + 0.97C_2/C_3 + 0.99F}{3.71}$$

$$Z_2 = \frac{0.79C_{5+} + 0.98C_1/C_{5+} + 0.95C_2/C_3 + 0.99F}{3.71}$$

$$F = \frac{C_2 + C_3 + C_4}{C_{5+}}$$

表 11 油气藏类型 Z 因子分类标准

凝析气藏类型	Z_1	Z_2
无油环	>21	>20.5
带小油环	17 ~ 21	17 ~ 20.5
带大油环	<17	<17

张海 501Es2s 凝析气藏 MDT 取样 Z_1 值 8.8，Z_2 值 8.7；地面配制样品 Z_1 值 6.3，Z_2 值 6.1，均小于 17，为带大油环凝析气藏（见表 12）。

表 12 张海 5 构造 Z 因子判别法结果汇总

井号	井段（m）	层位	取样条件	Z_1	Z_2	类型
张海 15	3356 ~ 3373.8	Es332	4mm 油嘴地面配样	5.4	5.2	带大油环
张海 501	2826.5	Es2s2	MDT	8.8	8.7	带大油环
	2813.7 ~ 2847.7	Es2s2.3	6.35mm 油嘴地面配样	6.3	6.1	带大油环

按照上述 3 种方法，结合测井和 MDT 测试等资料，主要利用张海 501Es2s2.3 和张海 5 Es2s4 样品分析认为，张海 5 构造 Es2s1 - 3 为带油环的凝析气藏。

3 结 语

对于复杂类型油气藏的判断，往往不能由单一的方法给出科学的结论。综合以上几种筛选出来的方法分析认为：张海 5 构造 Es2s1 - 3 为带油环的凝析气藏，Es2s4 为黑油油藏。

符号说明：

ϕ——油气藏判别参数；

C_1——甲烷摩尔分数，% ；

C_2——乙烷摩尔分数，% ；

C_{2+}——乙烷以上烃组分摩尔分数，% ；

C_3——丙烷摩尔分数，% ；

C_4——丁烷摩尔分数，% ；

C_{5+}——戊烷以上烃组分摩尔分数，% ；

$\overline{M}$——平均相对分子质量；

M_i——i 组分的相对分子质量；

Z_i——i 组分的摩尔分数；

n——流体混合物的组分数。

酸性成因次生孔隙的形成机理
及其影响因素研究

李嘉光[1]　陈朝玉[1]　于家义[2]　张中劲[2]

（1. 中国地质大学（北京）能源学院；2. 吐哈油田勘探开发研究院）

摘要：早期被人忽视的储层次生孔隙带形成机制随着认识水平的提高越来越被人重视，掌握储层次生孔隙带的形成机制及其分布特征对于全面了解储层并建立储层预测模型具有重要的意义。本文综述了储层酸性次生孔隙带的形成机理，认为酸性成因砂体次生孔隙发育与酸性沉积环境下形成的沉积相带密切相关，储层次生孔隙的形成很大程度上受砂体埋深条件的压力及温度两个主要因素控制。

关键词：次生孔隙带　酸性沉积环境　形成机理　压力　温度

前　言

次生孔隙的概念自 20 世纪 30 年代首先由 Nutting 提出后，几十年中并未受到人们的重视，在此期间原生孔隙一直被认为是主要的储集空间，20 世纪 70 年代才确认了碎屑岩中有大量的次生孔隙。接下来的 80 年次生孔隙的形成机制研究有很大进展，一般认为有以下几种：（1）大气淡水淋滤；（2）碳酸水溶液引起的溶解；（3）有机酸引起的溶解；（4）收缩裂缝；（5）粘土矿物转化；（6）硫酸盐溶解。20 世纪 90 年代以来，人们开始注意到开放体系中大气水对砂岩骨架颗粒溶解产生次生孔隙的现象。黄思静等对鄂尔多斯盆地三叠系延长组砂岩次生孔隙形成机理提出了大气水淋滤作用的新见解，对于建立正确的储层质量预测模式具有重要的意义。这些都表明对次生孔隙的形成机制研究仍有较大的探索空间。本文综述了酸性成因次生孔隙带的形成机理，总结了影响其形成的控制因素。

1　次生孔隙特征

次生孔隙是各种作用对岩石各组分的综合反映，是矿物成分、有机质熟化、成岩温度、压力、地下流体性质等诸多因素的敏感性函数。岩石在埋藏过程中由于各种成岩作用或其他地质因素如构造作用、脱水收缩作用等形成的孔隙，其主要类型是溶蚀作用形成的各种溶蚀孔隙、压实作用形成的压裂缝以及构造作用形成的裂缝。苗建宇等对济阳坳陷古近系储层次生孔隙分析时，按成因可分为溶解作用形成的次生孔隙和非溶解作用形成的次生孔隙两大类。依照被溶物质的不同，可溶解孔隙进一步分为 4 个亚类，非溶解作用形成的次生孔隙主要有 2 个亚类（表 1）。非溶解作用形成的裂缝和裂隙，不仅能改善储层的渗滤能力，而且也可为进一步产生溶蚀作用创造条件。

对济阳坳陷北斜坡带深层砂砾岩体研究发现目的层段储集层原生孔隙和次生孔隙均发育，原生孔隙主要为原生粒间孔隙，多为填隙物（如自生石英、粘土等）未完全充填满原生粒间孔隙所残余的孔隙。次生孔隙类型主要有：（1）粒内溶孔，在砂屑内见有颗粒局部溶蚀而造成的孔隙；（2）粒间溶孔，由粒间胶结物及颗粒边缘被溶解而形成；（3）胶结物溶蚀微孔隙，胶结物内溶蚀而形成；（4）贴粒缝，为胶结物和颗粒结合部溶蚀而形成的伸长状孔隙。此外，研究区裂缝和裂隙发育。

表1　次生孔隙类型分类表

类型	溶解作用形成的次生孔隙			非溶解作用形成的次生孔隙		
亚类	胶结物被溶孔	碎屑颗粒被溶孔	胶结物和颗粒被溶孔	缝合线被溶孔	填隙物重结晶孔	裂隙（缝）
孔隙名称	粒间溶孔，胶结物内溶孔，贴粒孔	粒内溶孔，铸模孔	超大孔，伸长孔	缝合状次生孔	收缩孔	各种裂隙或裂缝

2　次生孔隙的发育与酸性沉积环境下形成沉积相带密切相关

三角洲前缘或者湖底扇砂体的次生孔隙相对更为发育，因为通常这类砂体一侧或者周围与暗色的生油泥岩接触。这类泥质烃源岩含有大量蒙脱石和有机质，在成岩演化过程中产生大量的地层水、CO_2 和有机酸，形成溶解能力很强的酸性水溶液（例如跃进地区的三角洲砂体）。从岩石类型方面来看，分选较好、泥质含量少、富含易溶组分的粗粒砂岩中，次生孔隙相对发育。

而在不同盆地或同一盆地不同地区，由于盆地物源、沉积环境、地温场、地下水动力场和埋藏史等因素的差异及其之间的相互制约作用，往往造成砂岩储层复杂多样的非均质性特征。因此，要想客观、准确地预测有利次生孔隙发育的烃源岩砂体，就必须充分了解烃源岩的沉积环境。基于上述认识，本文研究特别强调对研究区酸性沉积环境的沉积—成岩相带分析。对碎屑岩储层非均质性的研究，国内学者多采用成岩岩相分析方法，其工作基础就是以储集岩的次生成特征（包括胶结物成分和胶结类型、压实和溶蚀组构、结合孔隙类型及分布等）方面的差异为依据来划分并定义成岩岩相的。但国外学者多强调对沉积环境和成岩作用进行综合分析。划分出有利次生孔隙发育的酸性沉积环境的沉积—成岩相带，这样可以将控制有利次生孔隙形成的主要因素均考虑进去，以便更加客观地评价和预测次生孔隙的发育状况。已有的研究成果表明，酸性沉积环境下的成岩相带有利于砂体次生孔隙的生成。

3　酸性成因次生孔隙的形成机理

有机质在成熟过程中产生大量的 CO_2 和有机酸，对长石和碳酸盐等矿物均具有很强的溶蚀作用，从而形成了次生孔隙。有机酸和酚是导致岩石组分溶解的重要溶剂。有机酸和酚主要来自有机质的演化。干酪根的 ^{13}C 核磁共振和红外光谱资料表明，在其大量成烃之前，会释放出大量的有机酸。干酪根可能过热降解脱去含氧官团而产生有机酸，也可通过岩石中的矿物氧化剂（粘土矿物中 Fe^{3+}、多硫化物和颗粒表面的氧化剂）和氧化形成有机酸。而有机酸干酪根在酸性砂体中的演化受温度和压力影响较大。

有利于次生孔隙形成的碳酸是一种重要的溶解流体，其作用机理及意义早就被人们所认识，实际上比认识有机酸的作用要早得多。碳酸的形成有两种机理，即有机和无机成因。

（1）有机成因。人们早就认识到，有机质热演化可形成碳酸。有机酸脱羧基形成 CO_2，CO_2 溶于水则生成碳酸。在有机质演化剖面上，CO_2 含量随埋藏深度（温度）的增加而升高。以济阳坳陷为例，其古地温梯度高（3.3℃/100m），这种高地温有利于沉积有机质在沉积物尚未充分遭受机械压实，胶结作用也未能将砂砾岩中的孔隙完全堵死的时候就趋于成熟。此时砂砾体内部尚保留较大的渗透率，使有机质成熟释放出来的各种有机酸和二氧化碳能及早地进入临近的各类砂砾岩体中，充分进行溶蚀作用。然后通过流体的循环，并将溶解物质带出反应系统，从而形成规模性的次生孔隙发育带。

$$CH_3COOH \xrightarrow{\text{温度}} CH_4 + CO_2$$
乙酸　　　　　　　甲烷　　　二氧化碳

$$CO_2 + H_2O \longrightarrow H_2CO_3$$
二氧化碳　　水　　　碳酸

（2）无机成因。Hutclleon（1980 年）提出了 CO_2 无机成因，他认为，粘土矿物和碳酸盐反应可形成大量无机 CO_2。

$$5CaMg(CO_3)_2 + Al_2Si_2O_5(OH)_4 + SiO_2 + 2H_2O \longrightarrow Mg_5Al_2Si_3O_{10}(OH)_8 + 5CaCO_3 + 5CO_2$$
（白云石）　　　（高岭石）　　　　（石英）　　　　（绿泥石）　　　　　（方解石）

据 Hutcheon 推算，如果砂岩中含有 10% 上述反应的白云石、高岭石及石英组分，则 $1m^3$ 砂岩将产生大约 25800L（$T = 50℃$，$P = 1 \times 10^5 Pa$）的 CO_2。这种成因的 CO_2 也是形成次生孔隙的重要基础。有机酸和碳酸均是地下砂岩次生孔隙形成的重要溶剂，但有机酸的溶解能力更强。

酸性成因次生孔隙的形成与有机酸有关，而有机酸与有机质的热演化有关，有机酸的热演化则与因埋深而形成的压力温度条件直接相关，本文讨论酸性成因次生孔隙的形成机理其核心就是分析有机质在不同的温度压力条件下转化有机酸的机理，有机酸一旦形成便就解决了次生孔隙的有机成因和无机成因两个问题。下面以实验结果来讨论有机质在不同压力温度条件转化为有机酸的情况。

不同压力条件下模拟温度和剩余总有机酸含量、有机酸生成量的相关曲线图，它们之间的关系为：$TOA_g = TOA_o - TOA$，式中 TOA_o 为总有机酸原始含量，即未成熟泥岩在足够的时间和温度作用下所能生成的有机酸总量，单位为 $\mu g/g$，本文所用模拟样品的总有机酸原始含量为 173.44$\mu g/g$；TOA 为剩余总有机酸含量，代表泥岩经成岩物理模拟之后剩余的有机酸总量，单位为 $\mu g/g$；TOA_g 为有机酸生成量，单位为 $\mu g/g$。

不同压力条件下有机酸生成量和剩余量由图 1 可见，无论是在 25MPa 压力条件下，还是在 55MPa 压力条件下，随模拟温度的增高，有机质成熟度增加，泥岩中的有机质发生热降解，脱去含氧官能团，生成有机酸。然而，在 25MPa 压力条件下，当模拟温度为 370℃ 时，绝大部分有机酸就已生成；而当模拟实验的压力增至 55MPa，即是原来压力的 2.2 倍时，模拟温度直至升到 400℃，绝大部分有机酸才生成。而且当模拟温度相同时，25MPa 压力条件下的剩余总有机酸含量总是低于 55MPa 压力条件下的剩余总有机酸含量，而 25MPa 压力条件下有机酸的生成量却又高于 55MPa 压力条件下的有机酸生成量。这说明压力对有机酸的生成具有明显的抑制作用。

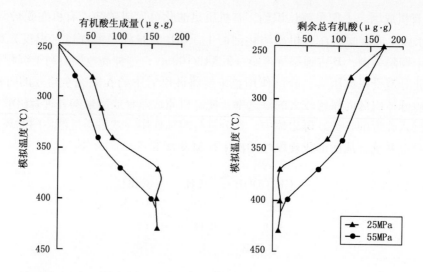

图1 不同压力条件下有机酸生成量和剩余量（孟元林等，2008年）

4 小 结

砂体次生孔隙发育与酸性沉积环境下的沉积相带密切相关。酸性沉积环境砂体中具备有较丰富的有机质，这为砂体生成次生孔隙的条件（有机酸）创造了基础性条件。

酸性成因砂体次生孔隙发育则与酸性沉积环境下形成的沉积相带密切相关，酸性沉积环境下的有机质如何转化为有机酸，有机酸又再转化为能为砂体生成次生孔隙的二氧化碳，则极大地受砂体埋深条件下的压力及温度两个主要因素控制。本文在引用实验资料的基础上研究了酸性砂体次生孔隙的形成机理。随温度的增高，有机质成熟度增加，泥岩中的有机质发生热降解，脱去含氧官能团，生成有机酸，从而使得有机酸的生成量逐渐增加，剩余有机酸增加，脱氧官能团生成二氧化碳，为酸性成因砂体生成次生孔隙的有机及无机成因创造了条件，相应的总有机酸含量逐渐下降。在不同压力条件下，有机酸生成的轨迹也不同。

参 考 文 献

[1] 袁静，赵澄林. 水介质的化学性质和流动方式对深部碎屑岩储层成岩作用的影响［J］. 石油大学学报，2000（1）

[2] 黄思静，武文慧，刘洁，等. 大气水在碎屑岩次生孔隙形成中的作用——以鄂尔多斯盆地三叠系延长组为例［J］. 地球科学—中国地质大学学报，2003（4）

[3] 王正允，王方平，林小云，等. 塔北三叠、侏罗统孔隙类型及次生孔隙的成因［J］. 石油与天然气地质，1995（3）

[4] 陈国俊，马宝林. 塔里木盆地柯坪地区下二叠统的成岩作用及次生孔隙［J］. 沉积学报，1990（1）

[5] 张以明，侯方浩，方少仙，等. 冀中饶阳凹陷下第三系沙河街组第三段砂岩次生孔隙形成机制［J］. 石油与天然气地质，1994（3）

[6] 钟大康，朱筱敏，蔡进功. 沾化凹陷下第三系砂岩次生孔隙纵向分布规律［J］. 石油与天然气地质，2003（3）

[7] 苗建宇，祝总祺，刘文荣，等. 济阳坳陷下第三系温度、压力与深部储层次生孔隙的关系［J］. 石油学报，2000（3）

[8] 王勇，钟建华，马锋，等．济阳坳陷陡坡带深层砂砾岩体次生孔隙成因机制探讨［J］．地质学报，2008（8）

[9] 钟广法，邬宁芬．成岩岩相分析：一种全新的成岩非均质性研究方法［J］．石油勘探与开发，1997（5）

[10] Martin K. R, J. C Baker, P. J Hamilton, et al. Diagenesis and reservoir quality of Paleocene sandstones in the Kupe South Field, Taranaki Basin, New Zealand［J］. AAPG Bulletin, 1994（4）

[11] 谢继荣．砂岩次生孔隙形成机制［J］．天然气勘探与开发，2000（1）

[12] 王炳海，钱凯．胜利油区地质研究与勘探实践［M］．东营：石油大学出版社，1992

[13] 孟元林，李斌，王志国，等．黄骅坳陷中区超压对有机酸生成和溶解作用的抑制［J］．石油勘探与开发，2008（1）

高含水油田水平井开发规律及增产技术研究

王锦芳　刘　卓　高小翠　李凡华　胡永乐

（中国石油勘探开发研究院）

摘要：近年来，水平井的应用规模逐渐扩大，在高含水油田挖潜中也占了一部分比例。但水平井含水的快速上升大大影响了水平井的开发效果。经过对986口高含水油田水平井生产数据的研究分析，笔者给出了高含水油田水平井的5种典型开发特征。水平井的工作制度是影响水平井开发特征的主要影响因素之一。文中对高含水油田水平井的提液时机进行了优化。研究分析表明，高含水油田水平井，低中含水期不宜提液，特高含水期以后提液效果较好。

关键词：高含水　水平井　开发特征　提液时机

前　言

截至2008年底，中国石油投产的高含水油田水平井1174口，占水平井总数的42.4%。统计986口水平井的生产数据（不含稠油油藏水平井）表明，接近53.5%的水平井已进入高含水期（含水60%~90%），其中41.2%的水平井进入了特高含水期（含水>90%）。水平井含水的快速上升大大影响了水平井的开发效果。由于高含水油田剩余油分布复杂，水平井轨迹复杂，水平井渗流机理复杂，以及水平井采油工艺复杂，决定了高含水油田水平井开发特征认识的复杂性。认清高含水油田水平井的开发特征，是认识水平井开发规律，利用水平井挖潜高含水油田确保开发效果的关键。水平井的工作制度是影响水平井开发特征的主要影响因素之一，但目前高含水油田水平井提液时机不明确，部分水平井区块由于提液时机不对，工作制度不合理，导致水平井含水的快速上升，影响了开发效果。

1　高含水油田水平井开发特征

1.1　高含水油田水平井典型开发特征

经过对986口高含水油田水平井生产数据的研究分析，笔者给出了高含水油田水平井的5种典型开发特征。

（1）投产即高含水，含水居高不下（占12.3%），见图1。

（2）初期低含水，含水上升快，迅速达到高含水（占34.5%），见图2。

（3）生产过程中，一直低含水（占33.7%），见图3。

（4）投产低液量，含水较高（占11.1%），见图4。

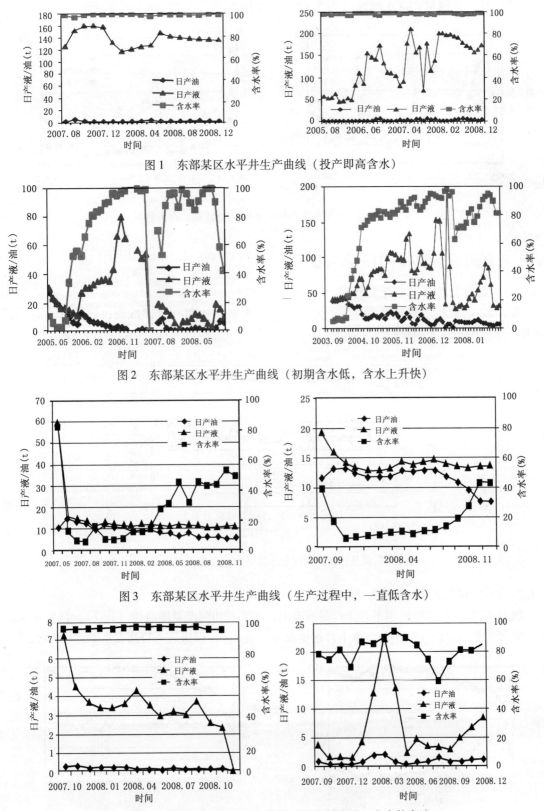

图1 东部某区水平井生产曲线（投产即高含水）

图2 东部某区水平井生产曲线（初期含水低，含水上升快）

图3 东部某区水平井生产曲线（生产过程中，一直低含水）

图4 东部某区水平井生产曲线（投产低液量，含水较高）

（5）投产低液量，含水较低（占8.4%），见图5。

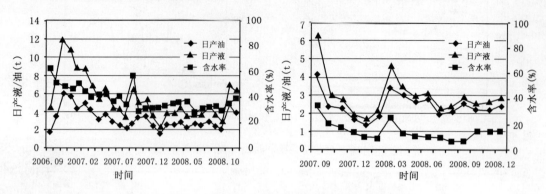

图5 东部某区水平井生产曲线（投产低液量，含水较低）

1.2 不同沉积类型水平井开发特征

1.2.1 辫状河储层水平井开发特征

统计82口辫状河砂岩水平井生产曲线表明，水平井初期产量递减快；初期含水高，但含水上升速度较慢（图6）。

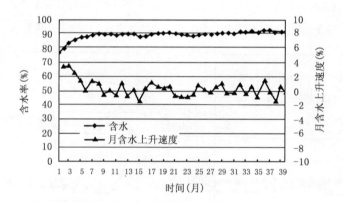

图6 东部某区辫状河储层水平井含水及上升速度曲线

1.2.2 曲流河储层水平井开发特征

统计82口曲流河砂岩水平井生产曲线表明，水平井初期产量递减快（图7）；初期含水较低，但含水上升较快（初期月含水上升速度在10%左右），很快进入特高含水阶段(图8)。

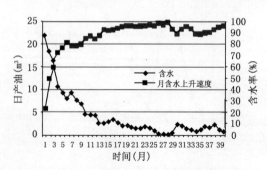

图7 东部某区曲流河水平井递减及含水曲线

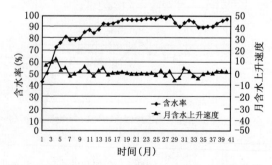

图8 东部某区曲流河水平井含水及上升速度曲线

208

1.3 高含水油田水平井产油递减规律

辫状河和曲流河砂岩水平井的无因次日产油变化曲线表明，高含水油田初期产量高，但递减较快，符合半对数递减规律；辫状河砂岩水平井产量比曲流河产量较高；曲流河砂岩比辫状河砂岩水平井递减快（图9）。

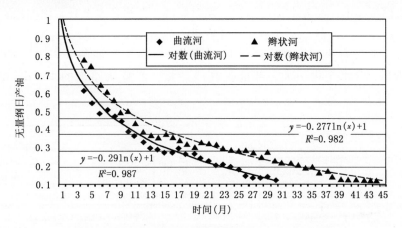

图9 不同沉积特征水平井无因次日产油变化曲线

分析辫状河和曲流河砂岩水平井递减公式如下：

辫状河砂岩水平井递减公式：

$$Q_r = -0.277\ln (t) + 1$$

曲流河砂岩水平井递减公式：

$$Q_r = -0.29\ln (t) + 1$$

1.4 高含水油田水平井含水上升规律

高含水油田水平井含水上升快，呈幂函数关系；曲流河砂岩水平井初期含水低，但含水上升较快，后期含水高；辫状河砂岩水平井初期含水高，但含水上升较慢，后期含水稍低（图10）。

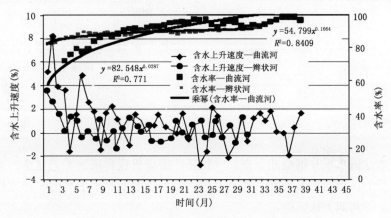

图10 河流相储层水平井含水上升变化规律

2 高含水油田水平井提液时机

水平井的工作制度是影响水平井开发特征的主要影响因素之一。提液时机是水平井进入中高含水期以后调整开发政策的关键参数。

油藏数值模拟显示，高含水油田高含水期时提液，加快含水上升，增油量不大；特高含水期后提液，能提高产油量。高含水油田开发进入高含水期时（60%～90%），提液导致含水的快速上升，并没有大幅度提高产油量（图11）。高含水油田开发进入特高含水期时（90%），提液后，含水变化不大，却能提高产油量，产量从原来的10t/d，增加到15t/d（图12）。

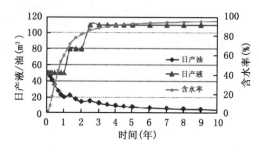

图11 中含水期水平井提液生产曲线
（油藏数值模型）

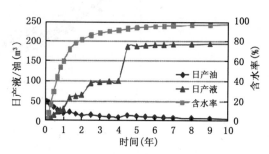

图12 高含水期水平井提液生产曲线
（油藏数值模型）

高含水油田水平井，含水上升快，进入高含水期后（f_w＝60%～90%时），降低产液能有效抑制含水的上升（图13）；进入特高含水期后（f_w＞90%），降液并不能有效降低含水，含水率持续上升（图14）。

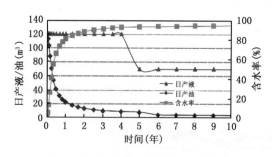

图13 中含水期水平井提液生产曲线
（油藏数值模型）

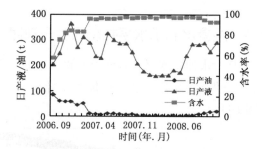

图14 东部某水平井特高含水期
降液生产曲线

3 结 论

由于高含水油田水平井剩余油分布、井轨迹、渗流机理和采油工艺复杂，给高含水油田水平井开发特征的认识增加了难度。笔者通过大量高含水油田水平井的矿场数据，结合油藏数值模拟方法，得到如下认识：

（1）归纳出5种典型的高含水油田水平井的开发特征，对比分析了不同沉积类型的高含水油田水平井开发特征，分析了递减特征和含水上升特征。

（2）高含水油田水平井高含水期不适合提液，提液导致含水快速上升，并不能增加产油量；特高含水期以后，提液能增加产油量，开发效果较好。

（3）高含水油田水平井高含水期含水上升快，可以通过降低产液量来控制含水，控水效果较好；特高含水期以后降液并不能有效地控制含水上升。

注：含水分级采用中国石油《油田开发管理纲要》中的标准：低含水期，$f_w < 20\%$；中含水期，$f_w = 20\% \sim 60\%$；高含水期，$f_w = 60\% \sim 90\%$；特高含水期，$f_w > 90\%$。

参 考 文 献

[1] 李传亮. 油藏工程原理. 北京：石油工业出版社，2003
[2] 李松泉，于开春，吴洪彪，等. 沉积相约束下的剩余油分析［C］. 精细油藏描述技术交流会论文集（2005 年）. 北京：石油工业出版社，2006
[3] 王俊魁. 油田产量递减类型的判别与预测. 石油勘探与开发，1983（6）
[4] Agarwal B，Blunt M. "A Streamline – Based Method for Assisted History Matching Applied to an Arabian Gulf Field"，SPE84462，2003

王官屯油田官 13 – 7 断块油藏评价技术与方法

郑振英　　王怀忠　　郑玉梅　　王雅杰

（大港油田公司勘探开发研究院）

摘要　王官屯油田是大港油田孔南构造带复杂断块复式油气藏聚集带，由于构造复杂，油气藏类型多样，滚动勘探工作贯穿了油田勘探开发全过程，特别是 2005 年实施高精度三维地震资料二次采集和处理后，王官屯油田滚动勘探开发工作又迎来了新的高潮。近几年相继滚动开发了王 104X2、官 38 – 16、官 72 – 50、官 15 – 2、官 13 – 7 断块等优质高效储量。官 13 – 7 断块是 2007 年应用新三维地震资料，在区带油气富集规律和分层系立体评价的指导思想下滚动发现并开发的优质储量区块，在增储上产方面取得了良好的效果，也为类似断块滚动开发提供了有益借鉴。

关键词　王官屯油田　复杂断块　精细构造解释　滚动开发

王官屯油田位于河北省沧县境内，区域构造位于黄骅坳陷南区孔店古潜山构造带孔东断裂带两侧，是受孔东断层控制的被断层复杂化的背斜构造，为大港油田孔南构造带最重要的油气富集区带，构造总面积约 139km^2。该油田从 1971 年发现以来，至今已发现了沙一下、沙二、沙三、孔一段枣 I ～ III 油组、枣 IV—V 油组、孔二段、中生界等 7 套含油层系，基本实现了沿孔东大断层两侧含油叠加连片。2007 年应用高分辨率二次采集和处理的高精度三维地震资料，以复式油气藏成藏理论作指导，精细构造解释，精细储层研究，深化油藏评价，在王官屯油田孔东断层下降盘官西构造发现了官 13 – 7 优质高效储量区块，计算探明储量 368.09 × 10^{4}t，已建成原油年生产能力 4.54 × 10^{4}t。

1　官 13 – 7 断块滚动评价研究思路

1.1　高分辨率二次采集处理的三维地震资料为滚动评价研究奠定了基础

王官屯二次采集和处理的三维地震资料比以往资料有较大改善。地震资料视主频由 20 ～ 25Hz 提高到 30 ～ 35Hz；断面波清楚，易于识别；层间反射丰富，地震反射同向轴连续性较好（见图 1），为王官屯复杂断块油田的滚动勘探开发及油藏综合地质评价研究奠定了基础。

1.2　在区带油气富集规律指导下优选潜力、评价目标

王官屯地区油气富集规律研究表明：油气主要富集在控油大断层两侧，具有沿油源断层呈带状分布的特点，每一条大断层就是一个油气富集带。油源断层附近有圈闭，就可能是聚集油气的场所。通过以上两方面的指导思想在孔东大断层根部发现了有利圈闭官 13 – 7 断块，一方面，该断块处于孔东断层根部，为孔东主断层和孔东分支断层夹持的断鼻构造，圈

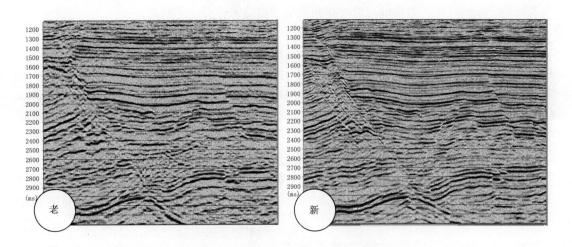

图1　王官屯油田新老三维资料对比

闭条件好；另一方面，该块东邻王35含油断块，西邻官15-2含油断块，区域构造条件好，应是有利油气富集区，因此优选官13-7断块为精细滚动评价区块（见图2）。

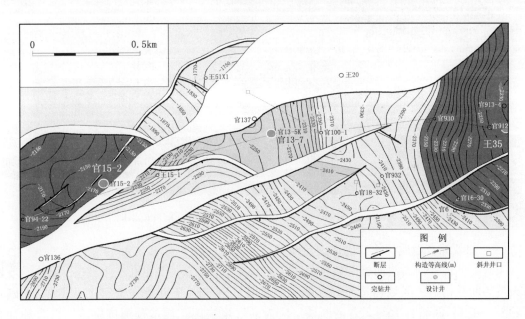

图2　王官屯油田官13-7构造沙三段油层顶面构造图

1.3　官13-7断块滚动目标精细评价研究

（1）井震结合，精细对比，拔掉"钉子井"。

官13-7井区井网密度大，大斜度井多，"钉子井"多，构造复杂，影响了对比及油藏精细评价，制约了滚动发现。通过井震结合，相互校验，拔去官13-7断块周围5口"钉子井"，如官137井主要目的层孔一上段钻到孔东大断层面上；官100-1井钻到构造低部位地质报废，从而影响该地区构造认识和油藏的发现。通过井震结合精细地层对比，理顺了官13-7井区目的层段各油组地层对比关系，解决了原对比方案中的部分疑难井及对比不一致和未钻遇油层的问题，为精细构造解释和滚动评价新突破奠定了基础。

（2）应用新三维地震资料，精细构造解释。

应用三维地震构造精细解释技术、三维地震相干体和切片技术，在多井层位立体标定的基础上，明确目的层和油层在三维地震剖面上的反射特征，在完钻井约束下首先搞好骨干地震剖面构造精细解释，确保地震反演同相轴的准确追踪，在此基础上按照 50m×50m 测网解释密度进行构造和断层的精细解释和平面追踪，最后编制了官 13 - 7 构造沙三段油层顶面、枣 II 油组顶面 2 层构造图。

（3）应用测井约束反演技术，研究砂体变化规律。

为了精确把握储层横向变化，在储层宏、微观研究基础上，应用测井约束反演技术，对王 15×1、王 35 井之间进行了研究，这两口井中间沙三高部位，波阻抗适中，储层发育，是有利部位（见图3）。

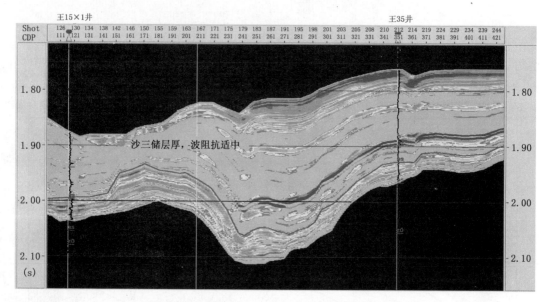

图3　王 15 - 1 井—王 35 井测井约束反演剖面解释成果图

（4）油藏综合地质评价，优选滚动井。

王官屯油田沙河街组油层主要分布在孔东主断层下降盘，是由孔东主断层和孔东分支断层夹持的断鼻构造，区域构造条件、圈闭条件好。官 13 - 7 断块东与官 1 构造王 35 断块"浅鞍"相割，西邻官 15 - 2 含油断块，应为油气聚集区。初步预测该块沙三段含油面积 0.40km²，储量 65.7×10⁴t，孔一段含油面积 0.44km²，储量 72.1×10⁴t，共预测储量137.8×10⁴t。

综合构造、储层预测、油藏成因、控制因素和油藏富集规律研究，在官 13 - 7 断块构造腰部优选滚动评价井官 13 - 7 井，设计目的层沙三段、孔一段枣 II、III 油组。

2 官13-7断块滚动开发成效

2.1 官13-7井滚动井发现沙三段油层并获得高产

官13-7井于2007年7月10日开钻，在钻探过程中，全井共见各类油气显示88m/15层，其中，沙三段灰褐色油斑28m/5层，总烃高达5.3%，钻探效果好。该井沙三段电测解释油层24.9m/10层，2007年9月5日射开沙三段31~34号层，最高日产18.9t。经储量研究沙三段新增含油面积0.44km²，储量111.9×10⁴t。按正三角形200m井距部署井网8口，采油井6口，注水井2口，平均单井日产油10t，预计建成年原油生产能力1.8×10⁴t。

2.2 滚动开发，优化轨迹设计，开发成效显著

（1）滚动开发，分批实施，确保开发井实施成功，效益显著。

官13-7断块为孔东断层和孔东断层分支断层夹持的断鼻构造，断层发育，构造复杂，为了确保开发井的成功率和效益，沙三段部署的7口井分三批实施，其中2口井兼评价孔一段油层。完钻7口井全部钻遇油层，成功率100%，平均每口井钻遇油层36.9m，投产初期日产油12.56t。

（2）多靶点黄金轨迹设计，钻遇油层厚，并发现多套含油层系。

将滚动评价与产能建设相结合，通过多靶点黄金轨迹的设计，产能井兼顾评价井，滚动开发不断有新发现。

官14-10井设计双靶点（目的层沙三段兼评价孔一段枣Ⅱ、Ⅲ油组）沿断层方向的黄金轨迹（见图4）。该井钻井过程中沙三段见到灰褐色油迹砂岩26.5m/7层，总烃高达1.977%，电测解释油层12.0m/4层。孔一段枣Ⅱ、Ⅲ油组在钻井过程中见到灰褐色油迹砂岩46.0m/10层，气测显示活跃，总烃高达48.401%。电测解释油层41.3m/15层。官14-10井于2007年12月19日投产，射开孔一段枣Ⅲ油组的85、87-89、91-93、95号层段，

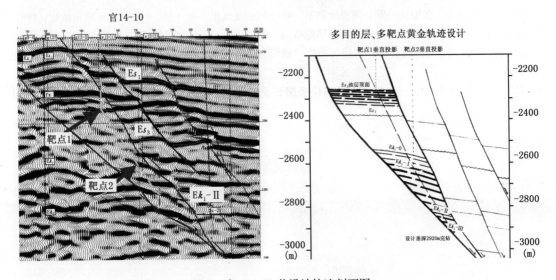

图4 官14-10井设计轨迹剖面图

射孔井段 2641.7~2708.1m，射开 8 层 28.5m，压裂后投产，日产油 15.3t。

官 14 - 7 井设计双靶点（目的层沙三段和孔一段枣Ⅱ、Ⅲ油组）。该井钻井过程中沙三段见到灰褐色油迹砂岩 13.0m/3 层，灰色荧光砂岩 23.5m/8 层，总烃高达 1.977%，电测解释油层 17.9m/7 层。孔一段枣Ⅱ、Ⅲ油组在钻井过程中见到灰褐色油迹砂岩 16.5m/3 层，灰色荧光砂岩 37.0m/9 层，气测显示活跃，总烃高达 18.2539%。电测解释油层 63.7m/23 层，低产油层 15.3m/6 层。官 14 - 7 井于 2008 年 10 月 29 日投产，射开孔一段枣Ⅲ油组 2509.4~2601.9m，射开 12 层 30.2m，投产初期日产油 13.24t。

2.3 探明石油地质储量丰富

枣Ⅱ、Ⅲ油组和枣Ⅳ、Ⅴ油组的发现，证实了官 13 - 7 断块为复式油气藏油气富集区。沙三段新增含油面积 $0.4km^2$，储量 $94.49×10^4t$；枣Ⅱ、Ⅲ油组含油面积 $0.5km^2$，储量 $174.35×10^4t$；枣Ⅳ、Ⅴ油组含油面积 $0.24km^2$，储量 $80.29×10^4t$，该块合计探明石油地质储量 $368.09×10^4t$，已建成原油年生产能力 $4.56×10^4t$。

3 认识与结论

（1）高分辨率三维地震资料的重新采集和高精度地震目标的处理，有效地改善了资料品质，为滚动目标精细研究和新发现奠定了基础。

（2）应用层序地层学等新理论、新技术，井震结合，精细地层对比，拔掉"钉子井"，寻找突破点，精细刻画构造圈闭，是富油区带主控断裂两侧滚动挖潜的重要手段。

（3）立足于富油区带的整体解剖、立体评价，产能建设与滚动评价紧密结合，利用开发井兼顾新块、新层系、扩大储量规模，是滚动增储的有效途径。

（4）滚动开发，多靶点黄金轨迹设计，是提高钻探成功率和效率，减少风险的重要手段。

参 考 文 献

[1] 王德发，郑浚茂，张服民，等.黄骅坳陷第三系沉积相及沉积环境 [M]．北京：地质出版社，1987
[2] 袁选俊，谯汉生.渤海湾盆地富油气凹陷隐蔽油气藏勘探 [J]．石油与天然气地质，2002（2）
[3] 赵文智，邹才能，汪泽成，等.富油气凹陷"满凹含油"论——内涵与意义 [J]．石油勘探与开发，2004（2）
[4] 傅广.西斜坡区萨二、三油层油气运移优势路径及对成藏的作用 [J]．大庆石油学院学报，2005（6）

××油气田 H 组沉积微相分析

徐 锐 汤 军 何建红 李 娟

（长江大学地球科学学院）

摘要：H组是××油气田的主要含油层组，其油气的分布受沉积相控制。首先根据工区内不同岩石类型来确定岩石相，然后结合岩心和目标层的测井曲线来确定××油气田H组的沉积微相。××油田H组沉积相类型为三角洲相，辫状河三角洲前缘亚相比较发育。

关键词：××油气田 岩石相 沉积微相

前 言

　　××油气田工区目前已有26口井不同程度地钻遇H组地层，H2、H3、H6是H组的主要含油层组。该工区范围内H组沉积相类型为三角洲相。

　　本文探讨了××油气田地区的岩石相类型，结合岩心特征和目标层的测井曲线最终确定了沉积微相，这样的研究对储集砂体类型的确定及优质储层分布规律的预测有着重要意义。

1　相标志分析

1.1　岩石类型

　　××油气田H组地层中陆源碎屑岩中各类岩石均很发育，如砂岩、粉砂岩、泥岩，碳质泥岩和油页岩及它们之间的过渡类型都较发育。此外，尚见有凝灰岩薄层及透镜状泥灰岩。××油气田H组地层的岩石以砂岩为主，通过对砂岩进行薄片鉴定、粒度统计，并充分研究了已有资料，将其特征归纳如下。

　　根据砂岩薄片的分析鉴定，本区矿物组合可分为三种类型。

　　Ⅰ类组合：云状石英—长石—黑云母组合，石英以具有云状消光的花岗岩型为主，含较多的矿物包裹体（如电气石、锆石等）；长石为碱性长石类的微斜长石和正长石，斜长石主要为酸性；黑云母含量较高，可达7%，一般2%~5%，脱铁化、绿泥石化明显。

　　Ⅱ类组合：多旋回石英—粉砂岩屑—燧石组合，这类矿物组合以石英颗粒具有明显的二次旋回为特点；燧石岩屑含量比例较高，可达10%左右，部分燧石重结晶成为细晶岩屑。

　　Ⅲ类组合：带状石英—白云母—变质岩屑组合，石英具明显的带状或波状消光，表面洁净，具有裂纹，包裹体含量少；多晶石英呈镶嵌状；白云母含量3%左右，见少量片麻岩岩屑；重矿物主要为尖晶石、石榴子石等。

　　在上述矿物组合类型中，Ⅰ类组合代表的源岩主要为火成岩，Ⅱ类组合指示的源岩主要是沉积岩，Ⅲ类组合反映的源岩以变质岩为主。在H组中，矿物组合以Ⅰ类为主，Ⅱ、Ⅲ类组合次之。

1.2　岩石相分类及其特征

通过对××油气田 H1～H6 砂组的 W1～W6 这 6 口取心井的观察，并结合其岩石的颜色、成分、结构和沉积构造，在这一地区主要识别出 8 种岩石相类型，分别为：灰、深灰色泥岩相（Mg），变形层理泥质粉砂岩相（Sds），沙纹层理粉细砂岩相（SSr），水平层理粉砂岩相（SIh），波状层理、透镜状层理和脉状层理砂岩相（SLN），块状层理细砂岩相（Sm），槽状交错层理砂岩（St），平行层理砂岩相（Sp）。

（1）灰、深灰色泥岩相（Mg）。

岩性主要为灰、深灰色的泥页岩，呈块状层理，含黄铁矿颗粒，富含有机质，层面见植物碎片，为弱水动力条件下还原环境的沉积产物，常形成于分支间湾和湖相沉积中。

（2）变形层理泥质粉砂岩相（Sds）。

岩性主要为灰色、深灰色粉砂岩和泥质粉砂岩，反映在重力的作用下，产生表层沉积物的形变。沉积层内纹层出现不连续的沉积。

（3）沙纹层理粉细砂岩相（SSr）。

以灰色、浅灰色粉砂岩及粉细砂岩为主，中层状，砂岩分选较好；砂层厚度十几厘米到几米，局部发育生物扰动构造，植物碎片丰富，一般为席状砂环境沉积或者远端坝沉积。

（4）水平层理粉砂岩相（SIh）。

以灰色、灰黑色粉砂岩和泥质粉砂岩为主，单层厚度较小，纹层具水平状，层面含植物化石；此层理通常是在浪基面以下或低能环境的低流态中由悬浮物质沉积而成；可见于支流间湾、前三角洲、浅湖、较深湖环境中。

（5）波状层理、透镜状层理和脉状层理砂岩相（SLN）。

岩性主要为灰色粉砂岩、泥质粉砂岩、粉砂质泥岩，发育有波状层理、透镜状层理及脉状层理，以波状或透镜状层理较常见；层面上见有炭屑，透镜体长 3～12cm，厚 1～5cm；这些成因上有联系的层理频繁叠置在一起形成复合层理，这是由于湖平面在季节及降雨量变化相互作用下频繁升降造成的，主要为浅湖或三角洲前缘沉积。

（6）块状层理砂岩相（Sm）。

岩性主要为浅灰色、灰绿色的中细砂岩，单层厚度大，局部含油，底为突变接触，有时可见有冲刷和泥砾，层理不明显，向上过渡为平行层理细砂岩相，形成略向上变细的正韵律旋回，反映较强水动力条件下的快速堆积，主要见于水动力较强的水下分流河道、河口坝中。

（7）槽状交错层理砂岩（St）。

岩性主要为灰色、深灰色粗砂岩，中砂岩、细砂岩以及砂砾岩，层系厚度约几厘米，层组厚平均为 20cm，这一般是水动力较强的情况下水下分流河道沉积。在该工区发育槽状交错层理砂岩。

（8）平行层理细砂岩相（Sp）。

岩性主要为浅灰色、灰色中细砂—粉砂岩，单层厚度较大，分选较好。纹层厚度在 0.2～0.5cm 之间，由相互平行的平直连续或断续纹理组成，反映水浅流急的水动力条件，主要见于水下分支河道和河口坝中。

2 沉积微相类型及其特征

沉积微相的识别主要通过岩心和测井曲线，其次结合其他资料，如：地球化学资料，地下构造情况等综合资料。在××油气田该地区的 H 组可以识别出三角洲前缘亚相，其中三角洲前缘亚相中可识别出水下分支河道、河口砂坝、远端砂坝、前缘席状砂、水下分支河道边缘、支流间湾等沉积微相。

2.1 辫状河三角洲相

研究区的辫状河三角洲沉积具有两个特点：（1）水下分支河道是该三角洲充填的主体；（2）总体属陆相性质，但出现过短期海泛，因此该水体环境属于海湾或浅海滨岸湖泊。

2.2.1 辫状河三角洲前缘亚相

该亚相位于辫状河流入湖到湖泊变陡之间的滨浅湖地带，并且坡度比较陡，系三角洲沉积体系中厚度最大，沉积类型最复杂和最具特色的部位，也是三角洲沉积体系中储层最发育、成藏条件最好的有利相带。本研究区沉积物颗粒比一般的辫状河道三角洲沉积物颗粒偏细。本研究区××油气田的 H 组按沉积特征，可划分为以下 7 个沉积微相。

（1）水下分支河道沉积微相。

水下分支河道是辫状河道入湖河流沿湖底水道向湖盆方向继续作惯性流动和向前延伸的部分，由于辫状河道侧向迁移迅速，因而水下分支河道的位置也不稳定，频繁地发生侧向迁移，表现在垂向上为多期河道的相互叠置；在平面上具有成层性好和可对比性强的特点，形成湖泊三角洲前缘的优质储集层。由于物源丰富，在本地方水下分支河道特别发育，占了本地沉积物的 90% 左右，其特点为：

①岩相组合为 St–Sp，Sm–SIh 为主，岩性主要为浅灰色中粗粒砂岩。由大套浅灰色中粗砂岩向上过渡为粉细砂岩，表现为向上变细的正粒序演化序列。

②由于河道的频繁迁移，砂体中侧积交错层极其发育，为主要的沉积构造类型。底部有时见冲刷面并含泥砾，平行层理及大中型交错层理亦常见。

③砂岩结构成熟度低，但其孔隙度和渗透率都比较好，是 H6、H3 和 H2 油层组的良好含油层位。

④测井曲线主要为钟形—箱形、钟形，伽马曲线为低值，曲线较为光滑（图1）。总体上表现为正韵律的沉积特征。

（2）河口砂坝沉积微相。

河口砂坝系指河流入湖分叉处快速卸载堆积形成的沉积微相。河口砂坝位于水下分流河道的前缘及侧缘。河口坝的厚度较水下分支河道偏小。其特点如下：

①岩相以 Sp，St，Sp–Sds 为主，砂岩中常见油斑和油侵现象。单个砂体具有向上变粗的粒序，通常由多个河口坝砂体相互叠置形成，其孔隙度和渗透率也比较好。

②河口砂坝通常发育槽状交错层理、水流波纹交错层理。

③自然伽马曲线多呈漏斗形。

（3）前缘席状砂沉积微相。

三角洲前缘席状砂系指河口坝或远砂坝在湖浪作用下，沉积物在河口两侧的湖岸带再度发生分配，而形成的一种似席状的砂体。因常在河口两侧呈平行湖岸线的小规模分布，该研究工区前缘席状砂的总体特点如下：

①岩相以 SIh 为主，岩性以粉砂岩为主，厚度小，一般为 1~2.5m。

②在剖面结构上，常与河口砂坝或者远端砂坝叠在一起。

③在测井曲线上，一般呈指形，与远砂坝的漏斗形有较明显区别。

（4）远端砂坝沉积微相。

远端砂坝为辫状河三角洲前缘边部的末端沉积，由粉砂岩和细砂岩组成，横向延伸远，分布范围广；纵向上相带窄，厚度薄，内部见浪成沙纹层理。该研究工区总体特点如下：

①岩相以 SSr、SIh、SLN、Mg 为主，略具向上变为粗的粒序，砂体厚度较小，在 0.5~2m 之间。

②在剖面结构上，该微相常与河口坝共同组成的粒度连续向上变粗的进积复合体，直接超覆在前三角洲的黑色泥岩之上，有时两者较难分开，因而在单井沉积相剖面分析时，可以将其与河口坝合并，称之为河口坝—远砂坝进积复合体。

③在测井曲线上与河口坝的区别为：远砂坝较薄，自然伽马值较大，典型漏斗型，中—薄层，显示出该沉积微相泥质含量相对较高的特点。

（5）支流间湾沉积微相。

支流间湾也称分流间洼地，主要指位于水下分支河道之间的，向下游方向开口并与浅湖相通，上游方向逐渐收敛的一个低洼环境。一般接收洪水期溢出水下分支河道相对较细的悬浮物质，其颜色较深，为灰色及灰绿色。岩相以 Mg、SSr 为主，岩性以粉砂岩和泥岩为主，厚度变化较大，通常为 1~2m 之间。沉积构造以水平层理为主，次为小型波状层理。自然伽马曲线为高值，曲线为踞齿状（图2）。

（6）水下分支河道边缘沉积微相。

由于水下分支河道的侧向迁移频繁，因此河道的迁移不断改向。当水动力强的地方冲刷的深，沉积物质为水下分支河道沉积；另一些地方，水动力弱的地方冲刷程度不深，形成水下分支河道边缘沉积。水下分支河道边缘为中细砂岩沉积，岩性剖面为正韵律，每个韵律层厚 1~1.5m，其多期叠置，厚度可达到 7~8m。但厚度与水下分支河道砂体相比，要薄许多。岩相以 Sm、Sp 为主，见块状层理、小型交错层理（图1、图2）。测井曲线主要为钟形、箱形、指形，伽马曲线为低值，曲线较为光滑。

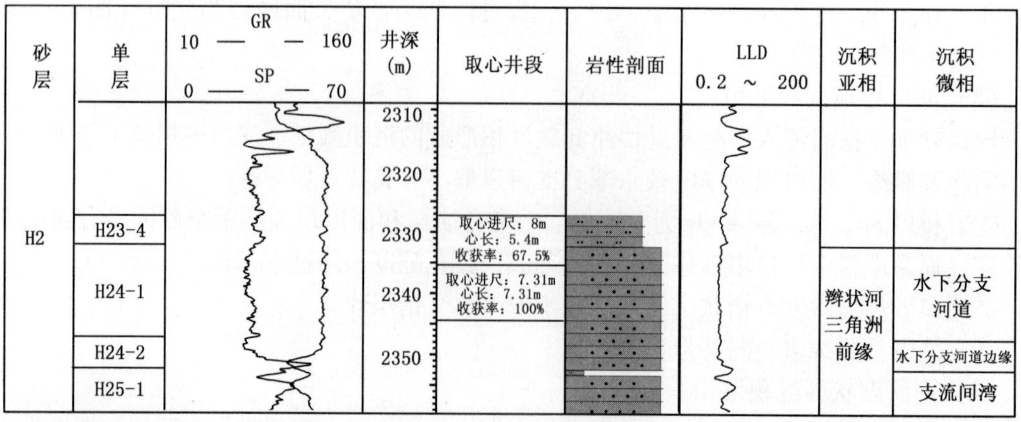

图1　C3井水下分支河道、水下分支河道边缘、支流间湾相组合图

（7）水下天然堤沉积微相。

水下天然堤是邻接水下分支河道的脊状体，是随着河槽变宽变浅而形成的。主要为薄层泥质粉砂岩与薄层粉砂质泥岩交互层，一般为0.5~2m，常见植物碎屑。岩相以SLN为主。可见交错层理和波状层理。电阻率曲线呈锯齿状，自然伽马曲线呈指形（图2）。

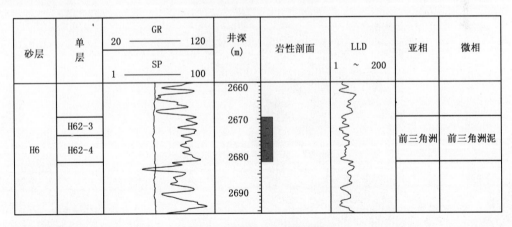

砂层	小层	GR 10 ——— 160 SP 0 ——— 70	井深 (m)	LLD 0.2 ~ 200	岩性剖面	亚相	沉积微相
H6	H63-4		2740			辫状河三角洲前缘	水下天然堤
	H63-5		2750				水下分支河道边缘
							支流间湾
	H63-6		2760 2770				水下分支河道
	H63-7		2780				水下分支河道

图2　D1井支流间湾、水下天然堤、水下分支河道边缘和水下分支河道微相组合图

2.2.2　前辫状河三角洲亚相

位于前缘带向湖的较深水区，由前三角洲泥沉积物组成（图3）。

（1）前辫状河三角洲泥

前辫状河三角洲泥实际上为正常的湖泊沉积（浅湖沉积为主，局部包含半深湖沉积），岩相以Sm为主。为灰绿色、深灰色及灰黑色薄层粉砂岩、泥岩或页岩。粉砂岩中见浪成沙纹层理，泥岩中发育水平层理。伽马曲线为高值，呈锯齿状线形。

砂层	单层	GR 20 ——— 120 SP 1 ——— 100	井深 (m)	岩性剖面	LLD 1 ~ 200	亚相	微相
H6	H62-3 H62-4		2660 2670 2680 2690			前三角洲	前三角洲泥

图3　A4井前三角洲泥微相

3　沉积相的平面展布

该工区主要含油层系为H组，具体划分为6个砂层组，其中H6、H3、H2为主力含油砂层组，油藏类型主要为构造块状底水油藏和构造—岩性油藏。因而在本次研究中主要对其中的 H6、H3 和 H2 油层组做了细微的研究。

  ××油气田 H 组沉积体系在平面分布上变化比较大。H 组是以三角洲前缘为主。该工区物源方向总体自东南向西北方向沉积，沉积区离物源比较近。沿着该方向依次会发育三角洲平原亚相、三角洲前缘亚相、前三角亚洲。

4 结 论

  ××油气田工区 H 组发育辫状河三角洲相，其中辫状河三角洲前缘亚相主要发育有水下分支河道、水下分支河道边缘、河口砂坝、席状砂、远砂坝、支流间湾和水下天然堤沉积微相。其中水下分支河道砂体、水下分支河道边缘和河口砂坝砂体是辫状河三角洲前缘砂体的沉积主体。前辫状河三角洲相沉积的是湖泊沉积（浅湖沉积为主，局部包含半深湖沉积）的泥岩。

  H2、H3 和 H6 油层组的水下分支河道砂体和河口砂坝砂体，这两种砂体井与井之间的横向连通性较好，为较好的含油砂体。

参 考 文 献

[1] 郭纯恩，左毅，俞存东. 沉积微相研究技术在油田开发中的应用 [J]. 吐哈油气，2006 (3)
[2] 冯增昭. 沉积岩石学 [M]. 北京：石油工业出版社，1994
[3] 赵先超，田景春，王峰，肖玲. 鄂尔多斯盆地长武探区三叠系延长组沉积体系研究 [J]. 安徽地质，2008，（1）